和田玉典

周征宇　廖宗廷　陈　琦　华雯娴　编著

图书在版编目(CIP)数据

和田玉典/周征宇等编著.—武汉:中国地质大学出版社，2023.12

ISBN 978-7-5625-5746-3

Ⅰ.①和…　Ⅱ.①周…　Ⅲ.①玉石-介绍　Ⅳ.①TS933.21

中国国家版本馆 CIP 数据核字(2023)第 249424 号

和田玉典	周征宇　廖宗廷　陈　琦　华雯娴　编著
责任编辑:张玉洁　　选题策划:张　琰　张玉洁	责任校对:武慧君
出版发行:中国地质大学出版社(武汉市洪山区鲁磨路 388 号)	邮政编码:430074
电　话:(027)67883511　　传　真:67883580	E-mail:cbb@cug.edu.cn
经　销:全国新华书店	https://www.cugp.cug.edu.cn
开本:787 毫米×1092 毫米 1/16	字数:352 千字　　印张:16.5
版次:2023 年 12 月第 1 版	印次:2023 年 12 月第 1 次印刷
印刷:湖北金港彩印有限公司	
ISBN 978-7-5625-5746-3	定价:78.00 元

如有印装质量问题请与印刷厂联系调换

序

和田玉作为珍贵的玉石材料，在中国珠宝玉石产业和中华传统文化中占据着十分崇高的地位。我国近百年来的考古发现证明，在中华文明形成、历史发展、宗教产生、文化传播、民族审美等方面，和田玉都起了非常重要的作用。在小南山遗址、兴隆洼遗址、红山文化遗址、凌家滩文化遗址等，以及全国各地已发掘的多个朝代的高等级墓葬中，和田玉质的玉器均占据着显著地位。和田玉器不仅是中华民族精神审美和思想文化的重要载体，文明发生、发展和演进的重要标志，而且逐渐地有了更加丰富和具体的内涵，它具有装饰功能、礼仪功能、宗教功能、政治功能，甚至成为国威所系、天子象征和等级标志等。在当今社会，虽然和田玉的上述功能大都已经消失，但和田玉所代表的美丽、纯洁、高尚、内敛等特征却被保留下来了。中华民族凭借着特有的智慧和对传统文化的尊重，将和田玉的自然属性与人民的精神追求完美地结合在一起，和田玉也成为当代中国人民收藏、鉴赏、装饰、研究等的重要对象。可以说，和田玉的开发利用和文化传承奠定了中国玉文化的根基。

按照现代玉石学的概念，当今中国人所谓的玉包括和田玉和翡翠两种，但从中国历史文化的角度看，清朝以前中国人所谓的玉仅指和田玉。正是因为和田玉在中华历史文化中的特殊地位，所以，当我们拿到一块和田玉，它已经不是一块冷冰冰的石头了，而是包含着深厚文化内涵的精神产品。著名考古学家夏鼐先生曾指出，玉是中国文化的代表或象征，在国内外产生了广泛影响。著名社会学家、人类学家和民族学家费孝通先生将玉作为中华文化区别于西方文化的关键要素，他曾指出："在此，我首先想到的是中国玉器。因为玉器在中国历史上曾经有过很重要的地位，这是西方文化所没有或少见的。"英国著名学者李约瑟也曾说过："对于玉的爱好，可以说是中国文化的特色之一。"的确，在我国，人们一提到玉，便会心生崇敬、自豪之情，认为它既神秘，又让人倍感亲切，这些都与中华历史上的玉崇拜有关。

正是因为和田玉地位崇高，所以关于它的研究不仅长期受到地质学、宝石学、材料学等自然科学研究者的高度重视，也被考古学、艺术学、历史学等社会科学研究者密切关注。近年来，对和田玉的研究在深度和广度上不断拓展，和田玉的矿产资源勘探、开发、加工、收藏、消费等也高潮迭起。与此同时，相关问题也层出不穷，这些问题不仅涉及名称、概念、标准等基本认识方面，还广泛涉及矿产形成与开采、种类与特征、真假鉴别、品质评价、艺术鉴赏等，其中许多是与市场发展、经营消费、收藏品鉴等相关的，对行业影响长远的关键性问题。针对这些问题，本书基于作者近二十年的研究积累，并广泛收集、引用前人的研究成果和资料，主要针对有关和田玉的一些关键问题展开了讨论。本书共六章，第一章主要讨论和田玉的历史起源、名称由来；第二章主要讨论和田玉的形成、国内外资源分布情况及开采；第三章主要讨论和田玉的种类与特点；第四章主要讨论和田玉的真伪鉴别；第五章主要讨论和田玉的品质评价；第六章主要讨论和田玉雕刻艺术鉴赏。总体上看，本书试图对目前和田玉市场出现的一些影响行业发展的关键性问题展开讨论，并在此基础上，提出相关问题的解决方案或提供相关建议，为推动和田玉文化产业发展作出新的贡献。但由于和田玉涉及面较广，问题较多，要把涉及和田玉的全部问题搞清楚是十分困难的，加之我们道行尚浅，我们近二十年来研究工作的涉及面仍有待拓展，著作呈现的内容还主要是阶段性成果，因此，本书所呈现的与所要实现的目标之间，一定还存在较大的差距。这一点，希望得到读者的理解和体谅，更希望得到热爱和田玉的研究者、收藏者、消费者、爱好者的支持和帮助，以便今后不断补充、完善，使之越来越接近大家期望的目标。

本书得到同济大学宝玉石学科发展基金、历史文化研究基金及苏邦俊教育基金的资助，是上海宝石及材料工艺工程技术研究中心和同济大学宝玉石文化研究中心的重要成果之一。著作引用了大量前人的研究成果，在撰写过程中，我们还求教过相关领域的众多专家、学者、大师和行业从业人员。在此，向直接或间接对本书著作提供帮助和支持的单位、专家、学者、朋友们以及家人们一并表示衷心感谢！

编著者

2023 年 9 月 6 日

目　　录

第一章

和田玉的历史与由来

第一节 和田玉的历史起源

关于和田玉何时开始进入华夏先民的视野，历史的迷雾使得这个问题笼罩在一片神秘之中。尽管远古时期缺乏文字记载，但是通过现今留存的古玉器实物，我们可以至少追溯到新石器时代。在新疆维吾尔自治区若羌县楼兰古城出土的玉斧等实用工具，是我国发现的存世最早的和田玉制品。

令人意外的是，在这一时期，与新疆所产的和田玉相似的玉石制品广泛出现在中国乃至世界各地。它们在北方内蒙古自治区赤峰市的红山文化遗址，东部浙江省杭州市的良渚文化遗址、安徽省马鞍山市的凌家滩文化遗址，西北甘肃省临夏回族自治州的齐家文化遗址和西南四川省广汉市的三星堆文化遗址中都有出土。甚至在遥远的俄罗斯西伯利亚，也出土了5000年前的三枚白玉玉环和一把白玉匕首。这些出土的玉制品充分表明透闪石质玉很早就被各地先民发现和使用。

这些珍贵的文物，仿佛是历史长河中的珍珠，点亮了古代华夏文明的脉络。它们让我们感受到了古人对和田玉的珍视和喜爱，也展示了玉石在古代社会中的重要地位。尽管历史的迷雾依然存在，但每一件出土的古玉器都是时间的见证者，它将我们带回到遥远的过去，让我们更加深入地了解古人的智慧和文化。

不过，有两个古老之谜一直令学者们深感困惑。

第一个谜团涉及古代文化遗址中透闪石质玉制品的原材料来源问题，这一问题已经困扰研究者很久了。长期以来，人们普遍认为和田是这些玉制品原材料的唯一产地，然而随着一系列古文化遗址附近透闪石质玉矿的陆续发现，学者们开始怀疑这些玉器的原材料是否来自附近的矿区，而非和田。例如，在齐家文化遗址中发现的透闪石质玉，是否可能来自附近的马衔山、马鬃山玉矿？红山文化遗址中出土的玉器，是否可能源于辽宁岫岩的玉矿？

第二个谜团则与不同古文化遗址中的玉制品有关。在陕西、甘肃、青海等地的齐家文化遗址中，出现了大量与良渚文化遗址中类似的玉琮和玉璧；在广东韶关石峡文化遗址中也发现了与良渚文化遗址中类似的玉璧。研究者们不免猜想：这些玉制品是否在同一处制作，然后由于各种原因（例如自然灾害等）跟随先民迁移而被带到了其他地区呢？

这些古老谜团的解答，需要多个学科（例如考古学、地质学、材料学和人类学等）的协同和科技手段的应用。只有这样，我们才能揭开古老之谜的神秘面纱。这些谜团的存在，也让我们对古代人类的智慧和文明充满敬畏。

出于保护古玉器完整性的考虑，不能对其进行有损测试，而且在现代勘探过程中发现的玉石矿与古人开采的玉石矿可能并不完全一致，因此上述问题一直困扰着学者和玉器爱好者们。尽管目前我们仍无法完全解答这些谜团，但它们为我们提供了更深入地了解古代文化和人类历史的机会。我们相信，只要我们不断追求，充分发挥探索精神，借助更先进的科技手段，就一定能够揭开这些古老文明的玉石之谜，还原那些遥远而神秘的历史画卷。

第二节 和田玉的名称由来

一、和田玉名称的狭义与广义之争

1.争议的缘起

“和田玉”这个名称源于其产地，这是人们最自然也最直观的印象。但是，对于和田玉的定义，是应该仅限于产自和田地区的透闪石质玉，还是应该将新疆维吾尔自治区内叶城—和田—且末昆仑山北麓一线所产的透闪石质玉也包括在内？或者更广泛地说，能否将所有以透闪石为主要成分的玉石都称为和田玉，而不再以其产地为限？这个问题自21世纪以来就一直存在，并引发了长期的讨论。

一方面，有人支持将和田玉的产地范围扩大，认为除了和田之外，还有不少地方出产透闪石质玉，这些玉石的品质不亚于和田透闪石质玉。因此，将其他地区出产的透闪石质玉纳入和田玉的概念范围中，有助于促进当地经济发展，增加居民收入。

另一方面，有人反对扩大和田玉的产地范围，认为应该将其严格限定在和田地区。因为和田地区是和田玉最早和最重要的产地之一，也是和田玉文化和历史传承的重要地域。如果扩大和田玉产地范围，可能会导致产量增加、品质下降，还可能引发商标和知识产权等方面的问题。

因此，在讨论和田玉产地范围扩大的问题时，需要综合考虑各方面的因素，包括经济发展、文化传承和玉石品质保证等。只有在平衡各方利益的基础上，才能更好地决定是否扩大和田玉的产地范围，以及如何合理地使用这一宝贵的玉石资源。

2.“和田”的情节

回顾历史，我们会发现以产地来命名的玉石并不罕见。中国古代四大名玉中的岫玉、独山玉，以及近年来在各地发现的石英质玉石，例如阿拉善玉、台山玉、大别山玉、贺州玉等，都以地名命名。然而，除了和田玉之外，其他任何以产地命名的玉石都未曾在业界和市场上引发过巨大的争议。或许，这是因为和田玉在中国数千年的历史中地位太过崇高，影响力太过深远，它深深植根于每个国人心中的文化情结。

和田玉作为中国玉石的代表，不仅因其独特的品质和艺术价值而受到推崇，更因其源远流长的文化传承而备受尊重。它的名字与和田地区紧密相连，这个地方早已成为和田玉的圣地。历经千年的历史积淀，和田玉在人们的心中已经独树一帜。因此，当涉及将和田玉的产地范围扩大时，便引起了广泛的讨论和关注。

3.争议的焦点

和田玉的产地问题一直是学者、商家和玉石爱好者之间的争议焦点。一方面，许多人坚守着相对严格的产地原则，认为应该将和田玉的产地严格限定于新疆地区的昆仑山—阿尔金山一带，且它应具有特殊的成因和以微晶－隐晶透闪石为主的特点。这一定义在新疆维吾尔自治区地方标准《和田玉》(DB65/T 035—2010)中得以明确(图 1-1)。

然而，有些学者则认为利用现有的常规实验分析手段无法准确鉴别和田玉的产地，因此应以品质为主要评判标准。他们主张采纳更广义的和田玉概念，即仅要求玉石为自然产出、美观、耐久、稀少、具有工艺价值且可加工成饰品的透闪石矿物集合体。这一观点在国家标准《和田玉 鉴定与分类》(GB/T 38821—2020)中得到了体现(图 1-2)。

由此，市场上长期存在着两种截然不同的声音。高端藏家们一直坚守狭义的和田玉定义，而零售市场普遍采用国家标准中的广义概念。

在和田玉的定义问题上，广义和狭义之争不仅是一场争议，更反映了收藏者对和田玉价值评价的不同取向。他们纠结于是将产地放在首位，还是将品质看得更重要。新疆所产的和田玉之所以备受推崇，与其高品质的子料、95 于田料(业内对 1995 年在于田地区开采的白玉山料的简称)等的发现密不可分。这些因素使得新疆的和田玉声名远扬。然而，我们也不能否认，其他产区也有令人陶醉的玉料，比如青海格尔木的野牛沟料、俄罗斯贝加尔湖附近的 7 号矿料等。每个矿区也都会产出大量品质稍逊的玉料，甚至新疆和田的子料也不例外。

总的来说，这种争议背后体现了人们对和田玉的热爱和追求。无论是看重产地还是品质，都有其合理性和依据。每个人都有自己的偏好和追求，都能在和田玉的世界里寻找自己心仪的玉石。尽管关于和田玉定义的讨论还将持续，但它在中国人心中的地位和文化意义始终不会动摇。

ICS 39.060
Y 88

DB65

新疆维吾尔自治区地方标准

DB65/T 035—2010
代替DB65/035—1999

和田玉

Hetianyu

2010-03-01 发布　　2010-06-01 实施

新疆维吾尔自治区质量技术监督局发布

图 1-1　地方标准《和田玉》

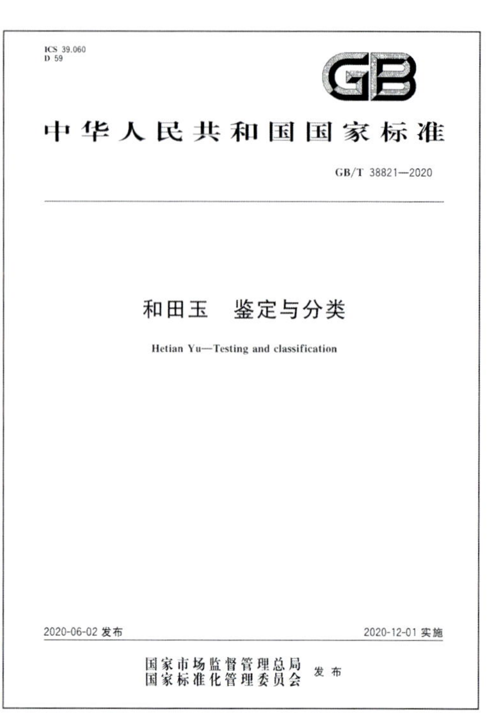

ICS 39.060
D 59

GB

中华人民共和国国家标准

GB/T 38821—2020

和田玉　鉴定与分类

Hetian Yu—Testing and classification

2020-06-02 发布　　2020-12-01 实施

国家市场监督管理总局
国家标准化管理委员会　发布

图 1-2　国家标准《和田玉鉴定与分类》

二、和田玉名称的历史沿革

和田地区位于塔里木盆地南沿，古称“于阗”，是西域古国之一。《史记·大宛列传》首次记载了此地，而后的历史上，它还有着许多称谓，包括“于填”“于殿”“于寘”等，多为同音异字。直到清朝乾隆二十四年（1759 年），清政府设立和阗办事大臣前，“和阗”一词从未见于史书记载。而在 1959 年，“和阗”被改称为“和田”。这样一来，我们在翻阅历史的长卷时，会惊讶地发现，“和田玉”这三个字在历史上的存在时间不足百年，即便考虑到“和阗玉”这个名字，其历史也不到 300 年，这与和田玉 8000 年的使用历史相比，几乎只是一瞬间。

这样的历史背景引发了两个疑惑。第一个疑惑是，在“和田（阗）玉”一词问世之前，华夏祖先为这种玉石起了什么样的名字？翻阅史书，美妙的文字纷至沓来：①“厥贡惟球琳琅玕”（《尚书·禹贡》）；②“西北之美者，有昆仑虚之璆琳琅玕焉”（《尔雅·释地》）；③“登昆仑兮食玉英”（《楚辞·九章·涉江》）；④“今陛下致昆山之玉，有随、和之宝……”(《谏逐客书》);⑤“昆仑之虚不朝,请以璆琳琅玕为币乎”(《管子·轻重甲》)。

璆、琳、琅、玕……这些名字仿佛散发着诗意和想象力,勾勒出一幅幅神秘而美丽的图景,让人不禁感叹古人的智慧。或许在古人眼中,和田玉是如此自然、如此珍贵,无需特别的称呼(古人以色断玉,琳、琅等并不专指和田玉,有时也用于称呼岫玉、青金石等),就如同我们对自然美景和美好事物的感受,有时难以言表。这些美妙的名称早已被岁月遗忘,不再为现代人所知。然而,数千年来,和田玉在历史的长河中承载着深远的情感,其美丽和神秘感不断激发我们对古代文明的思考,它成为一种文化的象征,让我们感受到古代文明的广袤和深邃。

第二个疑惑是,将不到300年历史的“和田(阗)”二字与超过8000年历史的玉石相联系,它是否能够承载起众多古代文化(例如良渚文化、红山文化等)所代表的历史意义和文化内涵?

这个讨论或许将持续很多年,甚至可能永远无法得到所有人都认同的答案。但毫无疑问的是,即便这300年只是历史长河中的一瞬间,这个瞬间却定格了一种珍贵的文化象征,使和田玉文化成为中国文化中不可或缺的一部分。“和田玉”这三个字,代表了一种神秘而神奇的物质,它所承载的文化与历史,在世代传承中凝练、升华,成为中华文明的瑰宝。其价值不仅在于它所代表的历史和文化内涵,更在于它作为一种文化象征,激发了人们对传统文化的热爱和探索。

即使在今天,和田玉仍然在无数人的心中闪耀着独特的光芒,它的神秘、美丽与珍贵,让人为之倾倒。因此,无论是历史上的红山文化、良渚文化,还是近代的和田玉产业,都是中华文明不可或缺的一部分,它们传承了珍贵的文化基因,让我们在浩瀚的历史长河中找到了精神归属,也为未来提供了宝贵的文化遗产。

三、和田玉与软玉

随着现代社会的到来,透闪石质玉这一新资源的不断发现,让和田玉的相关称谓更加丰富多样,有“软玉”“老玉”“闪玉”“河磨玉”“丰田玉”等,其中影响最广的莫过于“软玉”了。

1863年,矿物学家亚历克西斯·达穆尔(Alexis Damour,1808—1902)发现,“玉”这一名称包含矿物成分不同的两种玉石材料。虽然中国人早已领悟到这一点,但他却是全球首位发表这两种材料的矿物学特征和物理化学性质数据的研究者。他将这两种材料统称为“jade”(即“玉”),并将其中以透闪石成分为主的玉命名为“nephrite”,将以硬玉成分为主的玉命名为“jadeite”。从此,开启了近代玉石研究的先河。

明治维新时期，日本不断汲取欧洲各种研究成果。1890年，日本人Bunjiro Koto首先将英文“nephrite”翻译为日文的“软玉”，这是“软玉”一词在日本的首次亮相。随后，地质学家章鸿钊在1921年出版的《石雅》一书中，参考了欧洲和日本的文献，继续沿用了“软玉”这个词，这也是“软玉”一词在中国的首次出现。此后，“软玉”成为和田玉在中国玉石市场中的专属名称，并被广泛运用于鉴定证书、珠宝类专著及教材中。1996年，中国制定了第一份珠宝玉石国家标准《珠宝玉石 名称》(GB/T 16552—1996)，其中也使用了“软玉”这个词。在2003年，国家标准《珠宝玉石 名称》第一次修订时，首次将“和田玉”这个词汇纳入其中。这一举措让和田玉再次得到了中国玉石市场的重视，也让和田玉的名字在中国的玉石鉴定证书上得以重现。这一历史性的改变，为和田玉在中国市场中的流通打下了更加牢固的基础，让更多的人能够了解和欣赏这种瑰宝。

令人困惑的是，和田玉一直以来以高硬度和良好的韧性著称，而西方的“nephrite”一词并未涵盖硬度的概念，因此，无论是将“nephrite”翻译为“软玉”，还是将“和田玉”改称为“软玉”，都不够妥当。这些做法忽略了和田玉本身的物理特征，前者还违背了“信、达、雅”的翻译原则。这样的行为不仅不尊重和田玉的历史和文化，也与中华民族对文化精神的追求和传承相悖。珍视和田玉这种瑰宝，我们认为首先要尊重它的历史和文化源流，其次应该在保留其本质特征的同时，让更多人了解和欣赏它的美丽和价值。

在经过深思熟虑后，我们决定在本书中用“和田玉”泛指世界各地的透闪石质玉，而以“新疆和田玉”特别指代产于现今新疆维吾尔自治区内的透闪石质玉。这样的用词方式不仅强调了和田玉的基本玉石学特性，而且蕴含着深远的历史文化内涵。我们希望通过这种表达方式，让“和田玉”这个朴素的词汇不再受限于表面的定义，而成为一种独特的情感象征，让每个华人在接触和田玉时都能感受到深深的情感共鸣。

第二章

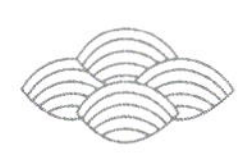

和田玉的形成与开采

第一节 和田玉的形成

一、和田玉形成的主要问题

和田玉的形成问题一直以来困扰着人们。具体而言,涉及以下两个方面的难题。

首先是和田玉的成矿物质来源问题。和田玉的主要组成矿物是透闪石,其化学分子式为 $Ca_2Mg_5Si_8O_{22}(OH)_2$。这表明和田玉的形成需要充足的 Ca(钙)、Mg(镁)和 Si(硅)等化学元素,而 OH^- 的存在则说明形成过程中还需要流体的参与。这进一步增加了研究难度:这些化学元素和流体从何而来?

其次是和田玉如何"成玉"的问题。透闪石是常见的造岩矿物,以透闪石为主要成分或含有透闪石的岩石并不少见。然而,透闪石质玉与透闪石质岩在质地和光泽等方面存在重大差异。这一差异产生的根本原因在于两者结构上的差异。在和田玉中,透闪石呈显微纤维状交错编织,形成了细腻的毛毡状结构。这种特殊显微结构的形成机制是另一个需要深入研究的难题,因为仅从透闪石矿物的角度无法解释高品质和田玉在质地和光泽等方面具有明显优势的原因。因此,我们需要深入研究和田玉特征显微结构的形成机制,以更好地理解和田玉之所以为"玉"的根本原因。

二、和田玉原生矿成因

(一)和田玉原生矿主要成因类型

近年来,有学者将原生和田玉矿床分为白云岩型(dolomite-related type,简称 D 型)和蛇纹岩型(serpentinite-related type,简称 S 型)两大类。然而,这种分类方式存在争议,因为其中的"白云岩型"会给人一种错误的印象,即只有当围岩为白云岩时才能形成和田玉。但实际上,例如贵州罗甸、广西大化等地的和田玉矿床,其围岩为灰岩而非白云岩。因此,我们提出了一个改进方案,将原来的白云岩型替换成碳酸盐岩型(carbonate-related type,简称 C 型)(表 2-1)。这一改进方案更加严谨,也更加富有逻辑性,因为碳酸盐岩这一地质术语包含更多的岩石类型,既包括白云岩、白云质大理岩,也包括灰岩。通过这一改进方案,我们能够更准确地对和田玉矿床进行分类,解决了原方案存在的争议。

表 2-1　原生和田玉矿床分类

矿床类型	S 型	C 型	
亚类	—	CI 型	CM 型
典型产地	国内有新疆玛纳斯、台湾丰田；国外有北美，俄罗斯 East Sayan、Dzhida、Paramskii 及新西兰等	国内有塔里木盆地南缘、青海格尔木、广西大化、甘肃马衔山、贵州罗甸及江苏小梅岭，国外有韩国春川、俄罗斯 Vitim 等	国内有辽宁岫岩、四川龙溪及河南栾川，国外有意大利 Val Malenco、瑞士 Scortaseo 等

C 型和田玉矿床可以进一步细分为两个亚类，这两个亚类的成矿过程不尽相同。其中一类矿床是由碳酸盐岩与侵入岩之间的接触交代或是由侵入岩衍生的热液所引发的热液交代形成的，我们称之为 CI 型(carbonate-igneous type)。在这种形成模式下，侵入岩不仅包括中酸性的岩浆岩，还包括贫硅的基性岩。在 CI 型矿床中，和田玉矿体常以似层状、透镜状、巢状或脉状的形式分布在侵入岩与碳酸盐岩的接触带内或其附近。我国塔里木盆地南缘、青海格尔木、广西大化、甘肃马衔山、贵州罗甸、江苏小梅岭，以及韩国春川、俄罗斯 Vitim 等地所产的和田玉矿都属于 CI 型。

另一类矿床是在区域变质过程中，因碳酸盐岩与富硅热液发生交代而形成的，我们称之为 CM 型(carbonate-metamorphic type)。在 CM 型矿床成矿过程中，和田玉矿体主要以透镜状或不规则的带状赋存于中低温蚀变的碳酸盐岩中。辽宁岫岩的和田玉矿床便是这种类型的典型代表。该地区也是菱镁矿和滑石矿的重要产区，这些矿床常常与和田玉矿床共存。类似的矿床组合也出现在了意大利北部的 Val Malenco 和瑞士的 Scortaseo。在这些地区，和田玉矿体呈带状或透镜状赋存于滑石矿床的核部。我国河南栾川的和田玉则多产于蛇纹岩内部，产量较小，常为蛇纹石的伴生矿。

根据近 20 年来对和田玉矿的研究，我们得出了一个相对明确的结论：形成和田玉原生矿的主要条件有三个。首先，需要具备形成和田玉矿的物质条件，这是形成和田玉矿床的基础。不过，物质来源可以是多种多样的，成矿机理也存在多种可能性。其次，需要具备产生透闪石所需的温度、压力等外部条件。只有这些条件得到满足，相关物质才能发生化学反应并形成透闪石。最后，还需要具备形成和田玉矿床的地质条件。只有这些条件得到满足，才能够创造适宜的外部环境。在地壳中，能够满足这三个条件的地方可能很多，因此，和田玉矿床的成因类型也存在多种可能性。如果我们不受传统认识的束缚，就有可能发现更多类型的和田玉矿床。

（二）和田玉原生矿成矿分析——以青海和田玉矿为例

1.矿区概况

利用 Magellan320 型 GPS 对青海三岔口和田玉矿进行了精确定位，矿区位于东经 94°22.125′，北纬 35°54.627′，北距格尔木市南 73.4 km，海拔 4250 m。从对该矿区的实地踏勘情况来看（图 2-1），和田玉矿体主要与围岩呈现以下两种接触关系。

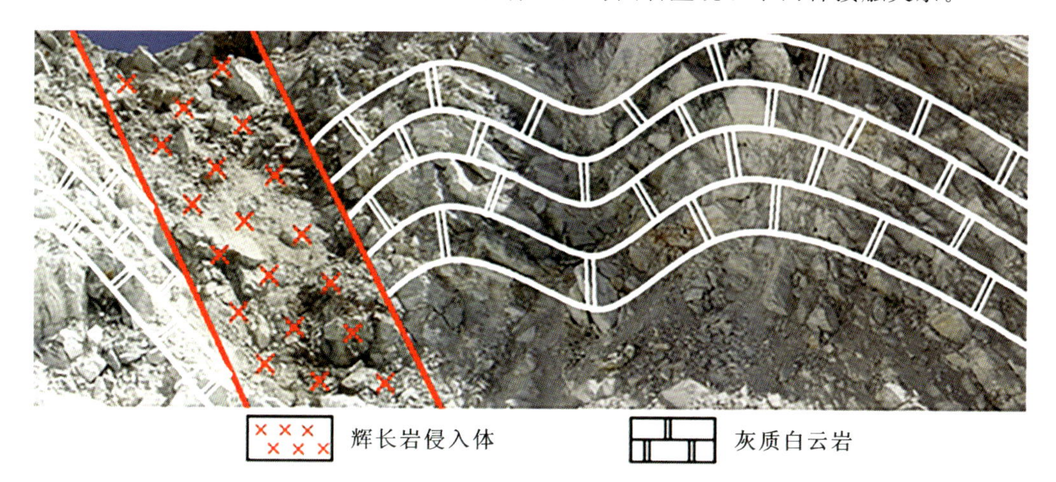

图 2-1　三岔口矿区简图

一种是和田玉矿体与围岩呈渐变接触。这种类型的和田玉矿体主要形成于碳酸盐岩与侵入火成岩体的接触带上。根据我们从接触带采集到的样品来看，从内接触带到外接触带依次为火成岩体—青玉—白玉—碳酸盐岩（图 2-2a）。

另一种是和田玉矿体与围岩呈突变接触。这种类型的和田玉矿体主要形成于碳酸盐岩围岩层间滑脱带，矿脉的分布主要受褶皱构造控制，一般位于褶皱背斜顶部。矿脉与碳酸盐岩层理一致，产状也较为平缓。矿体规模不大，厚度一般不超过 50 cm，少数可达 1 m 以上（图 2-2b）。

a. 渐变接触

b. 突变接触

图 2-2　和田玉矿体与围岩的接触关系

从图 2-2a 中矿脉的分布特征，我们可以明显看出该矿区的和田玉是火成岩体和碳酸盐岩接触交代形成的产物。值得注意的是，火成岩和碳酸盐岩不仅是和田玉矿体的围岩，也是其成矿母岩。

然而，图 2-2b 中矿脉的分布却表明，部分成矿流体在形成后曾经历过一定距离的运移。和田玉矿体是在成矿流体充填围岩层间时，由于外部环境（例如温度、压力等条件）骤变而形成的。

2.成“岩”的过程

为了更好地探究和田玉成矿元素的来源，我们按照新鲜围岩—矿化围岩—白玉—青玉—矿化火成岩体—新鲜火成岩体的顺序（图 2-3），选取了 16 块代表性岩样进行 ICP-MS（inductively coupled plasma mass spectrometry，电感耦合等离子体质谱）岩石地球化学全分析。表 2-2 中详细列出了测试结果。

图 2-3 采样剖面示意图

表 2-2　三岔口玉矿围岩、和田玉及火成岩体常量元素含量数据表　　单位：%

编号	Al	Ca	Fe_T	K	Mg	Mn	Na	P	Ti	备注
1	0	26.45	0.10	0	12.05	0.01	0	0.01	0	围岩(未蚀变)
2	0	23.49	0.13	0	10.84	0	0	0	0	围岩(未蚀变)
3	0	22.64	0.09	0	8.97	0	0	0	0	围岩(未蚀变)
4	0	25.33	0.04	0	7.11	0	0	0	0	围岩(弱矿化)
5	0.01	14.26	0.04	0	6.44	0.02	0	0	0	围岩(强烈矿化)
6	0.01	14.27	0.02	0	5.61	0.01	0	0	0	围岩(强烈矿化)
7	0.20	11.70	0.22	0	9.17	0	0.01	0	0	和田玉(浅灰白)
8	0	11.49	0.16	0	11.44	0	0	0	0	和田玉(浅灰白)
9	0.07	11.38	0.23	0	11.49	0	0.01	0	0	和田玉(浅灰绿)
10	0.24	11.46	0.37	0.01	9.78	0.01	0.03	0	0	和田玉(浅青灰)
11	0.51	10.86	0.48	0.19	8.34	0.01	0.02	0.01	0	和田玉(浅青灰)
12	0.47	11.09	0.59	0.17	9.44	0.02	0.02	0.01	0	和田玉(深青灰)
13	0.24	11.55	0.69	0	9.17	0.01	0.03	0.01	0	和田玉(深青灰)
14	6.38	18.40	4.08	0.07	7.08	0.05	0.18	0.11	0.61	火成岩体(矿化)
15	6.23	6.99	5.49	0.66	4.32	0.08	2.99	0.19	0.61	火成岩体(未蚀变)
16	7.14	6.10	6.35	1.82	4.58	0.09	2.56	0.21	0.64	火成岩体(未蚀变)

注1：样品1—13的测试单位为同济大学海洋地质国家重点实验室；样品14—16的测试单位为湖北省地质实验研究所(武汉综合岩矿测试中心)。

注2："—"代表未测。

对未蚀变围岩(样品1—3)和矿化围岩(样品4—6)的Ca、Mg含量进行分析，我们可以看出，随着矿化程度加强，数值总体呈现逐渐减小的趋势。这表明Ca、Mg属于围岩的输出组分。对于未蚀变火成岩体(样品15、16)和矿化的火成岩体(样品14)，我们则观察到了矿化过程中Ca、Mg含量显著增加的趋势，这表明这些元素属于火成岩的输入组分。因此，和田玉成矿流体中的Ca、Mg应当来自围岩。

通过对比火成岩体与和田玉之间的元素含量数据，我们发现后者的Na、Mn、Al、P等元素含量明显更低。这一趋势表明这些元素很可能是火成岩在成矿过程中被释放的组分之一。

综合实验结果，我们可以得出结论：碳酸盐岩为和田玉成矿提供了必要的Ca、Mg，而火成岩体则提供了Si、Fe以及K、Na、Mn、Al、P等元素。

3.成“玉”的过程

和田玉特征显微结构的形成与其广泛发育的塑性变形密不可分。这种形变主要表现为矿物颗粒的形体和形貌的改变，以及矿物晶体格架的变化，它甚至会导致光率体的变异。应力作用的影响不仅限于岩石内部颗粒与颗粒之间，还会扩散到颗粒内部以及颗粒和颗粒之间的中间物质，即分子和原子内部。

由于观察尺度的不同，形变的范围也会有所不同。有些形变小到只有在电子显微镜下才能看到，如变形纹等；有些形变通过光学显微镜甚至肉眼就能观察到，比如拉长的透闪石纤维以及某些透镜状、条带状的和田玉矿体。甚至那些由于变形或岩石塑性流动形成的层状和田玉矿脉，也可以被视作塑性变形带。

在和田玉的形成过程中，应力对透闪石矿物的显微结构产生了重要影响。同时，成岩后，由于受到进一步的应力作用，和田玉内部可能产生塑性变形，形成特殊的毛毡状结构。不同的应力状态会引起和田玉中显微结构的两种变化：一种是透闪石矿物形体方位的定向，另一种是内部晶格方位的定向。举例来说，定向应力常常导致透闪石纤维的有序排列，从而形成猫眼效应。这种和田玉猫眼主要分布在俄罗斯贝加尔湖地区，以及我国台湾省花莲县、四川省龙溪乡等地。而压扭性应力场则会形成典型的毛毡状结构，许多油性好、密度大的和田玉就具有这种结构。受到应力作用影响，透闪石会发生拉伸，其长宽比会显著增加，甚至可达20倍以上。塑性变形会使透闪石晶体内部结构发生改变，但其内部的结合力并没有消失。一般来说，产生塑性变形的应力处于透闪石晶体的弹性限度内，是长期持续作用的结果。

综上所述，在和田玉的形成过程中，应力的作用不可忽视。应力能够控制透闪石矿物显微结构的形成，并在成岩后持续发挥作用。和田玉特征显微结构的形成与应力作用下的塑性变形密切相关，尽管这种变形的观察尺度和范围各不相同，但其内部结构的紧密结合力一直存在。和田玉具有极佳的韧性，似乎与显微纤维状透闪石的交错编织有着密切的联系。这些“从岩到玉”的塑性形变过程不仅仅是物质结构的变化，更体现了大自然在造物时耗费的时间和能量。

4.格尔木和田玉形成简史

据研究，距今9亿至5.6亿年，东昆仑山脉北缘曾是一片广袤无垠的海洋。这片海洋沉积了厚厚的白云岩，含有丰富的Ca和Mg，为透闪石的形成提供了理想的“原料”储备。这一储备过程持续了大约6亿年，为后来和田玉的形成奠定了坚实的基础。

距今约2亿年，大洋开始逐渐闭合，地壳活动频繁，伴随着大量的岩浆喷发。炙热的岩浆沿着地壳的裂缝侵入白云岩中，释放出丰富的Si元素。在岩浆的高温下，白云岩中的 Ca 和 Mg 逐渐析出，而岩浆则在冷却过程中释放出 Si。最终，在适宜的地质条件下，Ca、Mg 和 Si 相互结合，形成了透闪石矿物。

在应力的作用下，透闪石矿物内部逐渐演变出独特的显微纤维结构，完成了从透闪石质岩到透闪石质玉的华丽转变。透闪石的纤维交织结构使得和田玉具有极佳的韧性，这种精妙“编织”的结构仿佛诉说着岁月的积淀和地质的变迁。它的形成过程不仅涉及自然的演化进程，更展示了大自然在创造中所呈现的精彩奇迹。

第二节 和田玉的主要产地

和田玉曾长期被认为只产自新疆昆仑山一带。然而，随着考古学家在黑龙江小南山遗址、内蒙古兴隆洼遗址及红山文化、齐家文化等新石器晚期文化遗址中发现了古人使用和田玉制作器物的直接证据，这一观点开始受到质疑。有学者提出，在远古时期交通不便的情况下，这些器物的玉石原料可能是就近获取的，而不一定是从迢迢万里之外的昆仑山开采运输而来的。然而，长时间内未能在这些古文化遗址附近发现和田玉矿的证据，使得这些观点没有得到充分重视。

然而，随着勘探开发技术的进步，自 20 世纪 80 年代起，人们陆续在江苏溧阳、甘肃马衔山等地发现了一些古老的和田玉矿床。尤其是甘肃敦煌旱峡古玉矿遗址的发现，证实了中国和田玉的规模化开采和使用已有 4000 年以上的历史。这表明在中国史前古代文明中，人们对和田玉的开采是否仅仅就地取材尚无法作出定论。但和田玉在全球范围内有广泛的来源，已是不争的事实。

一、和田玉在国外的资源分布

根据目前已经发现的和田玉矿点的分布情况，世界上存在两条巨型和田玉成矿带。这两条成矿带分别延伸于昆仑山脉和北美西海岸科迪勒拉山系，而且都位于造山带内(图 2-4)。这一发现凸显了造山作用在和田玉成矿过程中的重要性。

研究表明，造山带是和田玉矿源的主要集中地带。因为造山带位于古大陆板块的缝合处，汇聚了各种流体(源自沉积岩和/或岩浆)等矿源，所以形成了丰富的地热异常。长期的地质活动有利于成岩成矿作用的发生和成矿物质的富集，这使得和田玉成矿所需的各类要素能够聚集在一起，从而可以形成大型、超大型和田玉矿床，甚至巨型和田玉成矿带。

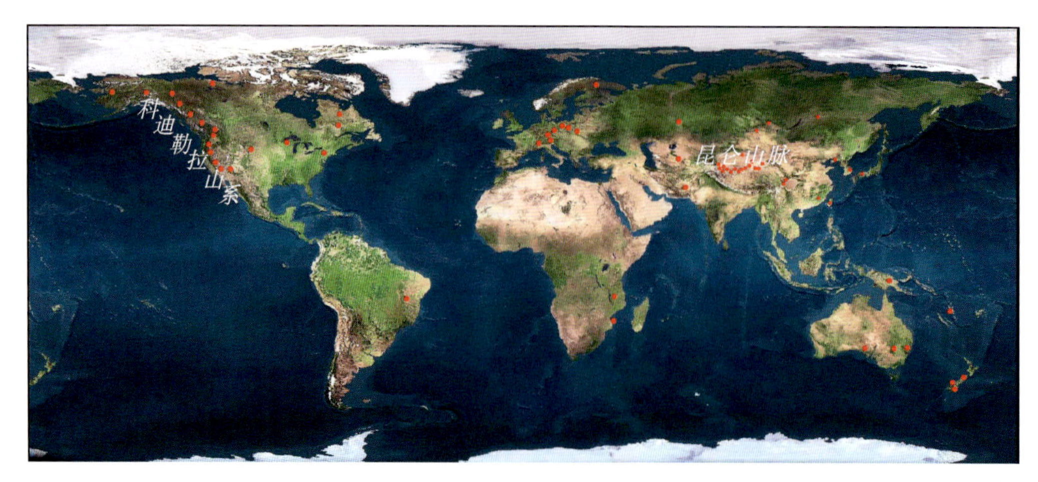

图 2-4 世界和田玉矿点(红点所示)分布图

尽管全球范围内已发现许多和田玉矿点,但大多数矿点玉石产量较低或品质不高,高质量的矿源仅集中在中国、俄罗斯和韩国等少数地区。为了让读者更全面地了解和田玉资源,以下将对国内外和田玉资源的分布情况进行简要介绍。

(一)俄罗斯

在俄罗斯的布里亚特共和国,隐藏着两座宝贵的矿山,分别是白玉矿山和碧玉矿山。白玉矿山静静地坐落在贝加尔湖东北部的外兴安岭山脉,与布里亚特共和国首府乌兰乌德市相距不远;碧玉矿山则位于贝加尔湖西部的东萨彦岭山脉,与伊尔库茨克州首府伊尔库茨克市相对较近。

1.常见和田玉产状

俄罗斯和田玉多为山料,也可见山流水和子料。由于俄罗斯子料经河流搬运的距离较短,其磨圆度及风化程度均不及新疆和田的子料,因此一些学者也将其视为山流水。

2.特色玉料

在俄罗斯白玉山料中,最著名的莫过于黑皮白玉(黑皮料)。其外层的黑皮是经过长年风化形成的,有时还覆盖着灰白色的石皮层。这些具有黑皮的玉料比一般的俄罗斯白玉山料品质更加出色——玉肉更白,质地更细腻,还具有其他俄罗斯白玉料所欠缺的油润性,因而成为俄罗斯和田玉中的精品。这种具有特殊皮色的和田玉经常被用来雕刻成精美的俏色作品。

在俄罗斯,还有一种被称为“7 号矿料”的碧玉,它在中高端碧玉市场占据主导地位(加拿大碧玉则在低端市场中占据主导地位)。虽然新疆是历史上最重要的白玉产地，但在碧玉方面却并非如此。新疆玛纳斯碧玉的市场份额非常有限，无法与俄罗斯（西伯利亚）和加拿大的碧玉产品竞争。2009 年，俄罗斯 7 号矿坑基本宣告绝矿，使得这种珍贵的碧玉更加稀缺。

而俄罗斯的老矿碧玉猫眼更是稀世珍品。出产碧玉猫眼的矿山已停产多年，因其产地在西伯利亚，市场上也称其为西伯利亚猫眼。高品质的俄罗斯碧玉猫眼具有细腻透明的玉质，色泽浓翠，猫眼灵动，几乎没有黑点，因此备受国内和田玉收藏界追捧。

3.使用历史

20 世纪 90 年代初，俄罗斯碧玉开始进入中国市场。21 世纪初，俄罗斯白玉便如玉石明星般迅速风靡中国玉石市场。长期以来，人们普遍认为俄罗斯的和田玉矿在 20 世纪 70 年代才被发现。然而，随着时间的推移，令人惊讶的新发现不断涌现。2016 年，一座距今 5000 年的古墓被发现于俄罗斯贝加尔湖畔，其中出土了几枚俄罗斯白玉环，它们仿佛沉睡的美人，逐渐苏醒。或许，俄罗斯和田玉的历史比我们想象中更为悠久，更为神秘。这些珍贵的玉石见证着时光的流转，为我们带来了无尽的想象和故事。

（二）韩国

韩国和田玉矿位于江原道政府所在地的春川市，这里既有优美的自然景色，又是江原道的行政中心，被誉为“韩国最适合居住的城市”。预测显示，该地区大约有 30 万吨的和田玉储量，是世界级大型玉石矿床之一。

1.常见和田玉产状

目前，韩国的和田玉中只发现了山料，尚未发现山流水或子料。

2.特色玉料

韩国和田玉通常呈现黄绿色或豆绿色色调，纯白色玉料较为罕见。大多数玉料具有蜡状光泽，肉眼可以看到它们呈现出米粥状结构。少数特级料质地细腻，可以呈现出弱油脂光泽。尽管韩国和田玉料的数量很大，但是其品质较为一般，所以常被用于制作工艺品或者仿古玉器。

3.使用历史

由于产自春川地区，韩国和田玉最初被称为“春川玉”。尽管 20 世纪 70 年代已经有人开始开采它，但当时这种玉石在韩国本地并没有受到欢迎。直到 20 世纪 90 年代，当它开始进入中国市场时，才逐渐引起人们的重视。如今，该地区的玉料已经成为和田玉市场上不可忽视的重要力量，并为中低端玉石市场提供了大量原材料资源。

（三）加拿大

加拿大是一个拥有丰富和田玉资源的国家，这些资源主要分布在西北部的不列颠哥伦比亚省和魁北克省等地。据统计，至少有8个和田玉矿点在这些地区被发现，包括科珀曼玉矿、育空玉矿、西阿尔玉矿、奥米内卡玉矿、利卢埃特玉矿、布拉多玉矿、魁北克省玉矿和纽芬兰岛玉矿。其中，不列颠哥伦比亚省的矿床最为著名，产量最大，而魁北克省的矿床次之。

1.常见和田玉产状

目前，加拿大的和田玉资源主要以山料形式存在，尚未发现山流水和子料。这意味着加拿大的玉料主要从山体中开采，而不能像新疆和田玉那样从河流中获取。尽管如此，加拿大仍然具有一些高质量的和田玉品种及特色玉料，吸引了众多玉石爱好者和工艺品制作者的关注。

2.特色玉料

不列颠哥伦比亚省的和田玉矿床中产出了一种被当地人称为“北极玉”的碧玉，它因产地位于北极圈而得名。北极玉被誉为“加拿大顶级碧玉”，这个商业名称已经被广泛用于宣传高品质的加拿大碧玉。极品北极玉具有高透明度，看起来就像是帝王绿的翡翠，甚至有人将其形容为透明的绿玻璃。多年开采已经使得北极玉的产量变得非常有限，不到加拿大碧玉总产量的1%。

3.使用历史

加拿大和田玉矿床的发现历史可以追溯到19世纪末。当时，在加拿大不列颠哥伦比亚省的一个小镇附近，一名铁路工人在施工过程中偶然发现了一种碧绿的玉石。随后，经过多次考察和研究，人们发现这种碧玉的质地与市场上出售的新疆和田碧玉相似，但颜色更加鲜艳，且稀有度更高。于是，加拿大碧玉逐渐为人所知，并被广泛应用于珠宝和工艺品制作中。

20世纪80年代，Jade West集团收购了加拿大的碧玉矿区，并开始进军中国台湾市场。由于中国台湾丰田地区碧玉产量锐减，加拿大碧玉迅速成为价格较低的优质替代品，并为著名玉石雕刻师黄福寿等人广泛使用，演变成一系列令人拍案叫绝的精工作品。

从1986年开始，加拿大的碧玉开始出口到中国，尤其是新疆地区。起初，它并没有受到中国市场的热捧。然而，随着中国中产阶级的崛起和人民可支配收入的增加，碧玉资源的稀缺性推动了大量加拿大碧玉进入中国市场，并长期被作为新疆碧玉的替代品销售。而那些透明度较高的北极玉，大部分被销往欧美市场，因为它们的外观更接近于西方消费者所喜爱的透明绿色宝石。

（四）澳大利亚

澳大利亚的和田玉矿主要位于南澳大利亚州考厄尔（Cowell）地区，在约 10 km^2 的范围内分布着 100 多处矿点，和田玉储量约有 8 万吨。考厄尔玉石有限公司主要将和田玉出口到亚洲市场，同时也有出口到德国、意大利、美国、加拿大和新西兰的业务。这些和田玉以其独特的品质和艺术价值受到国际市场的青睐，为澳大利亚带来了丰厚的经济收益。

此外，澳大利亚新南威尔士州的塔姆沃思、奥根比尔、斯普林河、穆拉河和楠德尔附近也分布着和田玉矿床。人们还在新南威尔士州的因弗雷尔、麦夸里港、劳森山和奥兰治附近采集的岩石中发现了少量和田玉。

有报道称，西澳大利亚州皮尔巴拉地区出产和田玉。当地也有一些以和田玉为名出售的观赏石，但这些最终被证明都不是真正的和田玉。

1.常见和田玉产状

澳大利亚和田玉只在山料中被发现，而山流水和子料尚未出现踪迹。

2.特色玉料

该产地产出颜色接近墨玉的黑青玉，研究表明其中 Fe 元素含量较高，可达 17.9%，导致在电筒光照射下几乎不透光。澳大利亚黑青玉质地极为细腻，韧性极佳，即使将顶级玉料切成毫米级薄片，也难以断裂。

3.使用历史

1965 年，一位居住在考厄尔和田玉矿附近的农民在一片白色大理石露头中发现了一块和田玉，重 3～4 kg。接下来的几年里，考厄尔和田玉矿先后更换了几个所有者。1974 年，南澳大利亚州政府对这个矿床进行了评估，并于 1976 年开始了试采计划。1977—1996 年，小型采矿企业在新南威尔士州塔姆沃思附近开采出了约 600 kg 的和田玉。随着 1987 年澳大利亚宝石有限公司的成立，该矿床开采进入了一个新的阶段。

（五）美国

美国是一个和田玉资源丰富的国家，已经发现了 160 多处和田玉矿床，分布在加利福尼亚州、阿拉斯加州、华盛顿州、俄勒冈州、怀俄明州和威斯康星州等地。其中，加利福尼亚州就拥有 50 多处矿床，而怀俄明州的碧玉较为著名。

1.常见和田玉产状

目前，美国和田玉主要为山料，这些矿床主要分布在科迪勒拉山脉西部，原生矿大多出现在前寒武纪变质岩和第三纪（古近纪＋新近纪）侵入岩（花岗岩）的接触交代处。和田玉矿体通常呈透镜状或层状分布，周围的破碎带和断裂带中也常见和田玉矿体的存在。伴生矿物有石墨、钛铁矿、磁铁矿、方解石、滑石、石榴石、透辉石、磷灰石、黄铁矿和蛇纹石等。同时在怀俄明州等地区发现了山流水。

2.特色玉料

在美国的怀俄明州，产出一种黄绿色调的碧玉，人们称之为“橄榄绿”，它与中国玉石市场的“咸菜绿”类似。这种碧玉质地较为细腻。

3.使用历史

早在20世纪30年代，人们就在美国怀俄明州发现了和田玉，并于1940—1960年间进行了大量的开采。目前，大量的玉料仍然囤积，只能在美国图桑国际矿物珠宝展上偶尔见到出售。此外，美国的碧玉也常常夹杂在其他产地的碧玉中进行出售，较难识别。

（六）新西兰

新西兰只产碧玉，没有其他和田玉颜色品种。新西兰碧玉的主要产地位于新西兰南岛的奥塔哥区、阿拉胡山谷区、西部区和坎特伯里区。这些地方沿着南岛的长轴方向分布，是碧玉的宝贵发源地。然而，真正的碧玉原生矿很少见，大部分碧玉都以次生矿的形式存在。它们主要以漂砾或卵石的形态出现在河流中，或者被冲刷到海岸线上。因此，人们常常可以在海岸线上发现碧玉。这片海域被当地毛利人称为“碧玉水域”，而位于韦斯特兰的阿拉胡则是最著名的碧玉采集地。

“碧玉水域”在南岛的塔胡部落中备受推崇，他们声称对部落土地和河流范围内的碧玉拥有所有权。为了保护环境和资源，20世纪90年代，新西兰政府将和田玉矿山的所有权交给了南岛的毛利人团体。这一举措限制了碧玉的开采，体现了对环境和资源的保护意识。如今，塔胡部落仍然守护着这片宝贵的碧玉之地，让碧玉的独特魅力得以延续。

1.常见和田玉产状

在新西兰，碧玉主要以次生矿的形式存在，原生矿较为稀少。

2.特色玉料

新西兰的特色玉料是碧玉，它常呈现出绿色、深绿色、暗绿色和墨绿色等色调，偶尔有些玉料能展现出美丽的菠菜绿色，其透明度通常也较好。新西兰碧玉的特点是黑点较少，但产量一般。品质最好的新西兰碧玉常被制成珠链进行销售，品质优良的碧玉很难与其他产地的碧玉有效区分。

3.使用历史

在新西兰西海岸线，碧玉产出丰富。当地的毛利人将碧玉称为绿石头（green stone）或普娜墨（pounamu，毛利语），并长期对其进行开发利用。对毛利人来说，碧玉是一种传世珍宝，它可以将现在的人们与已逝去的人们紧密联系在一起。一些碧玉代表着特定的祖先，而其他一些则通过命名来反映它们在部落传说中的地位。作为与祖先相通的物质象征，碧玉在毛利人眼中是神圣的，其珍贵程度远远超过黄金。它们承载着毛利人的文化和信仰，成为一种宝贵的遗产。

（七）其他产地

除了上述国家外，巴基斯坦和中东地区也有较大量的和田玉资源产出，且相关玉料已在我国市场上出现。另外，波兰、索马里等地都有和田玉资源产出的报道。

其中，巴基斯坦为2020年后碧玉市场最关注的一个产地。关于巴基斯坦碧玉，目前依然存在争议，焦点在于巴基斯坦是否有碧玉产出。有人认为巴基斯坦碧玉原产地在俄罗斯，这些玉石之所以被视为巴基斯坦碧玉，主要是因为它们多数是从巴基斯坦的卡拉奇港出口而来的。目前巴基斯坦碧玉矿区的具体位置和成因尚未揭露。

早期巴基斯坦碧玉常呈暗绿色，带有黑色点状杂质，品质较差，并未引起市场的关注。后期产出了透明度较高的苹果绿色碧玉，在市场中引发巨大反响。此品种被誉为“冰底碧玉”，目前被视为仅次于俄罗斯碧玉的优质和田玉原料。

另外一个储量较大且品质较好的碧玉产地为索马里兰，它位于非洲之角，是索马里联邦共和国的一个自治区。该地所产和田玉以碧玉为主，部分呈现特征的橄榄绿色。原石赌性较大，常出现棉点状杂质。早期曾有大量品质较低的索马里兰玉料进入中国市场，被称为“迪拜料”（曾一度被误传产自迪拜的沙漠地带）。该地也出产一些品质较高的和田玉，但常以其他产地玉料的名义出售。

二、和田玉在中国的资源分布

（一）新疆维吾尔自治区

和田玉主要产于新疆维吾尔族自治区内的昆仑山北坡，其分布范围横跨莎车至塔什库尔干、和田至于田、且末至若羌，长达1500 km。新疆是目前和田玉矿点最多、品种最齐全的地区之一，尤其以举世闻名的和田玉子料独领风骚。在漫长的开采历史中，一批顶级和田玉料，例如戚家坑料、95 于田料等问世，至今仍令人赞叹。这片土地承载着丰富的文化气息，流淌着玉石的魅力，令人心醉神迷。

1.常见和田玉产状

新疆和田玉可见山料和山流水（产于塔什库尔干—若羌一线，以及天山玛纳斯地区等），子料（产于和田地区）、戈壁料（主要产于若羌、策勒、叶城、泽普一带）。

2.特色玉料

1）子料

那些高品质的和田玉子料，以其独特的卵石形状、细腻的质地和独有的润泽度，被誉为和田玉中的瑰宝。然而，令人遗憾的是，这样高品质的子料极其稀有，只占子料总产量的一小部分。正是由于其稀缺性，高品质子料才成为和田玉收藏爱好者追逐的目标。

2）戈壁料

经过戈壁滩的风沙吹蚀，和田玉戈壁料的质地变得异常细腻。恶劣的戈壁气候对和田玉进行了严酷的考验，同时使其变得坚韧和稳定。在众多和田玉产状中，戈壁料硬度最高，光泽最为出众。它沉稳而华贵的外表，承载着岁月的痕迹，散发出一种独特的魅力。

3）山料

和田玉收藏界流传着这样一句话："于田的白玉，且末的糖，塔县的黑青，若羌的黄。"它道出了新疆和田玉的多样性，也展现了不同矿区玉料的独特魅力。于田的白玉，洁白无瑕，散发出迷人的光彩；且末的糖玉，仿佛红糖糕般柔美温润；塔县（塔什库尔干塔吉克自治县的简称）的黑青玉，深沉神秘，如夜空中的星辰闪耀；若羌的黄玉，似蜜黄色的丝绸，又宛若金色的河流流淌。每一种玉料都有其独特的气质和韵味，为和田玉的世界增添了无尽的色彩和魅力。

3.使用历史

据史书记载，早在新石器时代晚期，新疆大地就出现了人们开采和田玉的痕迹。随着时间的推移，汉代和唐代见证了和田玉开采活动的进一步扩大和蓬勃发展。乾隆时期，新疆和田玉的官方采集甚至分为春秋两季，当时的人们探寻了大量精美无比的玉料。

然而，和田玉的开采之路并非一帆风顺。由于地理位置偏远和开采技术的限制，直到 20 世纪初，和田玉的开采规模仍相对较小。随着 20 世纪 90 年代的到来，交通和通信条件的改善促使和田玉开采活动逐渐增加，这引起了更多人的关注。

进入21世纪，出于保护环境的考虑，和田玉矿的机械开采基本暂停，获得开采权限的企业只能在政府审查允许的情况下，在一些地区进行零星的开采。政策的改变，要求对和田玉的开采更加注重资源的可持续性，也让人们对得来不易的和田玉更加珍视和推崇。和田玉开采跌宕起伏的历史，见证了人们对这种宝贵石材的执着追求，也彰显了和田玉在中华文化中的独特地位。

4.和田玉成矿带划分

地质调查研究结果显示，新疆境内的和田玉矿主要分布在西昆仑山脉的北坡，延伸至叶城—于田一带的山脉和河流。此外，在天山玛纳斯地区也发现了碧玉等和田玉原料。基于这些发现，我们可以将新疆的和田玉矿划分为以下三个主要成矿带和多个主要产区。

1）昆仑山北麓和田玉成矿带

昆仑山北麓一线大致可分为三个主要产区。

（1）莎车—叶城产区。

据《汉书·西域传》记载："莎车国……有铁山，出青玉。"该区历来就是新疆和田玉的重要产区，有大同、密尔岱、库浪那古等产地。大同和田玉矿在元代时曾大量开采，并设有碾玉作坊，现在地质调查中的多个和田玉矿体，古代已开采过。密尔岱是清代最重要的和田玉矿产地，以产大块和田玉著名，清代进贡之和田玉大多出自此处。正如清代姚元之《竹叶亭杂记》记载："叶尔羌、和阗皆产玉，和阗为多……叶尔羌西南曰密尔岱者，其山绵亘，不知其终。其上产玉，凿之不竭，是曰玉山，山恒雪。欲采大器，回人必乘牦牛，挟大钉、巨绳以上。纳钉悬绳，然后凿玉。及将坠，系以巨绳，徐徐而下，盖山峻，恐玉之猝然坠地裂也。"清朝时期，该产区和田玉开采量很大。清代王先谦《东华续录》记载："有时玉人二三千同时作业，玉料重达万斤以上。"又据清宫造办处档案记载："乾隆四十一年六月初九日，谨奏：现在送到大玉六块，内五千斤一块，经如意馆料估，画样呈览。奉旨交两淮盐政伊龄阿，做玉瓮一件。"其他如《大禹治水图》玉山子重逾万斤；《会昌九老图》玉山子、《丹台春晓图》玉山子、《秋山行旅图》玉山子，也重数百斤或数千斤。这些巨大的和田玉料均采自叶尔羌之密尔岱山。

该区的叶尔羌河历来就是新疆和田玉子料的重要产地。据清代《西域闻见录》记载，叶尔羌河所产之玉"大者如盘，小者如栗，有重三四百斤者。色有如雪之白，翠之青，蜡之黄，丹之赤，墨之黑者，皆上品。一种羊脂朱斑，一种碧如波斯菜，而金片透湿者，尤难得。"清代姚元之在所著《竹叶亭杂记》中对在叶尔羌河中捞玉有着精彩的描写："其叶尔羌之玉则采于泽普勒善阿。采恒以秋分后为期，河水深才没腰，然常浑浊。秋分时祭以羊，以血沥于河，越数日水辄清，盖秋气澄而水清。彼人遂以为羊血神矣。至日，叶尔羌帮办莅采于河，设毡帐于河上视之。回人入河探以足，且探且行。试得之，则拾以出水，河上鸣金为号。一鸣金，官即记于册，按册以稽其所得。采半月乃罢，此所谓玉子也。”以上记载说明叶尔羌河出产和田玉子料，其中有的质量还很好。直至现代，还有人在叶尔羌河中拾玉。

(2) 皮山—和田产区。

这也是一个古老而著名的和田玉产区。《史记·大宛列传》记载：“汉使穷河源，河源出于阗，其山多玉石”，“于阗之西……河源出焉，多玉石”。《魏书》记载：“于阗城东三十里有首拔河(即今天的玉龙喀什河)，中出玉石……山多美玉”。《梁书》记载于阗国：“有水出玉，名曰玉河”。该区原生玉矿主要位于皮山县赛图拉、铁日克及和田县奥米沙等处。赛图拉和铁日克地处喀拉喀什河上游区域，和田玉矿点较多，资源量较大，所产和田玉多数为青玉，也有白玉、青白玉等，有的和田玉颜色为灰白色，至今还在开采。玉龙喀什河流域的原生玉矿，虽然在黑山一带有线索，但是碍于冰山之雪，人不能登山勘察，矿区特点至今还是一个谜。

该产区有出产和田玉子料的河流，但是对于玉河是两条还是三条，在古代有着很激烈的争论。如《五代史·于阗国传》中记载：“其河源所出至于阗分为三：东曰白玉河，西曰绿玉河，又西曰乌玉河，三河皆有玉而色异。”不过现在从卫星照片可以清楚地看到河流有两条，即玉龙喀什河和喀拉喀什河，它们是世界上最有名的玉河。

玉龙喀什河，源自莽莽昆仑山，蜿蜒流淌至塔里木盆地，与喀拉喀什河汇合成和田河，河程长达 325 km。这条河流蕴藏着丰富的宝藏，以盛产白玉而闻名，故被称为白玉河。除了白玉之外，这里也有丰富的青玉和墨玉资源。自古以来，玉龙喀什河一直是和田地区玉石的主要产地。人们在这条河的中游拣选玉石，上游则因地势险峻，很难到达。然而，随着和田白玉子料价格的飞涨，十多年前，挖掘机等工程机械的轰鸣声打破了玉龙喀什河的宁静。受经济利益驱动的人们，不再满足于传统的手工作业，而是按照河段、面积包揽采挖权。他们全力以赴，挖掘至地底十几米深，将玉龙喀什河的子料开采一空。为了防止对植被造成严重破坏，机械挖掘已经被禁止。

喀拉喀什河在古代被称为乌玉河，因为这条河出产的和田玉颜色乌黑，古人认为它是墨玉，故此得名。事实上，喀拉喀什河产出的和田玉中大多是碧玉和青玉。我们知道，碧玉在颜色较深时与墨玉十分相似，风化后的碧玉表面也可能变为黑色，整体呈现油光发亮的外观，从表面看很像墨玉，因此容易造成误会。喀拉喀什河不仅产出碧玉和青玉，还有白玉，河的上游有几处白玉的原生矿床，下游也可寻得白玉子料。

(3) 策勒—于田产区。

该区以产山料著名，但河流中也产子料。玉矿分布于策勒县哈奴约提河及于田县阿拉玛斯、依格浪古地段。其中于田县阿拉玛斯玉矿是从清代开始一直到现在都在开采的重要和田玉矿，以产白玉著名。

阿拉玛斯玉矿位于于田县东南部的柳什塔格山中，海拔 4500～5000 m，空气稀薄，气候寒冷，交通不便。阿拉玛斯玉矿是世界上罕有的白玉矿山，其分布特征是：上层矿主要是白玉和青白玉，无青玉出现；中层矿主要是青白玉，白玉所占比例下降；下层矿在地表 50 m 以下，主要是青玉，白玉和青白玉减少。这一分布规律与成矿条件有关——距离岩浆侵入体较远，则白玉多；距离岩浆侵入体较近，则青玉较多。深部青玉多，是因为岩浆侵入体在深部出现。

2）阿尔金山和田玉成矿带

阿尔金山是一座位于塔里木盆地东南部和柴达木盆地西北部之间的山脉，横跨新疆、青海、甘肃等地，走向北东，全长约 750 km，向东与祁连山相连。这条山脉的北麓曾是古代玉石之路和丝绸之路的重要通道，汉代的玉门关就位于这条路上。古时阿尔金山以产和田玉而闻名，在罗布泊地区楼兰遗址出土的约 4000 年前的玉斧见证了这一历史。而在 13 世纪，著名的意大利旅行家马可·波罗经过且末时，目睹了当地采玉业的繁荣景象，他描述境内有几条河流，产出大量青玉和碧玉等珍贵玉石，供应内地市场，其数量之庞大令人叹为观止。现代的地质调查表明，阿尔金山是和田玉的成矿带，可以进一步将其划分为且末产区和若羌产区。

（1）且末产区。

且末是阿尔金山主要的和田玉产地，除了河流中有和田玉，还有原生矿床分布在且末县的东南部。在且末县百余千米的范围内已经发现了多处矿点，包括塔什赛因、尤努斯萨依、塔特勒克苏、布拉克萨依和哈达里克奇台等玉矿，它们都分布在海拔 3500 m 以上的高山上。且末县产出的和田玉，尤其是被称为“卡羌料”的和田玉料，在玉器界有着很高的声誉。1972 年，古代的采玉矿坑被发现，随后在 1973 年成立了且末县和田玉采矿公司，自那时起，阿尔金山的和田玉矿再次展现了绚丽的风采。如今，且末矿区已经成为新疆和田玉山料的主要开采基地。

（2）若羌产区。

若羌产区分布在若羌县城的西南和南部，从瓦石峡一直延伸到库如克萨依一带。库如克萨依玉矿位于若羌县城南部的高山地区，古人早已对其进行开采，在被封闭相当长一段时期后，20 世纪 90 年代该矿又被重新开采，成为产出和田玉的重要矿区之一。经过初步的地质调查，发现在 35 km^2 的区域内存在多处玉矿床和矿化点，主要产出青白玉和青玉，并且还有少量黄玉，这里是一个前景广阔的玉矿区。

值得注意的是，若羌产区是历史上中国黄玉的最大产区。黄玉作为和田玉中的珍稀品种，拥有悠久的开采使用历史，并且直至今日其产出一直连绵不绝。与羊脂白玉相比，高品质的黄玉更加珍贵，因此吸引了越来越多藏家的关注。未来，若羌地区应该高度重视黄玉的找矿勘探，以保护和发展这一宝贵的和田玉资源。

3）天山和田玉成矿带

天山和田玉成矿带位于天山北坡的沙湾县—玛纳斯县—呼图壁县一带，矿区所产和田玉主要为碧玉，以玛纳斯河产出的最为著名，故被称为玛纳斯碧玉，又有“准噶尔玉”“新疆碧玉”之称。关于此玉的最早开发时代，尚无资料可考。《山海经》中提到，“潘侯之山，其阳多玉……大咸之山，其下多玉……浑夕之山，多铜玉”。清代《西域图志》作者认为，潘侯、大咸、浑夕之山，都在准噶尔部境内，并称准噶尔部“玉名哈斯，色多青碧，不如和阗远甚”。

据文献记载，玛纳斯县境内的玛纳斯碧玉在清代初期曾开采，当地设有绿玉厂，乾隆五十四年（1789 年）时，清政府下令将其封闭。20 世纪初，谢彬在《新疆游记》中记载：玛纳斯河“其水清，产玉石，又名清水河，玉色黝碧，有文采，大者重数十斤”。

随着我国对这类玉石需求量的增大，1973 年玛纳斯的这个古代玉矿又重新被找到，并设厂开采，为我国这类玉的发展作出了贡献。1975 年在玛纳斯河红坑找到的一块重 750 kg 的和田玉，由扬州玉器厂雕琢成《石刻聚珍图》玉山子，该作品已成为国家级珍宝。20 世纪 70—80 年代，市场对新疆玛纳斯碧玉的需求量较大，年开采量有几十吨，甚至上百吨，90 年代后期产量逐步下降。

玛纳斯碧玉呈绿色，从碧绿色到灰绿色均有，以碧绿色为佳。其质地细腻滋润，坚硬，多为致密块状。有的玉石中可见由透闪石、蛇纹石、绿泥石组成的灰绿色薄层外壳。

（二）辽宁省岫岩县

长久以来，人们皆知岫岩盛产玉石。然而，许多人未曾得知，岫岩地区产出多种玉石，其中最负盛名的是以蛇纹石为主的岫玉和以透闪石为主的和田玉。这两种玉石都是岫岩的瑰宝，且它们之间有着密切的关联。

和田玉作为岫岩的特色玉石品种，主要来自岫岩偏岭镇细玉沟一带。有趣的是，细玉沟与岫玉所在的山峰仅隔了一座山头。在这两处矿脉之间，孕育出了蛇纹石和透闪石相互交织的奇特玉石，被称为“甲翠”。这种“甲翠”玉石，融合了蛇纹石和透闪石的独特特征，呈现出迷人的色彩和纹理。

可以说，岫岩的玉石资源丰富，其多样性和独特性为玉石收藏家和艺术爱好者提供了广阔的选择空间。

1.常见和田玉产状

岫岩和田玉原生矿和次生矿均广泛可见。原生矿主要分布在细玉沟山巅，被人们亲切地称为“老玉”或“细玉”；次生矿则广泛分布于岫岩各处，包括细玉沟村的白沙河流域以及位于孤山镇（瓦子沟村）、析木镇、马风镇的海城河流域。

白沙河流域产出的和田玉常被市场冠以“河磨玉”的美名，而海城河流域产出的和田玉则多被称作“析木玉”。

2.特色玉料

1）河磨玉

河磨玉是指那些经历了岁月洗礼的和田玉次生砾石矿，它们是原生矿崩塌剥落后，在山脚河流中被冲刷搬运而形成的。有人也称其为岫岩和田玉子料，但由于它离原生矿更近，搬运距离较短，因而更像是山流水的一部分。由于海拔较低，河流附近的风化作用更为强烈，所以河磨玉的外部常被厚厚的风化皮壳包裹（又名“石包玉”），而其内部质地细腻，非常适合进行俏色雕刻。

2）析木玉

析木玉与河磨玉的形成过程相似，因此也被称为“析木河磨玉”。它主要产自海城市的海城河流域，根据具体产地的不同，玉料又细分为析木料、孤山料、马风料。析木料的独特绿色在市场上备受认可，被誉为“析木绿”，成为该地区所产玉料的重要标志。析木玉的独特之处在于普遍生长着一层有颜色的外皮。这些皮壳的厚度不一，从几毫米到几厘米不等，偶尔也有些玉石在某些地方没有风化皮，它们的新鲜面和原始色彩直接暴露在外，俗称“露肉”。而其质地十分细腻，在灯光下几乎看不出任何结构，因而成为近期市场竞相收藏的热点玉石品种。

3）老黄玉

老黄玉被古人誉为玉之上品，有云：“玉以甘黄为上，羊脂次之。”由于黄玉比白玉更为稀少，再加上黄色深受皇帝喜爱，因而黄玉成为羊脂白玉之上的和田玉之王。岫岩产的黄玉略带绿色，相较于青海格尔木产的黄玉，其颜色更加纯正，常常出现微透明的豆状包裹体（业内称“水痘”），也更富有脂份感。

3.使用历史

《岫岩县志》曾记载：“北区有村，名细玉沟者，沟心有小河一道……村民沿河采玉，玉质外包石皮，内蕴精华……质润而坚……上者夜能放光，冬暖夏凉，相传可避瘟疫。”这段古老的记载表明，人们早已发现了这种优质的“细玉”，或称之为“老玉”“无根玉”，而细玉沟也因此得名。

根据《岫岩县志》的记载，细玉沟的古代露天玉矿坑于 1957 年被发现。在这些矿坑中，人们发现了已经碳化的松树果实，这证明了岫岩地区对和田玉的开采利用有着悠久的历史。然而，由于缺乏确切的年代学数据，我们无法确定岫岩和田玉矿的最早开采时间。

尽管如此，我们可以从红山文化遗址和兴隆洼遗址中出土的古代玉器与岫岩和田玉的极高相似性推测，岫岩和田玉的应用至少可以追溯到7000多年前的红山文化时期。

随后，人们通过寻找古代采矿坑的线索，发现了原生矿体，并开始进行开采。后来又发现了一条规模较大的矿脉。丰富的产量使得岫岩和田玉再次进入市场，成为和田玉资源中的一支生力军。

（三）青海省格尔木市

在格尔木市西南、青藏公路沿线100余千米处的昆仑山顶，隐藏着一片神奇的土地，那里蕴藏着丰富的和田玉资源。这些玉石曾被赋予多个美名，如昆仑玉、玉女峰软玉、青海玉、格尔木玉等。最初，人们在三岔口发现了一个矿区，主要产出白玉和青白玉。随后，人们沿着昆仑山向西探索，陆续发现了许多大小不一的矿点，如灶火河、野牛沟等，那里产出各种色彩的和田玉，其中以质地纯净、细腻的白玉和青玉最为卓越。这种青玉的品质非常出众，以至于成为2008年北京奥运会金镶玉奖牌的指定用玉。近年来，人们又在这片土地上发现了黄玉矿，丰富了国内的黄玉资源，而翠青玉和烟青玉也成为青海和田玉的特色品种，备受市场青睐。

1.常见和田玉产状

青海格尔木矿主要产出山料，偶尔也可以发现山流水，但目前还没有发现子料。在玉矿附近可以看到古河道的存在，这无疑增加了子料存在的可能性。

2.特色玉料

1）白玉(野牛沟料)

野牛沟的玉料细腻如丝，洁白如雪。与其他青海料相比，它没有常见的透明度偏高问题。相反，野牛沟的玉料独具糯性，质地浑厚。当切开野牛沟白玉时，很少能观察到水线的存在。这样的优质玉为青海白玉树立了新的标杆，野牛沟料也成为顶尖的和田玉矿料之一。

2）翠青玉

翠青玉是指在白色或青白色的基底上，分布着团絮状或带状嫩绿色的和田玉。这种绿色婉转活泼，如春日新芽，给人以生机勃勃的感觉，因此在市场上广受认可。目前，翠青玉主要产于青海，偶尔也可在俄罗斯和中国新疆的和田玉矿中发现。科学研究表明，翠青玉的嫩绿色主要由Cr元素引起。需要注意的是，在市场上存在将含有绿色杂质矿物的青海玉误标为翠青玉的情况，这并不符合翠青玉的定义。

3）烟青玉

青海烟青玉呈现灰色到深紫色的过渡色调。具有这种色调的和田玉尚未在其他产地见到。市场上普遍将浅色青花料认为是烟青玉，这是一种认识上的误区。青花料是由石墨致色的，呈现灰黑色，没有紫色调。而一些肉眼看上去呈灰色的烟青玉，在灯光下仍可看到不同程度的紫色调。

4）黑青玉（青海青）

关于青海青，有种说法是“十黑九海”，即每十块黑青料中有九块来自青海，仅一块来自塔县。这一表述一方面说明了塔县的黑青料已经十分稀少，另一方面也表明青海青足以与塔青（业内对塔县黑青玉的简称）媲美。然而，无论是塔青还是青海青，都存在好料和差料之分。优质的塔青质地细腻，黑度适中，而优质的青海青在细腻度和均匀度上甚至胜过塔青，因此常被视为制作薄胎器皿的最佳玉料。

3.使用历史

在20世纪80年代末至90年代初，一位勤劳的牧民偶然发现了位于三岔口的和田玉矿区。随着90年代的到来，这片矿区经历了规范的矿权登记和开采，和田玉产量逐年攀升，成功缓解了新疆和田玉稀缺的问题。2008年北京奥运会采用了青海产的白玉、青白玉和青玉来制作金牌、银牌和铜牌，这一举动使得青海和田玉瞬间成为全球玉石市场的焦点。近年来，翠青玉在收藏市场上认可度的提高，以及黄玉、藕粉玉、蓝调青海青等新品种的出现，为青海和田玉开启了崭新的篇章。这些变化不仅使得青海和田玉的价值得到进一步的肯定，也为玉石爱好者带来了更多的选择。

（四）台湾省花莲县

台湾和田玉矿床位于台湾中央山脉东侧的花莲县丰田地区，因此人们常称之为“丰田玉”或“花莲玉”。随着此种玉石进入各地市场，它也被泛称为“台湾玉”。这片矿区地势并不高，海拔在400 m左右。如今，它被划分为天星、理建、理新和山益等多个矿场。

台湾和田玉以碧玉为主，白玉相对较少，其他颜色的玉种几乎不可见。人们根据不同特点将其分为普通和田玉、和田玉猫眼以及蜡光和田玉三个品种。这些品种各具特色，展现出台湾和田玉的多样性。

1.常见和田玉产状

台湾和田玉的主要产地位于山区，因此其产状以山料为主。早期人们开采矿石时并没有进行科学的辨识，这些和田玉被当作石棉矿的废料，随意地堆放在矿区附近的山沟里。随着岁月的流逝，这些被人们遗忘的玉料经过数十年的溪水洗刷，竟然在表面形成了一种宛如水波起伏的景象，成为“人为”的山流水。在阳光的照耀下，这些溪水中的玉料闪烁着微光，随着山间的涓涓溪流而下，宛若天地之间的人造奇观。

2.特色玉料

1）和田玉猫眼

和田玉猫眼被誉为台湾和田玉中最具价值的品种。它常常呈现出令人心醉的菠菜绿色，偶尔也会呈现出淡褐绿色，而最为稀有的是呈蜜黄色的和田玉猫眼，人称“金猫眼”，难得一见。这些和田玉具有明亮而清晰的猫眼效果，仿佛星光闪耀，让人沉醉其中。在市场上，台湾和田玉猫眼备受欢迎，尤其在和田玉收藏领域。人们喜欢将其打造成各式各样的珠宝饰品，如婚戒、项链、手链等。

2）蜡光和田玉

蜡光和田玉具有独特的魅力。它们宛如流动的糖霜，具蜡状光泽，质感细腻。其色彩婉约柔和，常呈现出淡黄、淡绿或淡白色调，仿佛大自然用温柔的手笔绘制的精致画卷。蜡光和田玉在台湾地区备受喜爱，并被亲切地称为“台湾奶油玉”。然而，由于其产量有限，它们在台湾以外的市场上相对罕见。

3.使用历史

花莲玉经历了千年岁月的洗礼，闪耀着神秘而神圣的光芒。作为台湾原住民部落的至宝，它象征着平安和庇佑。在遥远的部落中，人们巧妙地将这种玉石雕刻成各种器物和饰品，赋予它们灵性和神秘的力量。

然而，多年来，花莲玉似乎默默无闻，消失在尘世之外。直到 1932 年，日本人在西林山区偶然发现了它的踪迹。但在 1960 年之前，花莲玉只被视为矿场的废石，无人问津。直到 1965 年，台湾成功大学的一行人闯入矿区，他们认为这些废石有特别之处，可能是和田玉，于是将样品送往美国进行检测，最终确认了这是花莲玉，为台湾和田玉的独特旅程揭开了序幕。

随着时间的推移，花莲玉逐渐引起更广泛的关注。它的开采和加工成为当地经济的重要组成部分，为当地居民提供了就业机会。花莲玉的光芒照亮了台湾的宝石业，也见证了台湾原住民文化的传承。

如今，花莲玉已成为台湾的文化瑰宝之一，以其神秘的魅力和精湛的工艺吸引着珠宝收藏家和设计师们。花莲玉的历史仿佛是一幅承载着传统和创新的画卷，在台湾这片土地上绽放出绚丽的光彩。

（五）甘肃省临洮县

中国甘肃省的马衔山和马鬃山中，也蕴藏着珍贵的和田玉。与之相邻的是中国西部一大祖源文化——齐家文化的遗址。然而，这片美丽的地方被忽视了许久，无人问津。直到 21 世纪，该地区的和田玉矿才被再次发现和重新认识。

马衔山静静地屹立在甘肃省榆中县与临洮县的交界处，一条北西-南东向的山脉延伸而过。马衔山玉矿（又称玉石山）位于临洮县峡口镇政府的北面，距离约为9 km。当登上玉石山，眼前展现的是一个被开采的玉矿坑口，它仿佛在向人们展示玉矿的脉络和玉石的优质质地。马鬃山玉矿则地处河西走廊西北部，位于肃北县马鬃山镇西北约 20 km 的河盐湖径保尔草场。

4000 年前，马衔山和马鬃山的和田玉资源曾一度达到辉煌之巅。然而，在随后的数千年中，这些资源逐渐沉寂于人们的视线之中。如今，随着人们对文化和历史的重新关注，这片宝藏逐渐被人们发现。它们承载着数千年的齐家文化，展现着中国西部祖源文化的魅力。

1.常见和田玉产状

马衔山和马鬃山的和田玉主要为山料。由于部分矿脉已剥露至地表，易被剥蚀至山谷河流中，因而形成次棱角状的次生矿。因有明显石皮，此处的和田玉料也被一些藏家视为“子料”，但从其搬运距离及外形来看，它更接近于山流水。近期因水源地保护，已禁止开采。

2.特色玉料

马衔山的和田玉因其独特的黄色而享有盛名。在中国历史上，黄玉一直被视为最尊贵的和田玉品种，其颜色多为绿、黄相间，拥有纯正黄色的玉料稀少而珍贵。然而马衔山却产出了少量色彩鲜明、明亮耀眼的黄玉，其黄色纯正而浓郁。在这里甚至曾发现新疆等地都罕见的高品质黄玉子料等次生矿。

3.使用历史

甘肃马衔山的玉石开采历史悠久，齐家文化的诸多玉器可能就取材于此处。然而由于各种原因，马衔山的玉石长期未被开采和使用。

在峡口镇附近，主要的河流是大碧河，而上王家沟和漆家沟则是其支流，从马衔山自北向南流入大碧河。进入 21 世纪，每年夏秋山洪暴发时，当地居民常常在大碧河及两支流的河道上捡拾到各种大小的玉石料，其中一部分的品质还相当优良。最终，当地村民沿着河流逆流而上，发现了原生玉矿。通过开采和加工和田玉，当地村民的生活得到了一定的改善，同时也为中国和田玉文化的传承和推广作出了重要贡献。

马衔山和马鬃山是齐家文化所使用和田玉资源的所在地。这些资源在消失了整整 3500 年后才被重新发现，它为研究齐家文化提供了重要的实物证据，并对了解该文化的起源、发展和生活方式提供了宝贵的参考。此处的和田玉曾经默默无闻地沉寂了很久，但如今重新引起了人们的关注，重新点燃了市场的热情。这种宝贵的玉石不仅具有重要的经济价值，更是一种文化传承的载体。

（六）江苏省溧阳市

溧阳和田玉矿体位于江苏省溧阳市平桥镇小梅岭村的东南部，与安徽省广德县相邻。它位于晚古生代太华山东西向隆起带的北部，溧阳中生代火山岩盆地的南缘，庙西花岗岩体的北缘，以及溧阳-庙西断裂带的东侧。和田玉矿脉嵌入矽卡岩内，上部较窄，下部较宽，呈现向深部逐渐变宽变好的趋势。

溧阳和田玉以白玉和青白玉为主，偶尔还可见极少量的浅蓝色和田玉。然而，由于成矿后遭受构造运动的影响，和田玉矿体常常出现裂纹，取材率受到影响，因此，大块质地细腻的玉料相对较为稀少。

1.常见和田玉产状

溧阳和田玉主要为山料，目前未见其他产状的和田玉料产出。

2.使用历史

溧阳和田玉开采和使用的起源至今仍存在巨大的争议。有学者认为良渚文化时期的玉器中的部分玉料可能来自溧阳，但也有学者认为溧阳和田玉的化学特征与良渚玉器不匹配。古代溧阳以其丰富的矿产资源而闻名，越来越多的证据表明，和田玉可能就是其中之一。然而，由于缺乏实物证据，我们无法还原这段辉煌的历史。至少在很长一段时间里，随着历史的变迁和社会的发展，溧阳的和田玉产业逐渐衰落。由于各种原因，溧阳和田玉的开采和加工活动逐渐减少，其知名度也逐渐下降。

然而，令人振奋的是，1984年江苏地质科技人员在区调找矿工作中发现了玉矿露头。经南京地质矿产研究所分析确认，这是透闪石质玉。为了与其他地区产出的和田玉相区别，人们将其命名为“梅岭玉”。近年来，随着人们对传统文化的重视和对古玉文化的热情重新燃起，溧阳和田玉再次引起了人们的关注。

（七）贵州省罗甸县

罗甸和田玉矿体位于贵州省黔南州罗甸县靠近广西一带，它赋存于二叠系碳酸盐岩与海西期基性岩的接触带。罗甸和田玉的色彩丰富多样，以白色为主，还有青色、浅绿色、浅褐色等品种。根据颜色和特征，可以将其分为白玉、青白—青玉、花点玉等类型，其中白玉产量最大。罗甸白玉呈现出浅绿白色调，光泽犹如瓷器，质地致密而细腻，从不透明到半透明均有。质量较高的部分玉料可具有蜡状—油脂光泽。

罗甸和田玉与新疆和田玉的成分基本相同，但前者结构更加细腻。然而，过于细腻的结构常常导致部分罗甸和田玉孔隙率较大，因而玉料密度略低于国家标准《和田

玉 鉴定与分类》(GB/T 38821—2020)中规定的和田玉密度值。部分结构致密的罗甸和田玉,其成分与结构都符合国家标准的要求。

1.常见和田玉产状

罗甸和田玉主要为山料,偶见山流水。部分搬运距离较远的次生矿常具有明显的风化皮,当地人亦视之为子料,但它与新疆子料在外形及质地等方面均存在一定的差异。

2.特色玉料

花点玉是罗甸和田玉中一种独特的玉石品种。它是在白玉、青白玉和青玉的基础上,因玉中铁、锰等元素的析出而形成了各种形态各异的斑点和花纹,从而呈现出白底红点或青底花斑的迷人效果。而那些铁、锰等浸染程度较高的花点玉,则呈现出灰褐底的花斑。这些花点玉的玉化程度较高,次生裂隙通常较为发达,花纹更深入玉石内部。

然而,目前市场上有一些商人会对灰褐底的花斑玉进行去底色(俗称"洗色")和去花斑(俗称"拔猴毛")处理,这些处理手法可以使罗甸玉呈现出乳白色的底色和蜡状光泽,同时几乎不破坏其结构。

3.使用历史

2010 年底,罗甸县当地的村民在开垦山林种植药材的过程中意外发现了和田玉矿,从次年初开始自行进行开采。然而,由于对环境和玉石资源造成了严重破坏,该矿在 2011 年底被禁止继续开采,并由当地进行统一规划。随后的 2012 年,在桑郎镇、罗悃镇等地区也陆续发现了和田玉矿点。

罗甸和田玉储量丰富,而且其开采也较为便捷。在当今和田玉资源逐渐枯竭的背景下,罗甸玉矿的发现和开发利用变得异常重要。它不仅在市场上具备重要的价值,同时也标志着中国南方在寻找和田玉的道路上取得了突破,为和田玉资源的可持续发展指明了重要的科学方向。

(八) 广西壮族自治区大化瑶族自治县

广西壮族自治区的大化瑶族自治县、巴马瑶族自治县、天峨县以及百色市,是中国南方和田玉的主要产地。这些地区的矿点与贵州罗甸和田玉成矿带相邻。勘探结果显示,和田玉成矿带可能从广西的大化沿北西向延伸至贵州的罗甸。这个成矿带沿着红水河流域呈现出北向西的分布,仿佛一条玉带缠绕在山水之间。

这个地区产出的和田玉以白色、青色和黑青色为主,还可以看到浅褐色的糖玉(带有苔藓状花点),玉料的颜色和品质变化很大。

1.常见和田玉产状

广西和田玉的主要产状是山料，偶尔也能找到山流水。次生矿中往往可以看到厚厚的黄色石皮，当地称之为“黄泥料”。

2.特色玉料

1）花点玉

花点玉是广西和田玉中最典型的糖色品种。它常常带有大小不一、分布不均的褐色松花状包裹体，与俄罗斯及我国辽宁岫岩、贵州罗甸等地和田玉中的松花状包裹体相似。

2）青花玉

广西青花玉中，黑色常以细脉状、带状分布于白玉之间，玉石呈现出蜡状光泽。偶尔还能够看到团块状、透镜状的墨玉混杂在白玉之中。

3）黑青玉

广西黑青玉的颜色极浓，在正常光照明下几乎无法见到绿色，只有将其切成毫米级薄片，透光观察，才隐约可见绿色，因此市场常称之为“广西墨玉”。

3.使用历史

人们对广西和田玉矿的探索始于2009年，而正式的开采工作则在2011年展开。这片矿区见证了中国和田玉资源的丰富多样性。最早被发现的矿点位于广西壮族自治区的大化瑶族自治县，那里主要产出黑青玉，还大量产出带有细小苔藓纹的花点玉。随后，在其他地区也陆续发现了具有油脂光泽的青玉、青白玉以及带有蓝调的青玉，它们的品质接近新疆和田玉。

（九）四川省龙溪乡

龙溪和田玉矿位于汶川县北部的龙溪乡，这个地方位于青藏高原东侧，松潘-甘孜褶皱带和四川盆地的交界处，是龙门山断裂带后山带中段的一部分。这片矿床地理位置毗邻岷江上游一级支流杂谷脑河的主干支流，因此龙溪和田玉也被赋予了“岷玉”的美称。

1.常见和田玉产状

龙溪和田玉的主要产状是山料。在龙溪与岷江汇合处曾出产一批龙溪和田玉次生矿。

2.使用历史

龙溪寨新石器时代遗址中出土了大量的玉器，这表明龙溪和田玉开发利用的历史非常悠久，至少可以上溯至新石器时代。它是四川重要的玉石资源。《华阳国志·蜀志》中“有玉垒山，出璧玉，湔水所出”是关于玉垒山产玉的描述。玉垒山坐落于都江堰西侧、汶川以东的两地交界处，毗邻岷江，位于龙溪和田玉矿床的下游位置，是当时古蜀先民进入成都平原的必经之路。因此，根据地理位置可推测，岷江上游的一级支流杂谷脑河流域是龙溪和田玉最核心的产地。有一种可能是，部分和田玉在河流的搬运作用下沿着岷江的支流被运送至玉垒山一带，另一部分和田玉则沿着岷江主干方向继续被冲至下游，到达三星堆遗址所在地，进而被当地先民采集并加以利用。还有一种可能是，古蜀王室为了寻找可用于礼仪、祭祀等的和田玉，沿岷江而上至汶川，发现并开采了龙溪和田玉矿床。近代也有文献描述了汶川县产玉的情况。《四川通志》有“白玉石，似玉，土人取以作器，汶川县出”；《汶川县志》记载“龙溪乡马灯的变质岩中产绿玉和白玉”等，因此龙溪产玉和便利的运输条件使其具有成为三星堆-金沙遗址古玉玉源的可能性。

近代龙溪和田玉的开采可追溯至 20 世纪 80 年代。2008 年汶川地震后，在灾后重建的过程中，人们对岷江河道开展了清淤工程，在龙溪与岷江汇合处找到了一批龙溪和田玉次生矿。由于储量少、开采难度大且少有高品质和田玉等原因，龙溪和田玉在玉石市场中所占比例小。

（十）四川省石棉县

近年来，四川省雅安市石棉县出现了许多引人注目的特色和田玉矿产资源。这片地区的和田玉矿体主要以透镜状和似层状的形式存在于辉石岩与蛇纹岩的接触带内。这些岩石是由超基性岩经过漫长岁月的蚀变而形成的。原始岩石主要是斜辉橄榄岩和辉石岩。经过后期富含钙碱的热液蚀变或多次流体交代作用，它们才转化成我们所熟知的和田玉。这些和田玉呈现出绿色或浅绿色的外观，晶体结构中含有中—细粒的结晶，同时伴有铬铁矿和钙铬榴石的浸染。与其他类似矿床相比，这片地区的和田玉在产状、玉质特征以及形成机制上都独树一帜。

1.常见和田玉产状

四川石棉的和田玉，主要产状是山料，目前尚未发现子料等次生矿。

2.特色玉料

四川石棉所产和田玉猫眼有多种颜色，包括浅绿色、暗绿色、碧绿色、蜜黄色、深灰色、灰白色、黑色和褐色（咖啡色）等，其中蜜黄色和黑色闪银光的猫眼属名贵品种。而后者被称为“黑底银斑”，为此地和田玉中的极品。

3.使用历史

在历史的长河中，四川雅安石棉县的和田玉于 21 世纪初才首次被发现。该地区和田玉产量不大，近年来的开采量也相对较少。然而，近年来陆续发现的“雅安绿”等多种玉石品种表明，这片土地上隐藏着诸多珍贵的宝藏，等待着有缘人的发现和探索。

第三节 和田玉的开采

在古籍和网络上，我们常常能够遇见一些词汇，如“攻玉”“捞玉”“捡玉”等，它们被用来描述古人开采和田玉的不同方式。

“攻玉”一词，将获取和田玉的过程比作一场雄伟的攻城战，展现了古人在寻找和田玉时的坚毅与勇气。他们毅然决然地投身于这项艰巨的任务，不畏艰险，无论是面对山川峻岭还是陡峭的峡谷，都不曾退缩。他们以不屈不挠的精神，努力攀爬山峦，穿越荒野，始终坚信他们将能找到珍贵的和田玉。

而“捞玉”这个词，则让我们感受到，采玉人如同大海中的捕鱼者，以自身独特技巧去寻找和田玉的踪迹。尽管这种方法或许只是口耳相传，没有经过验证，但它却代表了古人发现和采集和田玉的一种思考方式。

与之相对应的，“捡玉”这个词描绘出这样一幅场景：人们在荒野中漫步，仔细地观察地表，在一片沙砾中寻找闪烁着光芒的玉石。这种玉石采集方式虽然简朴，却体现了古人对自然的敬畏。他们通过对自然的细致观察，寻找到了隐藏在大地之中的宝贵和田玉。

无论是奔赴山川，还是巧妙捞取，又或是静谧寻觅，都反映出古人在玉石开采上的智慧。在“攻玉”“捞玉”“捡玉”这些词汇中，我们能感受到古人对自然的敬畏与探索精神，也能领略到和田玉独特的魅力，它们共同构成了一幅富有文学意境的画卷。

一、山料的开采

（一）古代

古代文献典籍《穆天子传》中有一段关于周穆王攀登昆仑山“攻其玉石”的故事。这个故事传达了一个重要的信息：在古代，开采和田玉就像攻打一座坚固的城池一样充满困难。关于古代山料玉石的开采，有两种说法。一是古人采取了火攻的方法，具体操作是在发现的玉石矿脉中沿着岩石裂缝插入易燃物，点火，使岩石受热膨胀，接着迅速令其冷却。利用岩石的热胀冷缩原理，他们逐渐将夹杂在岩石中的玉矿体剥离出来。

另一种说法是，当古人发现玉矿体后，他们会在矿脉与两侧岩石的交界处开凿槽道。由于和田玉的围岩多为硬度较低的白云岩等碳酸盐岩，因而容易被工具切削形成凹槽。接着，他们会将小黄豆填入凹槽中，并借助水的浸润使其膨胀。这样一来，夹杂在围岩中的玉矿脉就会受到压力而沿着凹槽的方向被"挤"出来，从而获得玉料。

总的来说，关于和田玉的发现和开采的确切时间并没有记录下来。由于涉及遥远的古代时期，缺乏影像资料，一切都变得神秘莫测。然而，通过古代文献中的记载，我们可以大致了解到古人开采和田玉的艰辛以及他们采用的一些方法。这些记载虽然可能只是后来人的推测或口耳相传，但却反映了古人的智慧和对玉石开采的思考。这种智慧和思考，使得和田玉这种瑰宝得以发现，使得和田玉文化传承至今。

（二）现代

1.爆破式开采

火药，中国的四大发明之一，为和田玉的开采带来了便利。在选择有利位置后，人们挥舞铁钎，在白云岩等围岩中凿出炮眼，将火药埋入其中。一声巨响后，和田玉矿石和围岩一同被炸碎，混杂在一起。随后，矿工们在碎石堆中耐心地筛选出和田玉矿石（如早期的青海格尔木玉矿，图 2-5）。

图 2-5　爆破式开采（青海格尔木，摄于 2002 年）

然而，这样的爆破式开采在提升采获效率的同时，也不可避免地将和田玉炸成千百块，难以保留其原有的完整性。

2.人工凿撬开采

由于火药供应稀缺，且采用爆破式开采方法对和田玉的损伤较大，因此，并非所有和田玉矿都采用该方法。在某些矿区中，和田玉矿脉分布规律，玉脉层较厚，因此常采用人工凿撬的方式。开采工人先用地锤在厚岩层中打出钻眼，随后沿着钻眼使用锤子敲入钢钉，逐渐扩大钻眼并使矿脉崩裂。接着，工人巧妙地将长钢钎插入裂缝中，将玉脉或玉矿体从围岩中撬起，剥离出来（图 2-6）。整个过程几乎不需要使用电动工具。

图 2-6　人工凿撬开采（贵州罗甸，摄于 2012 年）

3.机械钻打开采

针对那些分布零散、矿体较小的和田玉矿区（例如新疆等地的某些矿点），人们常常采用机械钻打开采的方式。一开始，矿工会寻找到矿体的位置，然后使用电锤沿着矿体周边进行钻打，将矿体直接从围岩中锤敲出来（图 2-7）。整个开采过程几乎完全依赖机械工具的使用。通过这种方式获得的玉料通常呈碎片状。对于大型机械无法进入的边远无人区矿点，这种开采方式最为简单，成本也最低，但通常无法保证玉料的完整性。

4.线切割开采

线切割是当今最先进的和田玉开采方法，它巧妙地运用钢丝或钢绳等切割工具，按照矿体的特定轨迹进行切割，将庞大的矿体有序地分割成小巧而精致的块状物体

图 2-7　机械钻打开采(新疆若羌,摄于 2013 年)

(例如后期贵州罗甸玉矿的开采,图 2-8)。这个过程首先需要准确确定切割的方向和形状。接着,在矿体表面小心地钻孔,将钢丝或钢绳穿过孔洞,稳固地固定在切割机械上。切割机械像一艘拖船般牵引着切割工具在矿体内部移动,巧妙地实现切割的目标。

图 2-8　线切割开采(贵州罗甸,摄于 2017 年)

线切割开采方式特别适用于处理硬度和韧性较高的和田玉矿体。它的优势在于能够精确掌握切割的位置和形状，同时尽可能地保留和田玉矿体的完整性。此外，线切割以其高效率和低能耗而闻名，能够有效减少环境污染和能源消耗。然而，此种方式依赖于特殊的切割工具和设备，会在一定程度上提高开采成本。

这些开采方法各有特点，应根据不同的矿区和矿体的特点灵活应用，从而以最低成本获取完整且质量较大的和田玉。

二、子料的开采

（一）古代

1.采玉的地点

自古以来，叶尔羌河、克里雅河、喀拉喀什河和玉龙喀什河河床，这些源自莽莽昆仑冰山雪峰的河流和它们的流域，就是和田玉子料的主要开采之地。

2.采玉的季节

采玉活动具有明显的季节性。夏季气温逐渐升高，河水激荡汹涌，无法入河床进行开采；而冬季寒冷刺骨，河水冰封，玉石难以捞取，因此很少有人在这两个季节冒险采取行动。剩下的春秋两季则是采玉的黄金时节。

春季，万物复苏，春意盎然，冰雪渐渐消融，气温适宜，河水流速平缓，此时埋藏在河床的玉石开始露出头角，迎来了开采的时机。秋季，气温逐渐降低，夏季暴雨过后的河水逐渐回归平静，河滩和河床上堆积的玉石再次呈现出来。这段采玉的历史，已在古籍中留下痕迹。在清代，政府对和田玉的采集有明确的规定，比如在乾隆二十六年(1761年)，规定每年春秋两季在玉龙喀什河和喀拉喀什河进行两次采玉活动。乾隆皇帝曾在一首关于和田玉采集的诗中写道："于阗采玉春复秋，用供正赋输皇州。"

相较于春季，由于夏季洪水的冲刷和搬运，在秋季采玉收获往往更多。五代时期的高居诲(有称平居诲)曾前往于阗，他在《于阗国行程录》中记载道："每岁五六月，大水暴涨，则玉随流而至。玉之多寡，由水之大小。七八月水退，乃可取。彼人谓之捞玉。"而在乾隆四十八年(1783年)，甚至直接停止了春季的采集活动，只在秋季采集和田玉。

3.采玉的制度

古代，和田玉的采集分为官采和民采两种。官采是指采玉工人在官员的监督下进行捞玉，所有采得的玉石都归官方所有。据高居诲在《于阗行程录》中记载："其国之法，官未采玉，禁人辄至河滨者"。《五代史·于阗国传》中记载："每岁秋水涸，国王捞玉于河，然后国人得捞玉。"由此表明，古代的和田玉采集非常受王公贵族的重视。

为了完全垄断和田玉的采集，清朝政府采取了严格的措施。在官方采玉之前，禁止民众擅自前往河滨地区。这种严格的控制措施使得和田玉的采集成为一个严密的行政过程。

另一方面，民众也有自己的采玉方式。未经允许的民间采玉活动只能在官方采玉之后或官方采玉范围之外进行。人们在白天或晚上分散拣玉或捞玉。为了阻止民众的私自采集，清政府甚至在“和田西城外之东西河共设卡伦十二处，专为稽查采玉回民”。这个制度一直持续到1799年。

此外，在河中捞玉也有一套严格的仪式和制度。据传，采玉季节开始前会举行采玉仪式，国王亲自到场象征性地“捞玉于河”，然后才允许进行采玉活动。

这样的采玉制度不仅体现了古人对和田玉珍贵价值的重视，也展现了古代政府对和田玉资源的严格管理和控制。官方的垄断采集和民间的私下活动共同构成了古代和田玉采集的历史面貌。

4.采玉的方式

在那个遥远的时代，河流是古人探寻子料宝藏的舞台。他们凭借着灵巧的手法和敏锐的眼光，在河床中捞取着子料。每一次捞取都是一次寻宝的旅程，他们洞察着河床，准确地寻找子料的位置。而在河床的边缘，他们细心地拣选着河漫滩上分布着的子料。然而，河床并非唯一的宝藏所在。古人发现，在河岸的阶地上，也藏有子料的踪迹。于是，他们开始采用挖的方式，将河岸边的土壤一层层地剥离，寻找隐藏在其中的子料。

当我们回忆着这些古老而神秘的开采方式，仿佛穿越时空，回到了那个古代的世界，看华夏祖先如何以敬畏之心对待着地球赋予的宝藏。

1）捞玉

捞玉的方法在明代科学家宋应星的《天工开物》一书中有详细描述。他指出：“凡玉映月精光而生，故国人沿河取玉者，多于秋间明月夜，望河候视。玉璞堆积处，其月色倍明亮。凡璞随水流，仍错杂乱石浅流之中，提出辨认而后知也。白玉河流向东南，绿玉河流向西北。亦力把力地，其地有名望野者，河水多聚玉。其俗以女人赤身没水而取者，云阴气相召，则玉留不逝，易于捞取。此或夷人之愚也”（图2-9）。从这段话中，我们可以看出当时人们对于玉石分布规律的了解有限，采玉被认为是一种神秘的行为，甚至形成了一些迷信的观念。

在清代，捞玉变得更加规模化和正规化。《西域闻见录》中描绘了当时捞玉的情景：“河底大小石错落平铺，玉子杂生其间。采之之法，远岸官一员守之，近河岸营官一员守之，派熟练回子，或三十人一行，或二十人一行，截河并肩赤脚，踏石而步，遇有玉子，回子脚踏知之，鞠躬拾起。岸上兵击锣一棒，官即过朱一点。出水时按点索玉。”这段描述生动地描述了捞玉的整个过程和场景，让人仿佛身临其境。

然而，其中所提到的一些方法或观点，如“踏玉”和“月光下有美玉”等，现在看来其实是基于古人对玉石与普通石头在质地和光泽等方面差异的观察和判断。

图 2-9　捞玉图（引自明代宋应星《天工开物》）

2）捡玉

顾名思义，捡玉就是在地表上挑捡玉石。这种方法不仅需要捡起，还需要进行拣选。通常可以在河曲内侧的石滩上、河道由窄变宽的缓流处以及河心沙滩上方的外缘找到玉石；或者在初春和秋末，当河水清浅、河床底部的卵石充分暴露时进行拣选；或者在河床两侧的河漫滩表层进行拣选。

捡玉需要丰富的经验。专业的捡玉人必须深入了解玉石和普通鹅卵石在颜色、光泽和质地等方面的差异，同时还要善于利用阳光照射的角度和观察的角度进行判断。

3）挖玉

顾名思义，挖玉是指通过挖掘工具在地下寻找埋藏的玉石。玉石主要出现在河床两侧的河岸阶地近表层，或者已经干涸掩埋的古河道。在《洛浦县乡土志》中，有记载："小胡马地在县北三十里，尽沙碛，因出子玉，汉缠寻挖者众。沿沙阜有泉起房屋，植树木以便客民寓居之所。" 这说明在清代，挖玉是相当盛行的。洛浦县的主簿还写下了《浪淘沙·玉河八景词》八首。其中《完璞呈华》即描绘了在小胡马地采玉的情景："月出澹云遮，渺渺平沙。眼前完璞见菁华。道是似萤萤又细，碧血犹差。终日听鸣鸦，夜夜灯花。水泉声里有人家。举畚朝朝趋社鼓，一路烟霞。" 可以看出，当时的挖玉场景非常热闹，夜晚灯火辉煌。

挖玉的方法相对简单，即使用铲子和镐类工具在浅表层进行挖掘。谢彬在《新疆游记》中说："常以星辉月暗，候沙中，有火光烁烁然，其下即有美玉。明日坎沙得之，然得者恒寡，以不能定其处也。"这表明那些有经验的挖玉人可以借助微弱的光线，通过观察矿石表面所产生的反光来判断手中所得是否为玉石。

（二）现代

1.手工挖掘

在玉龙喀什河下游的河床上，至今依然上演着一幕幕精彩而古朴的场景。当春风拂过大地，解冻的河水开始流淌，玉工们便聚集在裸露的河床上。他们手握铁锹，衣着朴素，专注地挖掘着鹅卵石中隐藏的子料(图 2-10)。

然而，经过数百年的挖掘，河床中的子料已经被探寻殆尽。新生子料的形成需要漫长的几万年甚至数百万年的时间。在现代河床中，每年能够找到的玉石稀少得令人惋惜，有时甚至经过整整一周的努力也无法找到一块。然而，这并不能阻止人们对于子料的向往和憧憬。

时至今日，玉龙喀什河上的挖玉人仍然如数百年前一样，成为当地一道美丽的风景线。他们的身影在河滩上停留，展现着他们对于玉石的热爱和专注。尽管艰难，但他们仍在坚守着挖掘的希望，为了寻找那些珍贵的子料。他们的存在让这片河流充满了一种坚韧和宁静的气息，成为和田地区独特的文化符号。

2.机械开采

在河流阶地或古河道的深处，机械的嘈杂声回荡在静谧的大地上。20 世纪 90 年代，小型机械开始主导玉石的开采。推土机和挖掘机默契地配合，挖掘出河床中的鹅卵石(图 2-11)，装载机将它们缓慢倾倒。玉工们在堆积如山的卵石中小心翻找着那些隐藏的玉石。这个过程需要重复多次。每天挖掘机只能掘进数米，每一寸土地都需要仔细搜寻。

然而，1997 年后，大型机械开始介入子料开采。甚至，挖掘机和装载机的租赁产业都形成了一定的规模，数十万人投入到窄长的河道流域，不到 10 年时间就将表层鹅卵石挖掘一空。然而，这种过度开采也带来了严重的水土流失问题。为此，2007年子料产区的各级乡镇政府下达了禁令，机械开采被彻底禁止。挖掘机和装载机被荒废在河床上，当地的生态环境逐渐得到控制和恢复。然而，这也导致市场上和田玉子料的极度紧缺，子料价格开始飞涨。为了缓解供应紧张的局面，2012年和田地区行政公署主管部门进行了有序的采地拍卖，随后在和田县、洛浦县和墨玉县相继出产了一批和田玉子料。到了2015年，随着子料价格的再度攀升，开采活动也再次达到了高潮。

图 2-10　子料的手工挖掘

图 2-11　子料的机械开采

2016年之后，为了进一步提高子料的开采效率，并且有效利用挖掘出的普通鹅卵石，一体化的开采、分拣和回收设备应运而生(图2-12)。挖掘机将卵石倾倒进一个巨大的漏斗中，装载机随后将其运入设备入口。通过水的冲洗，卵石和泥浆水得以分离，被冲洗干净的卵石被传送到数条传送带上。在每条传送带上，2～3名工人坐在那里，精心拣选玉石(图2-13)。而废弃的卵石则被装载机运走，用作建筑材料等。这种一体化流程极大地提高了子料的开采效率。

然而，由于政府开放的采矿区域极其有限，并且获得采矿权的企业也寥寥无几，因此子料的产量与21世纪初相比，只是略有增加。因此，尽管开采技术的进步和设备的改进使得开采过程更加高效，但市场供给仍受限于资源的匮乏和规定的限制。

在梳理古今子料开采的资料时，我们仿佛目睹了人类智慧与亿万年子料的古老历史之间的碰撞。机械的力量将古老的河床翻了个底朝天(图2-14)，然而，人类的智慧和技艺却在揭示自然资源分布规律的过程中扮演着关键的角色。或许，我们应当更加珍惜自然资源，并寻求可持续的开采方式。因为子料的稀缺性不仅给市场带来了压力，更呼唤着我们对环境保护的重视。唯有保护好自然，才能更好地传承和发扬和田玉文化。

图 2-12　现代子料大型一体化采选系统

图 2-13　现代子料的人工分拣

图 2-14　慕士山冰川下子料的开采（李新岭提供）

第三章

和田玉的种类与特点

第一节 和田玉的概念

和田玉作为一种历史悠久的玉石，以产自中国新疆和田等地的最为著名。它因独特的质地、色彩和光泽而闻名于世，在中国传统文化中被广泛赞誉。这或许是大多数人对和田玉概念的最初认识。作为玉石界的上品，和田玉散发着深厚的文化内涵和艺术价值，因此备受收藏家和玉石爱好者追逐。然而，关于和田玉存在一些常见的误区。

首先，有些人错误地认为只有产自和田地区的玉石才能被称为和田玉。事实上，虽然和田地区出产的玉石最为著名，但并不是所有产自该地区的玉石都符合和田玉的标准。其他地区也有类似成分、质地和宝石学特征的玉石，它们同样可以被称为和田玉，例如且末、若羌、叶城等地出产的透闪石质玉。

其次，许多人认为和田玉必须是纯白色的，然而实际上，和田玉可以包含白色、黄色、绿色等多种色调。白色只是其中一种较为常见的颜色，而不是唯一的选择。

最后，有人认为和田玉必须是纯洁无瑕的，且认为有瑕疵的玉石不能称为和田玉。然而，事实上，和田玉中几乎都存在着或多或少的瑕疵或纹理，它们有的有碍观瞻，有的则具有独特的风味，反而增添了和田玉的魅力和价值。

因此，我们应当以科学的视角，摒弃那些对和田玉的误解，从而正确地认识和田玉的特点和价值。因为它不仅仅是一种普通的玉石，更是一种承载着深厚文化底蕴的艺术瑰宝。

那么，和田玉究竟是何物呢？尽管中国是最早开发和利用和田玉的国家，但中国古人对玉的研究或认识主要集中在以色辨玉和玉与宗教、政治、礼仪和道德标准等的联系上，很少有人从科学的角度对和田玉的本质进行清晰阐述。在中国古代，和田玉被视为“石之美者，有五德”的珍贵材料。而现代科学研究表明，和田玉是以透闪石-阳起石为主的硅酸盐矿物集合体。微小的透闪石等晶体以纤维状或毛毡状相互交织，形成致密的结构，从而赋予和田玉细腻的质感、出色的韧性和良好的油脂光泽等一系列优良品质。以材料科学的视角解读和田玉，是将华夏先民对玉的经验与传统理念融入现代科学的一种方式。这项任务既具备挑战性，又具备创新性。我们有必要通过科学的方法和技术，揭示和田玉的物理性质、化学成分以及结构特征。

但一旦我们决定要开始探寻和田玉的本质与定义，不可避免地需要解开两个相互纠缠的谜题：它是何物？它又是何模样？

一、矿物成分

每一块玉石都拥有独特的物质组成，我们称之为成分特征。正是这些化学和矿物学上成分特征的不同，使得不同的玉石在物理和化学性质上呈现出差异，从而让我们能够用科学的方法来区分玉石品种。因此，要确定一块石头是否为和田玉，首要的便是判断它的成分是否符合传统和田玉的成分特征。和田玉的成分主要包括矿物成分和化学成分，这两者相互关联，都是决定一块玉石是否为和田玉的主要因素。

中国古人一直渴望对和田玉进行科学定义，但由于当时科学分析测试手段上的不足，一直未能准确揭示和田玉的成分，而更多地依赖于感官和性质的描述。他们试图通过"以色辨玉"和"试玉要烧三日满"等日常生活手段来判断玉的本质，最终总结出了"玉，石之美者，有五德"的结论。

随着现代分析测试仪器的引入，我们得以将不同成分的玉石进行分类，并发现其中以透闪石为主要组成矿物的玉石（即如今我们所称的和田玉）最受推崇。这种玉石不论是在南方的良渚文化，还是北方的红山文化，抑或是西部的齐家文化中，都备受赞赏。从夏、商、周到唐、宋、元、明、清，不论是白玉、青白玉、青玉、黄玉还是碧玉等，这些玉石所制作的玉器都受到历代统治者的青睐。因此，一般认为透闪石含量越高，和田玉越纯，品质也就越高。

基于这一认识，国家标准《和田玉　鉴定与分类》（GB/T 38821—2020）给出了现代和田玉的定义：它是由自然界产出的透闪石矿物集合体，具有美观、耐久、稀少性和工艺价值，可加工成饰品。次要矿物可以是阳起石，并可能含有少量方解石、透辉石、石墨、黄铁矿、铬铁矿、磁铁矿、石英、蛇纹石、绿泥石、绿帘石、硅灰石、磷灰石和石榴石等。

对上述定义进行分析可知，除了主要的透闪石，阳起石在这一定义中只被赋予次要矿物的地位，而其他十几种矿物则只能零星地作为可有可无的配角出现。一旦玉石中这些矿物的含量过高，甚至含量超过透闪石，它们就无法再被定义为和田玉。

然而，我们也不难发现，从新石器时代一直延续至今，全球各地开采的和田玉，其次要矿物的出现形式和丰富程度都远超我们的想象。当我们审视各个时代文献典籍中对玉和和田玉的描述，似乎我们的祖先从未考虑过将纯度作为评判和田玉的标准，而是以其质地和色彩所带来的美感为视角来欣赏和田玉。例如，延续千年的玉的"五德说"中，就从未提及和田玉的纯度指标。正是基于这一发现，我们对和田玉矿物成分的规范和理解提出了以下建议。

1.主要矿物或许并非“非此即彼”

当我们漫步在博物馆中,目光所及,都是从石器时代至今的和田玉玉器,其中有相当一部分呈现出深邃的黑青色(图 3-1、图 3-2)。甚至有些玉器初看时,颜色暗沉,几乎与墨玉无异。通过与现代类似玉种的对比,我们很容易发现,这些发黑的青色调主要是由 Fe^{2+} 含量过高导致的。按照现代矿物学的分类命名方案,它们的主要矿物可以被归类为阳起石或铁阳起石。前者以黑青子料、塔青(图 3-3)和青海青等黑度较高的玉石为代表,后者则以广西大化地区最近发现的黑青玉(图 3-4)为代表。很明显,历朝历代所使用的黑青玉可能都源自新疆,新疆各地所产的黑青玉一直被视为和田玉中不可或缺的重要品类。

图 3-1　墨玉回纹圭

(新石器时代,故宫博物院藏)

图 3-2　碧玉琬圭

(新石器时代,故宫博物院藏)

图 3-3　塔青(藏玉 app 提供)

图 3-4　广西黑青玉(马洪伟作品)

根据矿物学定义，当角闪石族矿物中的 $Mg/(Mg+Fe^{2+})$ 为 0.50～0.90[①] 时，透闪石将完全转变为阳起石。因此，无论是从历史的角度，还是从现代材料科学的角度来看，和田玉的主要组成矿物透闪石与阳起石也许并不是非此即彼的关系，而是你中有我、我中有你。至于 $Mg/(Mg+Fe^{2+})$ 低于 0.50 的铁阳起石是否可以被视为和田玉，目前尚无法从古代的和田玉中找到对应的证据，这一问题仍需借助更多的古玉测试数据，通过充分的学术讨论和未来的和田玉市场检验才能得到解答。

2.次要矿物或许并非都是"次等公民"

次要矿物，虽然名为次要，但有时却在和田玉中具有重要的作用。许多所谓的"次要"矿物在和田玉中独树一帜，甚至成为不可或缺的存在。

例如墨玉，无论是点墨、聚墨还是全墨料，都因为含有石墨矿物而展现出黑色。虽然在和田玉中，石墨被视为次要矿物，但它的存在决定了和田玉的色彩，并决定了和田玉的颜色品种。另外，四川雅安产出的碧玉也是如此，因为含有次要矿物钙铬榴石而呈现出翠绿之色。

再举个例子，产自我国新疆且末、青海格尔木，以及韩国春川、俄罗斯贝加尔湖畔等地的部分和田玉，其中夹杂着似梅花般粉红色的黝帘石；产自新疆和田、青海格尔木等地的部分和田玉，内部点缀着似雪花状的透辉石和方解石；产自新疆和田、青海格尔木、广西大化等地的部分和田玉，含有满天星状的黄铁矿（图 3-5）或筋络状的磁黄铁矿。此外，各个产地的和田玉还可以呈现出松花状的针铁矿、软锰矿等铁锰质矿物。这些次要矿物的存在，或者因为其美丽的颜色，或者因为其独特的形态，都为和田玉增添了观赏价值和趣味。

的确，大部分次要矿物的存在会对玉石的美观产生影响，例如，新疆碧玉和俄罗斯碧玉中的黑点状铬铁矿，青海白玉中的不规则团絮状碳酸盐残斑等。这些次要矿物通常被称为杂质。然而，正如中国古语所言："天生我材必有用"，没有真正不好的玉料，只有不合适的设计和工艺。玉料在大自然中形成，我们人类无法参与其中的过程，因此这些杂质矿物的存在是大自然留给我们的任务——通过设计和雕琢，将世间存在的不美与不完美，转化为美和完美。或许，这也是人类之所以存在的意义之一。

3.矿物的分布带来的争议和启示

和田玉的孕育深深依赖于它所处的大自然环境。因此，无论何处的和田玉都带有其孕育之地的烙印，如和田玉形成时的围岩或围岩残块等。从目前已发现的和田

---

① 角闪石族中透闪石-阳起石类质同象系列矿物化学通式为 $Ca_2(Mg,Fe)_5Si_8O_{22}(OH)_2$，其中镁（Mg）、铁（Fe）间可呈完全类质同象代替。根据国际矿物学协会新矿物及矿物命名委员会批准的角闪石族命名方案，透闪石与阳起石的划分按照单位分子中镁和铁的占位比率不同予以命名，即 $Mg/(Mg+Fe^{2+})=0.90\sim1.00$ 为透闪石；$Mg/(Mg+Fe^{2+})=0.50\sim0.90$ 为阳起石；$Mg/(Mg+Fe^{2+})=0.00\sim0.50$ 为铁阳起石。

图 3-5 《酒金文房》(黑青玉山料,含黄铁矿,程磊作品)

玉矿来看,大多数和田玉的围岩都是碳酸盐岩(如白云岩或石灰岩)。因此,那些附着有大块围岩,或包裹着大块围岩残块,或带有大量弥散状围岩杂斑(俗称"礓")的和田玉(图 3-6、图 3-7),是否应被视为真正的和田玉,也是一个值得思考的话题。

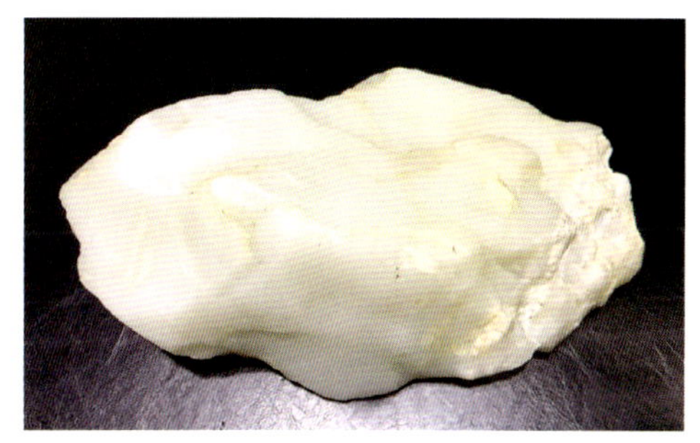

图 3-6 局部带礓的山流水(藏玉 app 提供)

图 3-7 局部带礓的子料(藏玉 app 提供)

从和田玉的定义出发,这部分围岩的矿物组成并不属于透闪石,因此不能被视为和田玉。然而,一些著名的玉石雕刻师却恰巧擅长利用这些礓,创作出一系列令人赞叹不已的作品(图 3-8、图 3-9)。当我们凝视这些作品时,定义中那些关于透闪石含量的部分似乎逐渐变得模糊起来,这或许正是艺术创作的魅力所在。

图 3-8 《轻声细语》
（碧玉，底部为礓，黄福寿作品）

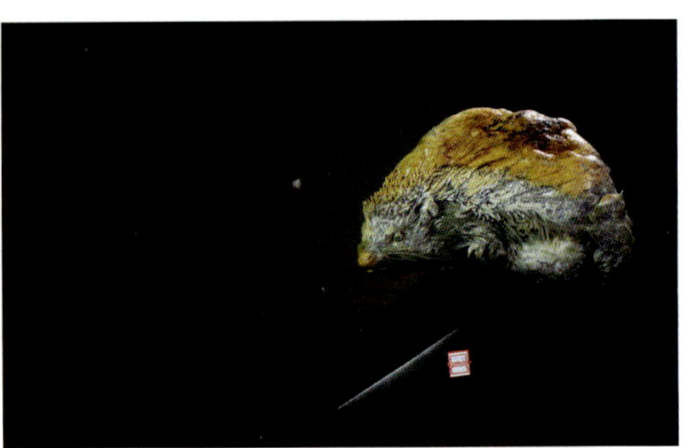

图 3-9 《偷得浮生半日闲》
（礓皮河磨玉，唐帅作品）

同时，当我们凝望博物馆中的许多古代玉器，如玉钺和玉圭（图 3-10）时，我们清楚地看到了祖先们在征服自然时所使用的利器。虽然我们的祖先对石头的性能有所了解，但他们肯定无法像现代人那样进行科学的定量分析和判断。只要石头具有足够的韧性或硬度，即使成分上不是那么纯净，它们仍然会被我们的祖先所选用。因此，能看到 5000 年间大量石性很重的玉石（图 3-11）被制作成玉器也就不奇怪了。这种石性很重的玉料，从现代材料科学的观点来看，实际上是玉化不完全的透闪石与方解石均匀交杂而成的混合物。当我们透过古人智慧的双眼凝视这些朴素的玉器时，和田玉定义中对于透闪石含量的限定，再次变得不那么重要了。

图 3-10 玉圭（新石器时代，故宫博物院藏）

图 3-11 石性较重的玉料（藏玉 app 提供）

这个问题引发了我们对和田玉定义的深思。我们是否应该仅仅依赖科学标准来界定和田玉，或者还应该考虑艺术家和中华古贤的创造力和审美观念呢？这个问题让我们反思和田玉的本质，并重新考虑其定义的适用范围和应用场景。以下是我们的观点。

首先，根据国家标准，未经雕琢的玉石原料，如果带有过多的杂质矿物，无论以何种形式存在，都不能被视为和田玉。这些杂质会破坏和田玉的美观性。

其次，对于中华人民共和国成立之前的经典馆藏玉器，考虑到历史文化等因素，现代科学视角下国家标准的定义可能并不适用。在这种情况下，我们需要综合考虑玉器的艺术性和历史背景，独立判断它是否能被命名为和田玉。

对于一般的现代玉器制品，我们完全可以参考国家标准的定义来判断。然而，对于高端玉器艺术品，我们需要根据实际情况进行独立判断。如果礓或者杂质被巧妙地利用，增添了玉石作品的美观性和艺术性，那么它可以被视为一种特殊的和田玉。

我们深信，只有这样，才能更好地辨识和田玉的真正价值，领略其独特魅力。每一件玉器背后都蕴藏着大自然的精雕细琢，更潜藏着人类匠心独运的艺术之美。当玉器跻身艺术殿堂时，已难以仅凭科学分析评定其真伪与品质。因此，我们需要以鉴赏者的眼光、以触及灵魂的敏感去感受各个时代和田玉玉器所散发的独特韵味，而不能简单地以现代科学为量尺定义历史和艺术。

二、化学成分

和田玉以透闪石为主要组成矿物，其化学成分理想化学式即为透闪石的化学分子式——$Ca_2Mg_5Si_8O_{22}(OH)_2$。为了更便于理解，我们可以将其转化为氧化物的形式：SiO_2占59.169%，CaO占13.805%，MgO占24.808%，H_2O占2.218%。因此，通俗来说，透闪石是一种钙镁质硅酸盐。

如果我们将青玉和黑青玉也纳入和田玉的定义范围，那么阳起石也可成为重要的和田玉组成之一。阳起石的分子式为$Ca_2(Mg,Fe)_5Si_8O_{22}(OH)_2$，实际上是部分的$Fe^{2+}$取代了透闪石中的$Mg^{2+}$。$Fe^{2+}$的替代最直观的表现便是玉石颜色由白色变为青色。$Fe^{2+}$含量越高，青色调越深，同时也会导致玉石的密度增大。由于青玉中的Fe^{2+}主要来自岩浆岩，因此青玉在玉矿中的产出部位多位于岩浆挤压带附近。相比于白玉，青玉受到更直接的构造挤压，因此质地通常更细腻，油性也更好，常被视为制作精湛玉雕的最佳材料。

根据现代玉石学的研究，和田玉中几乎存在所有微量元素和稀土元素，只是含量有所不同。于是我们不禁思考：微量元素的存在对和田玉到底是利还是弊呢？我们可以从不同类型的微量元素来审视这个问题。

1.致色元素

除了 Fe^{2+} 可以赋予和田玉青色(图 3-12),Fe^{3+}、Cr^{3+}、Ni^{2+}、Mn^{2+} 等的存在,也能使和田玉呈现出各种色彩,从而形成不同的和田玉品种。其中,Cr^{3+} 和 Ni^{2+} 常常是碧玉的致色离子(图 3-13),而 Fe^{3+} 是黄玉的致色离子(图 3-14),Fe^{3+} 和 Mn^{2+} 则是糖玉的致色离子(图 3-15)。这些变价金属离子的存在,正是和田玉色彩丰富多样的原因。

图 3-12　青玉(Fe^{2+} 致色,茹月峰作品)

图 3-13　碧玉(Cr^{3+}、Ni^{2+} 致色,殷建国作品)

图 3-14　黄玉

(Fe^{3+} 致色,唐帅作品)

图 3-15　糖玉

(Fe^{3+} 和 Mn^{2+} 致色,唐帅作品)

2.其他微量元素

虽然大多数微量元素都以极低的含量存在于和田玉中,对于和田玉的外观特征并没有明显的改变,然而,它们的存在却是和田玉研究的一大利器。

微量元素就像人体的基因一样,不同地区和种族的人的基因存在一定的差异,而不同产地的和田玉中微量元素的含量也有所不同。因此,微量元素成为区分和田玉产地的重要工具。许多学术论文已经详细阐述了微量元素在和田玉产地鉴定中的应用。这一发现为我们提供了研究和田玉的新视角，可以让我们更加深入地了解这种珍贵玉石的地质起源。

3.和田玉中的“水”

在和田玉的主要组成矿物透闪石中，常常存在着水（OH^-）。有一些研究者认为，这种广泛存在的水（OH^-）与和田玉独特的透明凝润感密切相关，但这并不是科学的结论。然而，毫无疑问，透闪石中每个组分的存在都是造就和田玉与其他玉石区别的重要因素。

更有趣的是，最近的研究发现，透闪石中的水（OH^-）倍频吸收峰与晶体结构中的镁离子（Mg^{2+}）和铁离子（Fe^{2+}）在阳离子占位点 M1 和 M3 的位置有关，并且与振动谱带的伸缩振动频率 ν(M-OH)呈线性关系。因此，通过红外光谱，可以对透闪石的晶体结构进行详细和准确的刻画。而透闪石的晶体结构又与类质同象替代的程度以及次要矿物组成等密切相关，这反映了当时的成矿地质条件和成矿作用类型。因此，透闪石结构中水的类型和近红外光谱特征可以辅助判断和田玉矿床的成因类型，从而为和田玉原产地的鉴别提供依据。

三、显微结构

透闪石作为常见的造岩矿物之一，在自然界中并不罕见。然而，当透闪石作为和田玉的组成部分时，它展现出与单晶体透闪石完全不同的光学性质（油脂般的光泽）和力学性质（出色的韧性）。这使得和田玉不仅产量稀少，而且独具一格。

很明显，仅成分这一因素并不能完全决定一块玉石是否为和田玉。在矿物成分相同的情况下，显微结构的区别使得和田玉和其他玉石在物理性质上表现出巨大的差异。

结构，是指和田玉中透闪石等矿物的结晶程度、颗粒大小、形状以及它们之间的相互关系。透闪石矿物属于单斜晶系，晶体常呈柱状。在结晶的过程中，受空间环境和外力大小与方向的影响，柱状透闪石可以呈现出更细、更长的纤维状；显然，随着压扭作用的增强，柱状透闪石会被压扁拉长，纤维也会变得更细，并且纤维之间的交织也会更加紧密。

因此，和田玉之所以能够“从岩到玉”，结构的形成起着至关重要的作用。只有了解了这种显微结构的形成过程，我们才能真正理解什么是和田玉。

1.关于结构特征的观察尺度

在此需要明确一点，真正意义上的和田玉必须具备出色的加工性能，因此其结构应为隐晶质，即肉眼无法观察到矿物颗粒，我们常称之为质地细腻。在矿区常能见到宽度为毫米级甚至更粗的透闪石纤维，呈透闪石石棉，用铁锤轻拨即可将矿物纤维从玉脉中剥离，故无法进行加工，我们只能称之为透闪石岩（图 3-16、图 3-17）。只有通过扫描电子显微镜放大数百倍至数千倍观察，才能看到透闪石矿物纤维的原料，方可称为和田玉。和田玉中的透闪石纤维宽度通常在微米级别（图 3-18、图 3-19）。因此，许多资料中提到和田玉的鉴定特征为可见纤维交织结构，并不符合实际情况。实际上，仅凭肉眼无法分辨微米级的细节，即使借助常用的光学显微镜也难以精确辨识。我们所能观察到的只是纤维交织结构形成的模糊的棉絮状外观。因此，在探讨和田玉的结构时，有必要强调其结构的“显微”尺度。

图 3-16　若羌透闪石石棉（纤维粗，远景拍摄）

图 3-17　青海透闪石石棉（纤维较粗，近景拍摄）

图 3-18　和田玉猫眼原石

（纤维较细，手标本拍摄，藏玉 app 提供）

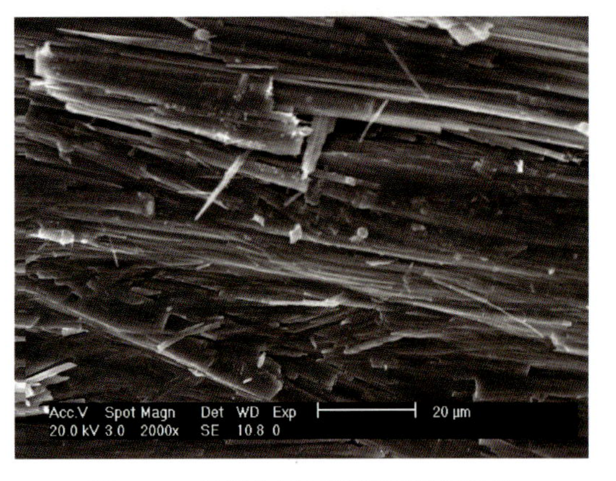

图 3-19　扫描电子显微镜下透闪石的纤维状晶体（纤维极细，放大 2000 倍）

2.关于结构常见类型

由于产地的差异，和田玉的结构呈现出多种多样的形态。这是由不同产地和田玉形成时所受到的构造应力的性质和大小千差万别所决定的。在我们熟知的结构中，最常见的是毛毡状结构。然而，在扫描电子显微镜下观察，和田玉展现出了更为细致的结构，如显微柱状变晶结构、显微片状变晶结构以及显微纤维状交织结构等。

尽管这些结构的名称听起来复杂，但实质上可以归纳为三个维度：透闪石矿物的形态、排列方向和堆叠的紧密程度。

从透闪石矿物的形态来看，可以分为柱状、片状和纤维状，以及过渡类型柱纤状（图 3-20—图 3-23）。透闪石的柱状结构表明其所受到的构造应力并不强，因此其质地通常较粗，而片状结构的透闪石是受到定向应力影响而形成的，这种结构的和田玉片理化发育，通常不具备良好的加工价值。因此，真正的和田玉大多为显微纤维结构。

图 3-20　柱状结构（放大 8000 倍）

图 3-21　片状结构（放大 4000 倍）

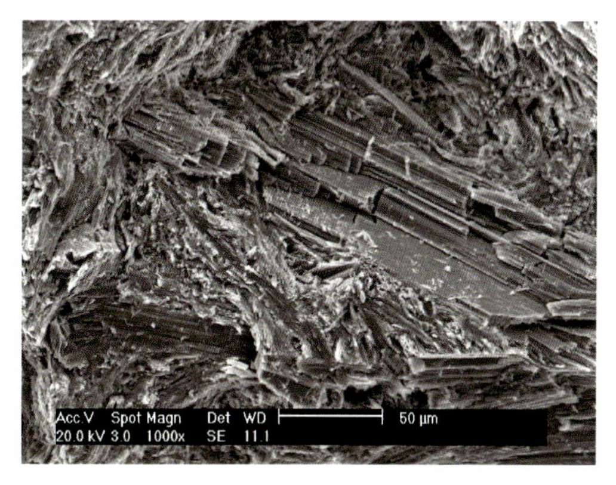

图 3-22　柱纤状结构（放大 1000 倍）

图 3-23　纤维状结构（放大 2000 倍）

从透闪石纤维的排列方向来看，和田玉结构可分为定向排列和交错编织两种（图 3-24、图 3-25）。定向排列的和田玉经过抛光后常呈现猫眼效应，成为稀有的佳品；而交错编织的和田玉则通常具有出色的韧性，并因光线在不同方向透闪石矿物间的复杂光学效应而呈现温润的油脂光泽，成为高品质的典范。

此外，透闪石纤维的紧密程度受成矿时应力的影响，可能呈现紧密镶嵌或松散堆积状。紧密镶嵌的结构是和田玉具备高韧性和高脂份的必要条件（图 3-26、图 3-27），而松散堆积则会导致透闪石纤维孔隙被杂质充填或氧化而变色（图 3-28），同时入射光线会在纤维间的空气中不断被损耗，而使和田玉呈现出蜡状、瓷状光泽等光学效果(图 3-29)。

图 3-24　透闪石纤维的定向排列(放大 8000 倍)

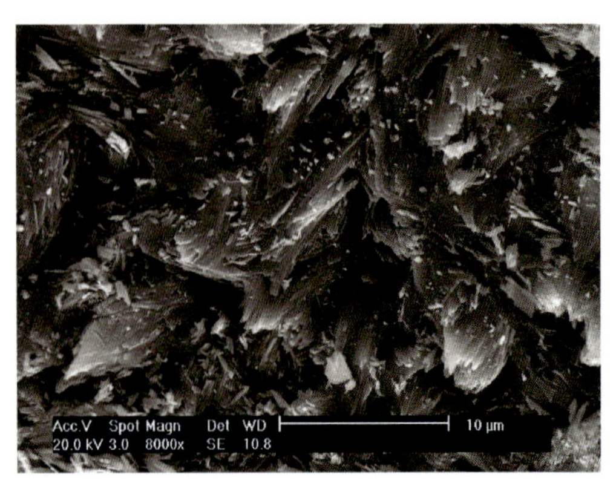

图 3-25　透闪石纤维的交错编织(放大 8000 倍)

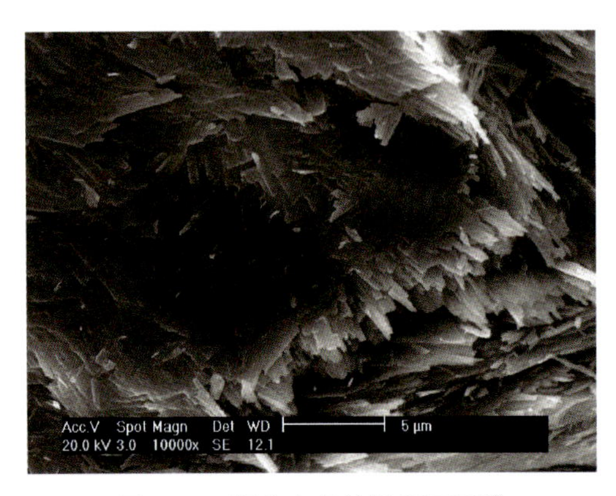

图 3-26　紧密交织的透闪石纤维
(放大 10 000 倍)

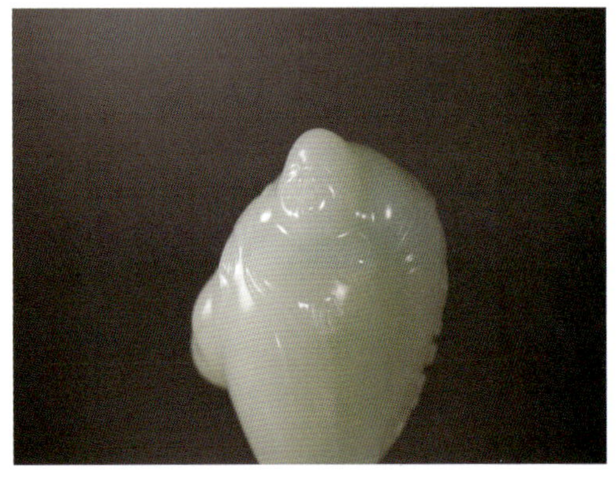

图 3-27　透闪石纤维紧密交织的和田玉的光泽(杨曦作品)

图 3-28　松散堆积的透闪石纤维
(放大 10 000 倍)

图 3-29　透闪石纤维松散堆积的和田玉的光泽

综上所述，和田玉的结构可以简单地概括为紧密镶嵌的显微纤维结构。透闪石纤维的定向排列赋予和田玉独特的性质，使其呈现出猫眼效应和玻璃光泽；而透闪石纤维的交错编织则常使和田玉展现出其独有的油脂光泽。若透闪石纤维的定向性介于两者之间，则不同的镶嵌紧密程度会赋予和田玉蜡状光泽等其他光学效果。这种结构的多样性使得每块和田玉都拥有独特的魅力和无法估量的价值。

第二节 和田玉的品种

当我们面对琳琅满目的和田玉时，纷至沓来的名词有山料、子料、黄白老玉、俄罗斯料、青海料、羊脂白、猫眼等，同一件和田玉成品或同一块和田玉原料，在不同的品种划分方案中可能有不同的称呼。这一问题现在越来越突出，对于初识和田玉的人来说，很容易迷失其中。这也给和田玉的科研、教学、加工、商贸、鉴定乃至评价等诸多环节都带来了一些沟通和交流上的困惑。

这些名词背后蕴含着怎样的含义？这些称谓是否具备科学合理性？不同品种之间是否易于辨别？这些疑问在我们脑海中逐渐浮现。然而，在探讨这些问题之前，或许我们可以先思考一下，为什么需要对和田玉进行分类呢？这种分类到底有何意义？

首先，通过科学的分类和命名，我们能够更好地了解和田玉的品质和价值。不同品种的和田玉在色泽和质地等方面都存在着独特的性质，因此它们的价值也会有所不同。对于收藏家和消费者而言，了解分类可以帮助他们辨别真伪，选择合适的和田玉；而对于玉石行业来说，这种分类能够进一步规范市场。

其次，和田玉承载着丰富的文化内涵和独特的审美观念。每一个不同品种的和田玉都仿佛是一幅画卷，不同的玉器作品展现着不同的文化意义和艺术价值。通过对其分类的深入研究，我们能够更加深刻地理解和田玉蕴含的文化内涵和审美意义，进一步推动玉石文化的传承和发展。

再次，科学的分类和命名提供了一扇通往和田玉宝藏的窗口，让我们能够深入研究这块神奇瑰宝的物理、化学和玉石学特性。我们甚至能够从这些特性中去探索和田玉形成和演化的奥秘。这种深入的探索为科学家们提供了宝贵的机会，也为玉石学的研究注入了新的活力与动力。

最后，科学的分类和命名为和田玉产业的创新发展奠定了坚实的基石。当我们深入研究和田玉的分类时，可以发掘不同品种和田玉的独特性质和无限潜能。这些发现将激发玉石行业的创意火花，推动技术的创新与产品的开发，进而让和田玉在创意的舞台上绽放出绚烂的光芒。

不过，接踵而至的是我们将面临如何以科学的方式对和田玉进行分类和命名的问题。在市场上，和田玉的品种名称繁多而复杂，因此我们将先从产出环境和颜色两个方面对它进行分类，每个小类之下，再按产地进行细分。通过从这些维度中寻找秩序的线索，我们尝试为和田玉的世界赋予科学的命名与归类，以揭开和田玉的神秘面纱。

一、按产出环境分类

亿万年前，和田玉在昆仑山之巅孕育而生，那是一个人迹罕至的地方。即便是现代交通工具，也难以抵达和田玉的诞生之所。偶然的巧合，让我们的祖先发现了此种沉淀在昆仑山麓河床之中珍宝。随之溯流而上，昆仑山巅的和田玉原生矿才得以展现在世人面前。正因如此，我们不难发现和田玉的产地环境是如此复杂而多变：高山之巅、山谷之中、河床之底，无所不在。于是，我们按照产地环境的差异将和田玉划分为四个类别——山料、山流水、子料和戈壁料。

（一）山料（原生矿）

1.概述

山料又被称为山玉、碴子玉或宝盖玉，它从原生矿中采集而来。这里所说的原生矿，指的是形成后与周围岩石的相对位置未遭受过外力的改变，始终处于山谷之内的和田玉矿脉。相较于次生矿，和田玉原生矿的矿脉更长、矿体更大且完整，是各类产出环境中储量和产量最为丰富的类型。

2.特征

为了获取和田玉的原生矿石，人们必须通过各种方式将其从周围的围岩中分离出来。然而，由于和田玉原生矿常常夹杂在巨厚的围岩之中，且多位于高山之巅，这使得开采变得异常困难。为了降低开采成本，常常采用破坏性开采方式（详见第二章第三节“和田玉的开采”），这导致矿脉被破坏成碎块，难以保持完整。因此，山料的块度大小不一，常常呈现出棱角分明的特点，质地也参差不齐，基本不见风化皮壳（图 3-30）。与同等大小的和田玉子料相比，山料的价格与之存在较大的差距。

3.产地

和田玉的山料主要来自四大产区：中国新疆、青海，俄罗斯和韩国。它们常被简

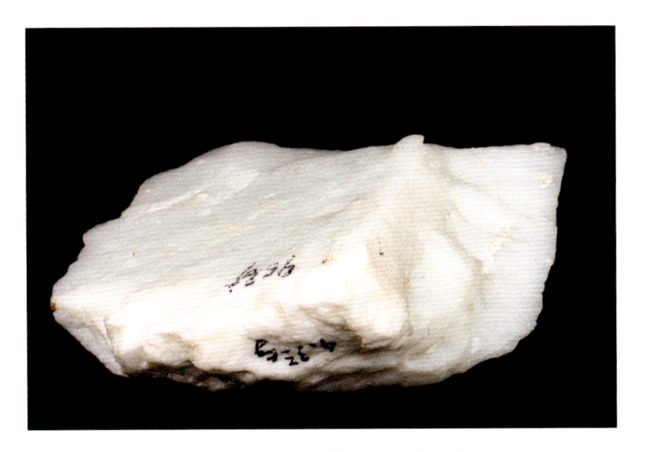

图 3-30　山料(藏玉 app 提供)

称为新疆料、青海料、俄罗斯料和韩国料,而为广大人民所熟知。另外,市场上还可以找到一些具有特色的小众玉料,如加拿大碧玉、岫岩析木玉和花莲碧玉猫眼等。

在和田玉行业中,产地被视为极为重要的因素。根据实践经验,有人将不同和田玉产地称为不同的“坑”,并认为它们产出的玉料具有明显不同的特点。因此,有一句俗语广为流传:“于田的白玉,且末的糖,塔县的黑青,若羌的黄”。这种说法在一定程度上是有道理的,因为不同产地的和田玉矿石由于成因类型的不同,会导致山料特点存在不同程度的差异。

然而,需要指出的是,即使是同一成矿带、成因类型相似的矿脉,在形成条件存在差异的情况下,同一矿点内的和田玉山料也会存在诸多差异。最经典的例子就是和田玉中所谓的“阴阳面”,即同一块玉料的两端会出现颜色、结构和质地等方面的巨大差异,甚至呈现出两种完全不同的外观。因此,要准确识别和田玉的产地,需要依靠大量的标本观察和测试,并从中总结出规律性的特征。观察和分析的样品越多,数据越翔实,得出的结论也越可靠。

总的来说,山料是和田玉中最主要的品种之一。它以独特的形态、质感和产量在和田玉的市场上占据主导地位。作为和田玉的代表品种,其质地和外形也承载着丰富的意义。它是大自然长时间沉积和演变的产物,蕴含着自然界的神奇之美,其棱角分明的形态则展现了玉石开采的艰辛和珍贵资源的稀缺性——在玉石开采的过程中,人们需要面对崎岖的山脉和恶劣的自然环境,付出巨大的努力和勇气。

(二) 山流水(残坡积矿)

1.概述

山流水,如诗般的名字,指的是那些原生矿经过风化和崩落后,被冰川或洪水带走，却没有远离山脚而残留在洪积物或坡积物中形成的和田玉。在地质学中，这类矿石被称为“残坡积矿”。山流水之名或许来自采玉和琢玉艺人的灵感，它给人一种美丽而优雅的感觉。

山流水通常出现在河流上游，它的矿床属于残积、坡积、洪积或冰川堆积的类型。因此，它只是和田玉的山料和子料之间的一种过渡形式，人们有时戏称它是“子料的妈妈”。

2.特征

山流水与山料有所不同，它们在大自然的力量下已从围岩中剥离出来。因此，对于山流水，无须进行破坏性的开采，而且由于距离原生矿较近，其块度通常较大。在与山坡翻滚摩擦的过程中，山流水的棱角稍有磨圆，断口表面相对光滑（图 3-31），与山料的棱角分明有所不同。此外，暴露在空气和雨水中的山流水与山坡的土壤层直接接触，在局部凹陷、结构松散的部位以及裂隙中常附着一些风化皮壳。然而，由于风化时间不长，通常皮色分布极为有限且并不明显。

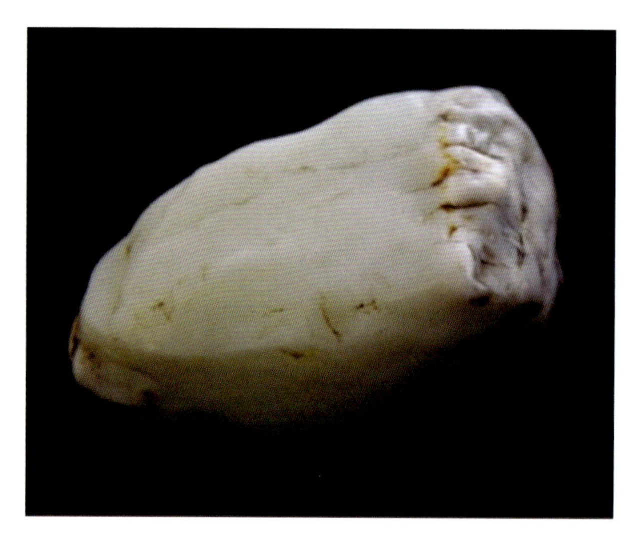

图 3-31　山流水

3.产地

从山流水的成因过程来看，我们可以推断：凡是接近地表的和田玉矿脉，都有可能经历风化剥蚀、崩塌滚落成为山流水的命运。因此，在我国青海格尔木、辽宁岫岩、甘肃马衔山，以及俄罗斯贝加尔湖畔等地，都可以找到和田玉山流水的踪迹。然而，由于这些产玉矿山的地形大多陡峭，山流水往往无法稳定存在，一旦遭遇洪水，便会被冲刷到山口甚至山脚的河流中。因此，山流水的产量通常非常有限。可以这样说，山流水是在和田玉山料向子料演变时，所经历的漫长的风化和搬运过程中诞生的一个过渡性产物，可以把它看作时间在某一刻按下了暂停键的杰作。

（三）子料（冲积砾矿）

1.概述

在新疆维吾尔自治区地方标准《和田玉》（DB65/T 035—2010）中，统一使用了“子料”这一称谓。虽然市场依然有称“籽料”或“仔料”，但显然“子料”这个称谓更加准确地传达了子料与山料的层次关系。因为从地质学的角度来看，子料是由风化和剥蚀作用形成的和田玉碎屑（如山流水等），被洪水冲入河道后经过长距离的水流搬运、分选和沉积而形成的。

这个过程并不复杂。子料最初形成于河床中，由水流的冲击力搬运并堆积在河床上，因此，在地质学中，它被称为“冲积砾矿”，本书则称之为“河床型”子料。然而，由于地壳的抬升，河谷形成了多级阶地，并且构造运动导致了河道的变迁。这些变迁留下了许多古老的河道和阶地，它们在地质历史时期也曾经搬运过子料，同时也储存了大量的子料，本书分别将其称为“阶地型”子料（图 3-32）和“古河道型”子料（图 3-33）。

图 3-32　位于玉龙喀什河河岸上的“阶地型”子料矿（摄于 2010 年）

图 3-33　掩埋在沙漠下的“古河道型”子料矿（摄于 2005 年）

2.特征

子料被流水长年冲刷、搬运和打磨，因此它的外形呈现出次圆至圆状（图 3-34）。一部分子料表面因接触河流和空气，历经风化还附着厚薄不一的铁锰质浸染皮，呈现出褐色、红色或黄色等多样色彩（图 3-35）。经过河床中漫长的自然打磨，子料中剩下来的部分通常是原生矿中质地相对优良的部分，因而具有温润的质感和良好的质地，被视为和田玉中的珍品。

与此同时，由于河流搬运过程中玉料与石块的长期相互碰撞，子料表面往往会出现由撞击产生的凹坑，俗称“毛孔”。这些毛孔就像子料的独特指纹，记录着岁月的痕迹和河流的冲击力。

然而，我们必须要注意的是，现代“河床型”子料几乎已经被开采一空，经过数百年的开采，它们已经十分稀缺。因此，如今市场上的子料多数来自对河流阶地和古河道的开采。这些子料与水源长时间脱离，与阶地或古河道的沙土层长年接触。因此，它们的表面呈现出与“河床型”子料不同的特征（图 3-36）。这一点常常导致许多子料在鉴定过程中被误判。

图 3-34　玉龙喀什河“河床型”子料矿
（摄于 2017 年）

图 3-35　“河床型”子料（藏玉 app 提供）

图 3-36　“阶地型”子料

3.产地

目前被广泛认可的子料主要来自新疆和田地区的玉龙喀什河和喀拉喀什河。除此之外，与新疆具有类似成因的玉料也在我国辽宁岫岩、甘肃马衔山、广西大化岩滩，以及俄罗斯贝加尔湖畔等地产出。然而，除了俄罗斯，其他产地的“子料”由于搬运距离较短，风化程度不足，至今仍存在争议，未能得到一致的认同。

因此，在确定一块玉料是否为子料时，我们必须以敬畏和耐心的态度，细细品味它们所承载的历史和地质印记。只有这样，我们才能真正领悟到子料的珍贵之处，并正确地识别它们的独特价值。无论是来自新疆还是其他地方，这些玉料都是大自然的杰作，记录了地球的变迁与岁月的流转。它们的外表或许有所不同，但它们都是难得的瑰宝，值得我们用心去探索。

（四）戈壁料（风成砾矿）

1.概述

戈壁料，顾名思义，指的是产自戈壁滩的和田玉料。它们是早年形成的子料或山流水，在河流改道后留存于戈壁滩或河流冲积扇上，经过风力侵蚀作用的再次改造而形成的具有独特风貌的风成砾矿。

2.特征

在广袤的戈壁滩上，风沙的作用是异常强烈的。这肆虐的狂风中夹带着坚硬的石英砂，它们的硬度甚至超过了和田玉。经过风沙的侵蚀，戈壁料保留下了和田玉中最坚硬、最致密的部分，因此它们的硬度通常高于一般的和田玉山流水或子料。同时，风沙的打磨作用犹如自然的抛光过程，使得戈壁料常常展现出极佳的油性而惹人怜爱。

同时，戈壁滩的强烈风沙也带来了一些新的特点。由于长期的风沙侵蚀，戈壁料往往具有较差的磨圆度，其表面常常呈现出一个或多个相对平坦的平面，以便能在戈壁滩表层长期稳定存在而不被刮走。这种特点与子料浑圆的外观形成巨大的反差（图 3-37）。此外，经过石英砂的不断磨损，戈壁料的块度通常不大，表面显示出风蚀的痕迹，次生风化皮也难以附着。仅在一些凹陷处，局部的次生风化皮才会被保留下来。

或许戈壁料的外观不像子料般光滑圆润，而呈现毫无规律的棱角状，使得戈壁料常常被误解为平凡无奇的石块。然而，戈壁料形成的过程最能体现大自然的鬼斧神工。每一块戈壁料都承载着亿万年的磨砺、昼夜温差的考验，所以密布着岁月的痕迹。懂得欣赏的人，能在它们的沧桑中找到灵感（图 3-38），感受到大自然的无限魅力。

图 3-37　戈壁料

（藏玉 app 提供）

图 3-38　戈壁白玉

（《倩影》，翟倚卫作品）

3.产地

从喀什地区的塔什库尔干县，穿越和田地区，延伸至东边的巴音郭楞蒙古自治州的若羌县米兰地区，一片长达1000多公里的戈壁滩上散落着戈壁料。其中，若羌地区的戈壁料颇负盛名，分布在南、北两个重要地点。北部地区坐落于罗布泊，而南部则主要分布在米兰镇和塔什萨依地区。和田地区主要为以策勒县为中心的戈壁滩，值得一提的是该地区也是目前戈壁料最大的产区。喀什地区戈壁料产区区域较大，主要集中在叶城、泽普和莎车这三个相邻的县城。

二、按颜色分类

在中国古代，人们以色辨玉，将颜色作为划分和田玉品种的主要依据。因为颜色的不同，和田玉的名称也不尽相同。古人对和田玉的颜色非常重视，对此许多著作中都有详细论述。《本草纲目》中有："王逸玉论，载玉之色曰，赤如鸡冠，黄如蒸栗，白如截肪，黑如纯漆，谓之玉符，而青玉独无说焉。今青白者常有，黑者时有，黄赤者绝无"。这段话指的是玉石有白、青、黑、赤、黄五种颜色。在我国古代，对和田玉的颜色品种划分比较完善，比如宋代张世南的《游宦纪闻》中就有"玉分五色"的说法；又比如傅恒等人编纂的《西域图志》中提到：和田玉有绀（紫红）、黄、青、碧、白数色。由此可见，古人对和田玉有深入的认识，品种的划分也十分细致，大致上和现今对和田玉的颜色分类相似，只是由于受限于过去的科技条件，分类没有现在全面而已。古人对和田玉颜色的细致观察和研究，为我们今天认识和田玉提供了宝贵的参考。

（一）白玉

1.概述

白玉，顾名思义，即主体颜色为白色的和田玉，可带有极轻微的其他色调。若肉眼可明显察觉到其他色调，通常就不会被归类为白玉。

2.特征

纯白的白玉极为罕见，常常带有极轻微的灰绿、淡青、褐黄、肉红等色调，这些色调通常肉眼难以察觉。基于白度、色调以及与其他颜色的交融程度，还可以进一步细分白玉的亚种，如季花白、石蜡白、梨花白、鱼肚白、雪花白、象牙白、月白等。而羊脂白玉则是白玉中的上乘之物，其质地细腻，堪称"白如截肪"，触感滋润异常，给人一种刚柔并济的观感(图3-39)。

3.产地

国内的白玉主要产自新疆和青海两地，此外，贵州、广西、河北等地也有产出。而国外的白玉则主要集中在俄罗斯、韩国等地。在这些产地中，新疆和田的子料、95于

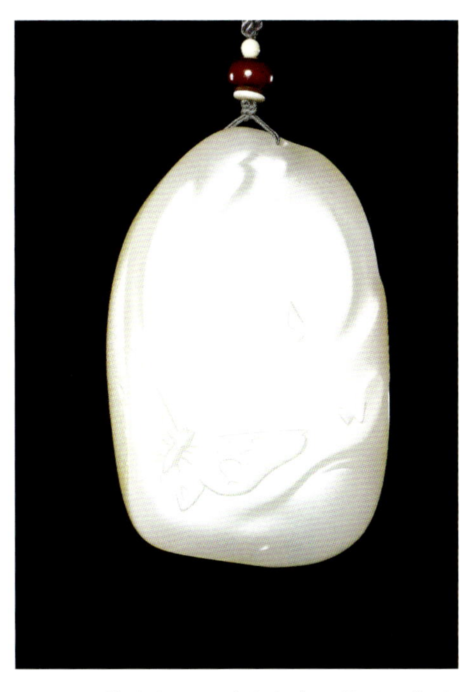

图 3-39　羊脂白玉（《踏花归来》，樊军民作品）

田料，以及青海的野牛沟料和俄罗斯的黑皮白玉料是备受市场和藏家赞誉的明星玉料。

4.特别提示

1）关于僵白

僵白料通常由透闪石化不完全的碳酸盐岩构成，表现出一种死白和僵白的观感（图 3-40）。碳酸盐类矿物（如方解石或白云石）均匀地分布在透闪石矿物之间，形成一种被市场俗称为“石性重”的特质。然而，由于这类僵白玉中碳酸盐的含量较高，它们并不应被归类为和田玉的范畴，也很难被设计和雕刻使用。

2）关于瓷白

部分白色和田玉具有类似于白瓷的观感（图 3-41），这通常是由过于细小的透闪石纤维所导致的。这些微小的纤维使得石头中的孔隙度增加，从而产生了光线在其中反射、散射、折射和衍射等多种复杂作用的效果。起初，由于不符合传统和田玉审美的趋势，它并没有受到市场的热捧。然而，随着一系列器皿件的制作和开发，这类玉石逐渐开始受到市场的欢迎。它们的主要产地位于贵州罗甸和广西大化。目前，这些玉石正开始散发其独特的韵味和魅力。

3）关于鸡骨白

玉料“鸡骨白”，因其颜色如鸡骨般苍白而得名。它呈现一种素雅的色调，却缺乏和田玉中常见的油脂光泽。鸡骨白多见于出土的古玉，有时也被称为钙化（图3-42）。这种白色的出现通常是因为玉器被长期埋藏在土中，受到浸染和腐蚀，导致表层元素的流失。因此，它被视为玉料结构受到破坏的标志。从材料学的角度来看，鸡骨白并不符合和田玉常规的审美取向。然而，在古玉中，鸡骨白是一个重要的鉴别特征，代表着玉料曾经被埋藏的历史。鸡骨白中蕴含着的更多是丰富的历史内涵和沧桑的美感。

图3-40　僵白（藏玉app提供）

图3-41　瓷白

图3-42　鸡骨白（玉斧，新石器时代，故宫博物院藏）

4）关于"粗粒白"和"细粒白"

白玉由显微尺度的透闪石矿物组成。大部分白玉的透闪石矿物颗粒较为细小，呈纤维状晶体，分布也较为均匀，被称为细粒白玉。然而，也有一些白玉的透闪石矿物颗粒较为粗大，呈柱状晶体，甚至在肉眼观察下都隐约可见颗粒感，从而被称为粗粒白玉。

5）关于"闪青"和"闪灰"

当白玉在光线的照射下轻轻晃动时，偶尔会在白玉表面闪现出一道不明显的色彩，可能是青绿色，也可能是灰黄色。这种色调通常很难在直射的光线下观察到，它们只会在玉石转动时，从某些角度一闪而过。有经验的行家可以根据这种"闪青"和"闪灰"的现象大致推断出玉石的产地。特别是那些"闪青"的玉石，往往与俄罗斯料有着紧密的联系。

（二）青玉

1.概述

青玉，顾名思义，即主体颜色呈中等至深的青色，可略带有其他色调，如灰青、蓝青等复合色的和田玉。

2.特征

青玉颜色覆盖范围较大，古籍中记载了许多青玉的品种，如虾子青、蟹壳青、竹叶青等。青玉的颜色较深，因此透明度一般比白玉低，常呈半透明或微透明。用强光手电筒按压在青玉表面照射时，会映现出散开的光晕，光晕越大，说明透明度越高（图 3-43）。行家们常以此方法来判断青玉的色调和质地。

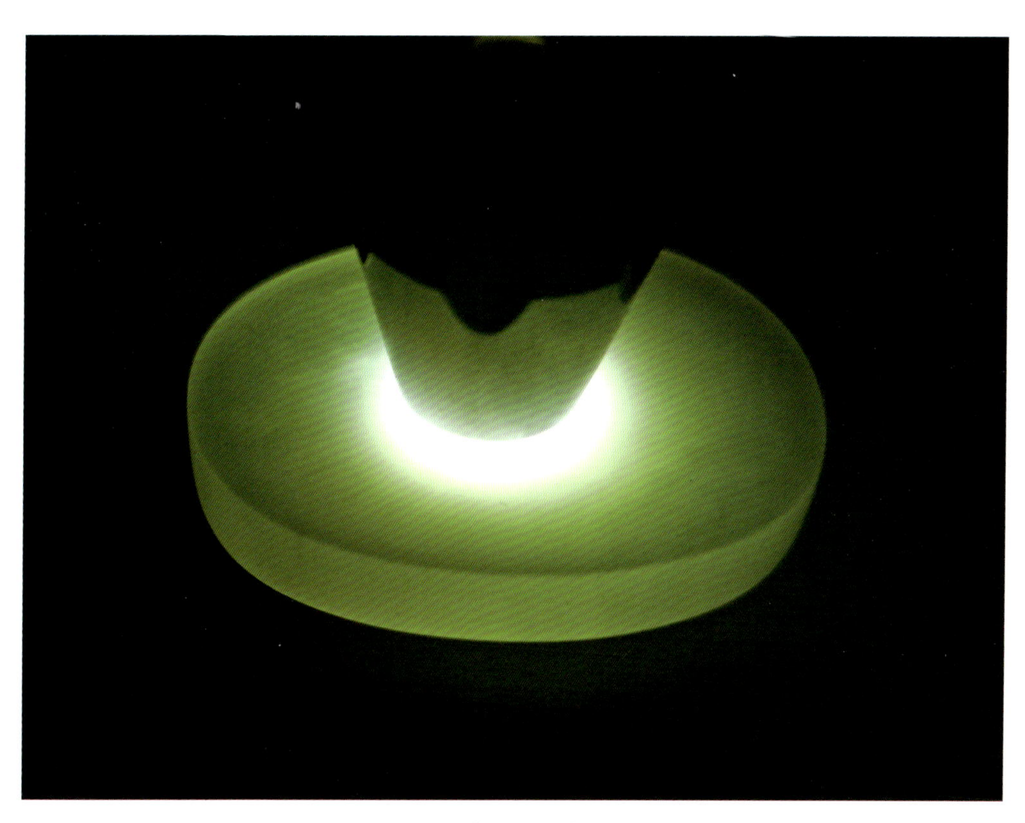

图 3-43　强光照射高透明度青玉产出的大光晕

青玉常产于岩浆岩与碳酸盐岩接触带附近，在生长过程中受到强烈的构造应力影响。透闪石纤维在这种强烈的压扭作用力下交织紧密，使得青玉的质地通常较白玉更为细腻（图 3-44）。这也很好地解释了为何和田玉中的无结构羊脂玉以青玉为主，同时也进一步凸显了青玉在玉石界的重要定位和特色——适合精细工艺的雕琢和展现（图 3-45）。

同时，由于青玉多位于接触交代部位，两侧的围岩（母岩）均可能落入其中，同时也易于捕获接触交代形成的各种新生矿物，因而青玉中常显得多姿多彩。例如黄铁矿、磁黄铁矿、石英等矿物的出现，赋予青玉独特的风采，此类含有矿物的青玉也成为许多玉雕师所钟爱的素材（图 3-46）。在这些微妙的变化中，青玉展现出令人惊叹的多样性，为我们带来了无尽的想象空间。

图 3-44　青玉(《点斗》,樊军民作品)

图 3-45　青玉(提链壶,马洪伟作品)

图 3-46　含有磁黄铁矿的和田玉(玉陶器,马洪伟作品)

纵观历史，青玉常以宏伟的大块状呈现，如故宫博物院珍藏的新石器时代的《玉人兽神像》(图 3-47)与清代的《青玉天鸡尊》(图 3-48)，皆凝聚着青玉的神韵。这无疑说明了青玉自古以来就为人所知、所用，其使用历史悠久，贯穿了中华文明的漫长历程。

图 3-47　玉人兽神像

(新石器时代，故宫博物院藏)

图 3-48　青玉天鸡尊

(清代，故宫博物院藏)

3.产地

青玉几乎遍布和田玉的各个产地，无论是山区、河滩还是戈壁地带，都能发现青玉的身影。然而，一些特定产地的青玉因其细腻的质地和油润的光泽，成为顶级青玉的代表。尤其是新疆塔什库尔干产出的黑青玉(俗称“塔青”，见图 3-49)和青海格尔木产出的黑青玉(俗称“青海青”，见图 3-50)，更是享誉盛名。其中，高品质的青海青以其独特的无结构特征，赢得了众多薄胎工艺美术大师的青睐。这些珍贵的青玉，彰显了它在和田玉世界中无可替代的地位。

4.关于黑青玉的特别提示

黑青玉主要产自我国新疆塔什库尔干、广西大化，以及俄罗斯等地。顾名思义，黑青玉因含有过多的 Fe^{2+} 而呈现深邃的颜色，在阳光下宛如墨玉一般漆黑。当用强光手电筒照射玉料表面时，只能看到微弱的光晕。部分玉料中 Fe^{2+} 的含量甚至接近 30%，而当用强光手电筒照射其表面时，几乎无法看到任何光晕。只有在将其切割成毫米级的薄片时，或者在玉料边缘才能透过光线看到绿色的光晕(图 3-51)。显然，黑青玉的透明度与颜色的深浅成反比。

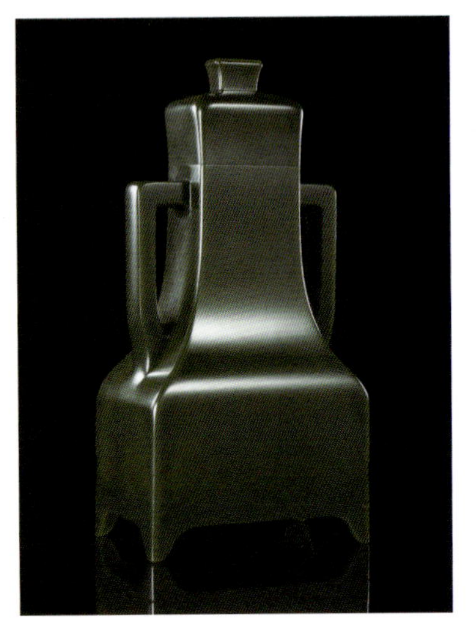

图 3-49　塔青（方瓶，樊军民作品）

图 3-50　青海青薄胎（《消夏图》，茹月峰作品）

图 3-51　黑青玉在强光手电筒下的光晕

关于黑青玉的身份，学界一直存在争议。黑青玉的铁含量过高，导致折射率可高达 1.64，密度甚至超出了目前国家标准中和田玉的密度范围，因此被归类为阳起石质玉或铁阳起石质玉，而非和田玉。然而，当我们仔细观察博物馆中那些精美的玉器时，不难发现，从5000年前新石器时代的祭祀器玉牙璋（图3-52）到清代的观赏器玉盘（图3-53，原器名为碧玉质，但图示接近青玉质），都有大量黑青玉作品。考虑到历史文化传统和黑青玉在现代玉石市场上的地位，或许我们应进一步探讨它在现代玉石产业中的身份和地位。毕竟黑青玉的存在引发了人们对于和田玉美学的思考，其独特的色泽和质地在玉石艺术中呈现出一种独特的韵味和魅力。

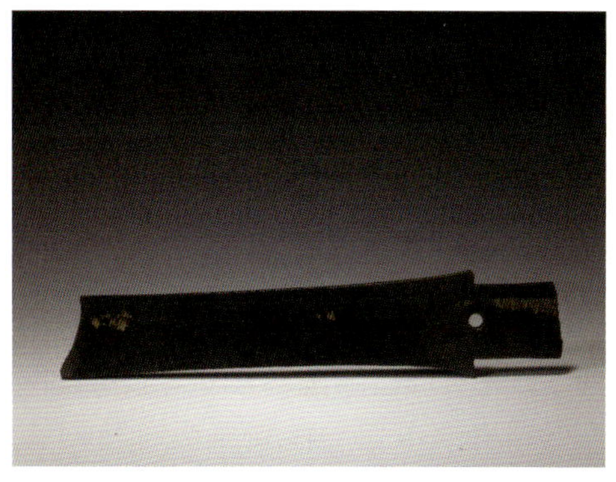

图3-52　玉牙璋（新石器时代，故宫博物院藏）

图3-53　乾隆御题碧玉盘（清代，故宫博物院藏）

（三）青白玉

1.概述

青白玉是一种独特的和田玉品种，其颜色既不纯白，也不纯青，恰如其名，介于两者之间。这使得青白玉的色调范围极其广泛，从淡青色到中等青色，都可以被归入青白玉色调的范畴。

2.特征

青白玉，作为白玉与青玉之间的过渡品种，其透明度、质地和光泽也都处于一个微妙的平衡状态——既有白玉的通透，又有青玉的硬朗和油润感。这种特质让它长期被视为“两不靠”，被排除在高端和田玉市场的门外。然而，2008年北京奥运会金镶玉奖牌中，由青白玉制作的银牌的出现，让青白玉一下子成为人们瞩目的一个新的焦点。

首先，从外观上看，青白玉融合了白玉的洁白和青玉的淡雅。它既不是纯净的白色，也非浓烈的青色，而是一种模糊的中间色调，给予人们柔和温润之感。

其次，在质地上，青白玉继承了白玉的细腻以及温润的质感，同时也带有青玉的硬朗。它的结构不像白玉那样明显，也不如青玉那样细腻，而常呈现出一些细微的纹理，这些细微的变化有时反而赋予了青白玉更加丰富的层次感。

此外，青白玉的透明度也有其独特之处。它既不完全像白玉般透光，也不完全像青玉般浑浊，而是介于两者之间的半透明状态。这种既通透又稳重的质感给人一种神秘而又温柔的感觉。

总的来说，青白玉融合了白玉和青玉的特点，既有白玉的纯净和温润，又有青玉的硬朗和细腻。它色调柔和、质地细腻，呈现出一种独特的美感，成为近年来年轻玉石爱好者和艺术家们追逐的对象。

3.产地

在产有白玉或青玉的矿区，青白玉的身影随处可见，尤以新疆且末和青海格尔木为甚。

然而，近年来白玉资源的日益稀缺，导致人们开始关注那些质地细腻、颜色均匀的青白玉品种。特别是青海格尔木产的"湖水绿"（图 3-54）、"晴水"（图 3-55）等青白玉，成为市场上的宠儿。从这些名词中，不难感受到青白玉完美展现了大自然的美感。凝视它，仿佛凝视着天空和清澈见底的湖水，令人不禁心生"水光潋滟晴方好，山色空蒙雨亦奇"的赞叹。

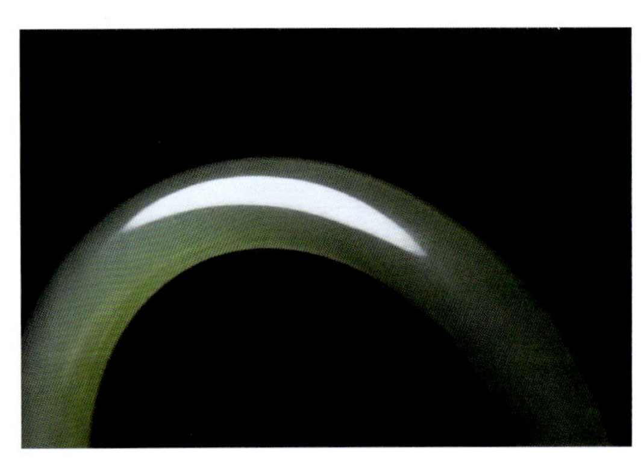

图 3-54　湖水绿青白玉（藏玉 app 提供）

图 3-55　晴水青白玉（藏玉 app 提供）

如今，青白玉犹如一颗被埋藏的珍宝，重新被人们发现，散发出耀眼的光芒。它的独特之处源于其与众不同的特质，它也不再被视为次等品种，而是一种独特的美学表达。它的声誉之所以能迅速崛起，正是因为它能以独特的方式讲述和田玉的故事，唤起追求宁静的人们内心深处的共鸣。

与此同时，青白玉的兴起也让我们意识到审美世界的多样性，以及被遗忘品种所蕴藏的无限可能。它的崛起不仅是对青白玉之美的肯定，更是人们对开放、包容的和田玉审美的呼唤。

（四）黄玉

1.概述

黄玉，即和田玉中主色调为黄色的玉料。明代高濂在《遵生八笺》中曾言："玉以甘黄为上，羊脂次之。以黄为中色，且不易得，以白为偏色，时亦有之故耳。今人贱黄而贵白，以见少也"，这段话更加凸显了黄玉在古代的崇高地位。一方面，"黄"与"皇"谐音，古代帝王常以黄色作为御用色，因此黄玉受到历代皇帝的钟爱（图 3-56、图 3-57）；另一方面，黄玉的产量稀少，使得它成为世间罕见之物，大多数人很少有机会目睹黄玉的美丽。因此，人们才将羊脂白玉视为和田玉的顶级品种，而实际上，黄玉才是真正的珍品，在古代其地位甚至在羊脂白玉之上。

图 3-56　乾隆款黄玉戚
（清代，故宫博物院藏）

图 3-57　黄玉谷纹活心连环璧
（清代，故宫博物院藏）

2.特征

黄玉，虽以黄色为胜，但正黄色黄玉大多或存在于皇宫中，或留存在传说中，市场上罕见，而黄玉的颜色因深浅不同而呈现出蜜蜡黄、米黄、黄杨黄、秋葵黄、黄花黄、鸡油黄、虎皮黄等多样的变化。黄玉的颜色越浓，其价值越高。

黄玉的透明度与青白玉相近，通常具有油润的光泽。值得注意的是，黄玉的透明度和光泽程度与产地有关。来自青海的黄玉通常更透明，光泽更强，而来自新疆等其他地区的黄玉透明度稍低，但油润度更好。

黄玉的结构通常较为明显，但大块的黄玉很难找到。因此，黄玉主要以挂坠的形式出现，而玉牌和手镯等形式相对较为罕见。在市场上，具有细腻结构的正黄色黄玉几乎是稀罕之物，是难以觅得的珍贵和田玉品种。

3.产地

在历史上，黄玉的产地包括新疆和田、若羌、且末，辽宁岫岩以及甘肃马衔山。每个产地的黄玉都有其独特之处，展现出不同的色调和质地。

新疆黄玉子料是稀有又珍贵的品种，其色彩鲜明如正黄，光泽油润动人(图 3-58)。若羌黄玉(图 3-59)则呈现出温暖的黄色调，色彩纯正、均匀，块度完整，玉质浑厚细腻，常常与糖玉相伴，形成糖黄玉的美妙景象。若羌是除了新疆和田玉龙喀什河之外最为珍贵的黄玉产地。

图 3-58　黄玉三羊尊
(清代，故宫博物院藏)

图 3-59　若羌黄玉瓶
(俞挺作品)

且末是新疆地区最大的山料出产地，出产的高品质且末黄口料质地可与若羌黄口料相媲美，但青色调更加明显，多属于青黄口料。此外，还有一些地方如黑山也产出黄口料。

辽宁岫岩的老黄玉(图 3-60)通常带有绿色调，肉眼可见“水痘”状捕虏体。常常包裹红褐色的糖皮，非常适合俏色雕刻。

甘肃马衔山黄玉在历史长河中失踪了 3000 多年，直到 21 世纪初才重新被发现。马衔山黄玉(图 3-61)以青黄色调为主，偶尔出现正黄色。它常常被厚厚的白色石皮所包裹，内部玉质细腻，给人一种古朴而淳厚的感觉。

图 3-60 岫岩老黄玉

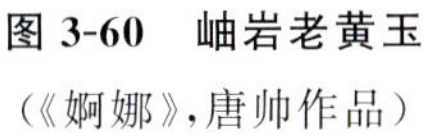

（《婀娜》，唐帅作品）

图 3-61 甘肃马衔山黄玉

近年来，随着勘探开发技术的不断进步，一些新的黄玉宝藏正逐渐揭开神秘的面纱。我国青海格尔木和俄罗斯等地相继发现了珍贵的黄玉资源，给黄玉界带来了新的发展机遇。

其中，青海黄玉主要产自小灶火玉矿，其中的鸡油黄黄玉备受关注和追捧。总体来说，青海黄玉的色调以绿或灰为主，较接近黄口料，真正鲜明的正黄色并不多见。然而，青海黄玉以其水透的特点而闻名于世。它们形成了青、黄交错的完整玉料色系，带给人们无尽的想象和美感。

偶尔，在青海黄玉中还能发现猫眼效应，那流转的眼线为黄玉家族增添了一份神奇的魅力。这些新发现的黄玉资源不仅让人们对黄玉的世界有了更深入的认识，也为喜爱黄玉的人们提供了更多的选择和惊喜。

4.特别提示

1）关于“黄口料”和“青黄口料”

在市场上，我们常常能够找到带有绿或褐色调的黄玉。这些黄玉都属于一种被称为“黄口料”的和田玉。起初，黄口料只指来自新疆和田地区若羌矿的新山料，但后来扩展到包括所有非正黄色的黄色和田玉料。

然而，我们需要特别指出的是，只有以黄色调为主、稍带其他色调的和田玉才能被称为真正的黄玉。如果其他色调过于明显并可被肉眼轻易识别，那么该类和田玉即便依然以黄色调为主，也不能被归为黄玉。举个例子，市场上所谓的“青黄口料”指的是明显带有绿色调的黄色和田玉。然而，从历史的角度来看，无论是从历代黄玉制品的观点出发，还是从现代色度学和玉石学的视角来看，这类玉料都不符合黄玉的定义。

简而言之，带有绿黄色调的和田玉可以被称为黄玉，而带有黄色调的青色和田玉更接近青玉或青白玉的范畴。因此，在讨论黄玉时，我们应该将黄色调较为明显的和田玉作为黄玉的代表。这样的黄色更符合黄玉的定义。

2）关于“黄沁料”

黄沁料是一种因受到外部矿物质（主要是 Fe^{3+}）浸染而从外向内逐渐渗透成黄色的和田玉料。其中，部分黄沁料是黄玉再次受沁而成，它们拥有玉料形成时原生的黄色，是“血统”最为纯正的黄玉子料。

然而，在市场上，更多的黄沁料实际上是由白玉或青白玉表层风化而成，其黄色并不纯正，常常呈现出带有褐色调的褐黄色。同时，这些颜色还会从外部向内部逐渐过渡渐变。因此，无论是从色调、颜色的成因，甚至颜色的分布规律来看，大部分黄沁料与真正的黄玉相差甚远，从科学的角度来看并不适合将其称作黄玉。需要提出的是，颜色鲜艳的黄沁料并不常见，其稀有程度超过了黄玉本身。

（五）碧玉

1.概述

碧玉，是以绿色为基调的和田玉。明代陈仁锡在他的著作《潜确居类书》中提到“玉有五色……碧俱贵”，正是在形容碧玉的珍稀之处。

在色调上，碧玉与青玉相似，但碧玉展现出翠绿色，这是由 Cr^{3+} 所致，而青玉则是暗绿色，其色彩来源于 Fe^{2+}。这两种致色离子的差异使得碧玉和青玉相对容易区分。当将手电筒按压在玉料表面，或者在玉器边部较薄的地方透光观察时，我们可以轻松地辨别出两者的不同：碧玉呈现出一圈翠绿色的光晕（图 3-62），而青玉则呈现出暗绿色的光晕（图 3-63）。这种简单的观察方法让我们能够更好地区分碧玉和青玉。

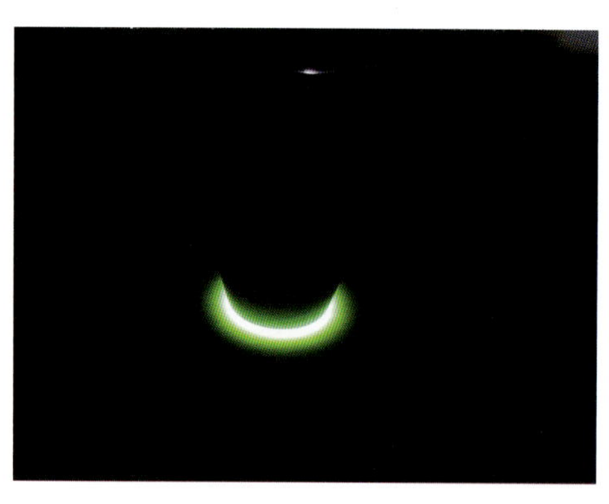

图 3-62　碧玉光晕

图 3-63　青玉光晕

由于地质过程的复杂性，和田玉的某些区域同时存在着 Fe 和 Cr 元素，这就导致在青玉与碧玉之间出现了一种过渡色，使得它们的区分变得困难。实际上，并没有明确的边界来区分它们，一般来说，颜色偏深翠绿的和田玉被称为碧玉，而偏向青灰色的则被归为青玉。

因此，在珠宝鉴定实验室中，若和田玉主要呈现出翠绿色，并且通过吸收光谱观察，发现其颜色是由 Cr^{3+} 引起的，就可以将其定义为碧玉。由于其中 Cr^{3+} 的含量以及其他致色元素如 Fe^{2+} 的含量与相对比例不同，碧玉呈现出了各种颜色，如青绿、暗绿、灰绿和墨绿等。在市场上，这些不同的颜色被赋予了菠菜绿、苹果绿和阳绿等美丽的名称。其中，菠菜绿是最广为人知的一种。

2.特征

碧玉的透明度随着颜色的深浅而变化。浅色（如苹果绿）的碧玉，透明度较高；而深色（如菠菜绿）的碧玉，通常透明度较低。此外，碧玉制品的厚度也会影响透明度，越薄的碧玉制品光线透过的效果越好。

碧玉展现出多种渐变的光泽，有时呈现油脂光泽，有时又呈玻璃光泽。与白玉不同，碧玉因其鲜艳的颜色，在抛高光后更能凸显出其艳丽的色彩。因此，市场上受欢迎的白玉常具油脂光泽，而受欢迎的碧玉则具玻璃光甚至极光（强玻璃光）。

碧玉因含有 Cr 元素而呈现出独特的色彩，内部常常包裹着黑色点状矿物，如铬铁矿。如果一块碧玉没有黑点的存在，那将是十分罕见的，其价格也会相应上涨。

3.产地

根据成因不同，碧玉主要可以分为两种：一种产于酸性侵入岩体的接触带，质地较为纯净细腻；另一种产于超基性岩体的接触带，杂质较多，常常会有黑色的矿物包裹体。两种成因的碧玉广泛分布于世界各地。

1）新疆玛纳斯碧玉

新疆的碧玉原生矿床分布于安集海—玛纳斯—清水河一带，已发现碧玉矿点 6 处，其中以黄台子碧玉矿储量最大、质量最好，另外在河流和冰川的冲积层中也经常可以见到碧玉的子料。清嘉庆年间成书的《三州辑略》称："玛纳斯城南一百余里，名清水泉。又西行一百余里，名后沟。又西行一百余里，名大沟，皆产绿玉。"这一段历史的记载揭示了新疆玛纳斯碧玉矿的珍贵和古老，该矿点产出的碧玉世称"准噶尔玉"或"玛纳斯碧玉"。

玛纳斯碧玉以其暗淡的菠菜绿色而闻名，色调可呈现灰绿、深绿甚至墨绿。质量稍差的碧玉常常夹杂着黑斑、黑点或玉筋。而色彩纯正的墨绿碧玉则被视为中品，非常适合雕刻大型山水摆件或古朴厚重的器皿。在故宫的玉石收藏中，可以找到许多碧玉精品。那些色彩较浅的碧玉通常会带有点状或条状的白斑，色调不够均匀，同时还带有灰色和黑色的斑点或纹路。质地细腻且半透明，呈现出油脂光泽的碧玉，被认为是上品。然而，这种质地细腻、色彩浅淡的玛纳斯碧玉非常罕见。

2）俄罗斯碧玉

俄罗斯碧玉，又称西伯利亚碧玉，其矿脉主要分布在贝加尔湖西南部的 Sanya 山脉东部和 Dzhida 地区，是目前中国市场高质量碧玉的主要来源。有一些资料揭示，俄罗斯碧玉的发现归功于 20 世纪 70 年代的地质学家谢金林，然而，这并不完全属实。在欧洲的一些博物馆中，我们可以目睹许多俄罗斯碧玉制品，它们拥有上百年的历史。这无疑表明，俄罗斯碧玉发现和开采的时间比我们想象的更早。

俄罗斯碧玉矿中的每一个坑口都依据其开采量、开采时期和地点而被赋予了编号。一些大型玉矿甚至拥有上百个坑口。其中最著名的坑口要数 Ospa 矿区的第 7 号坑口。这个坑口因产出的碧玉色彩纯正、料质细腻、块度好且黑点稀少而享有盛名（图 3-64）。然而，令人惋惜的是，在 2009 年第 7 号坑口的矿脉基本上耗尽了，因此可以说，第 7 号坑口的玉料已成为一种无法再得的宝贵材料。而在 2009—2010 年，当第 7 号和第 10 号坑口资源接近枯竭时，主要产量转向了新开采的 32 号、36 号和 37 号坑口。这些相对较新的坑口中的碧玉在中国市场的占有率越来越高。由于开采时间的先后不同，人们将这些坑口出产的和田玉料分别称为老坑料和新坑料。两者的区别主要体现在和田玉的细腻程度和油润度上，新坑料的整体质量不及老坑料。

值得一提的是，俄罗斯产出了世界上目前已发现的最完美的碧玉猫眼（图 3-65），与其他产地的碧玉猫眼不同，它展现出一种令人惊艳的翠绿色。俄罗斯碧玉猫眼结构异常细腻，呈现出完美的猫眼效应。正是这种独特的色彩和光学效果，使得俄罗斯碧玉猫眼在市场上独占鳌头，成为最受追捧的和田玉品种之一。

3）加拿大碧玉

在加拿大—美国边境西北部，延伸千里有余，横贯不列颠哥伦比亚省中部和北部的神秘土地上，孕育了 3 个和田玉矿床集群，它们分别位于南部、中部和北部。如今，不列颠哥伦比亚省遍布着 50 多处和田玉矿点，其中约有 4 个被证实有着丰富的和田玉资源。

直到 20 世纪 60 年代，加拿大的碧玉几乎全部来自次生矿床。然而，第二次世界大战之后，宝石业的快速发展推动了玉石需求量的增加，因此不列颠哥伦比亚省的玉石产量逐渐回升，该地区也成为碧玉市场的重要供应来源之一。随着采矿活动的不断进行，次生矿床渐渐枯竭，但其价值的不断攀升也推动了进一步勘探工作的开展。这些努力最终导致了在毗邻不列颠哥伦比亚省南部弗雷泽河地区、中部奥格登山地区以及最北部卡西尔地区原生矿床的发现。如今，不列颠哥伦比亚省已成为中国碧玉市场的主要来源地之一。

图 3-64 俄罗斯 Ospa 矿区第 7 号坑口碧玉（松鹤延年笔筒，张焕庆作品）

图 3-65 俄罗斯碧玉猫眼

（样品提供：Jeffery Bergman；摄影：Arjuna Irsutti）

加拿大碧玉的颜色多为菠菜绿或咸菜绿，并非鲜艳夺目，黑点较多。此外，加拿大碧玉还常常呈现独特的绿色斑纹（钙铬榴石），这是其显著的产地特征（图 3-66）。然而，我们不能否认，加拿大也产出着品质上乘的碧玉，这些珍贵的玉石源自北极矿（Polar Mine），被誉为北极玉。相较于不列颠哥伦比亚省产出的其他玉料，北极玉拥有更加明亮的绿色，极品北极玉更是通透如帝王绿的翡翠，往往在欧美地区用于制作珠宝首饰。然而，由于产量有限，北极玉如今已成稀缺之宝，难以寻觅。

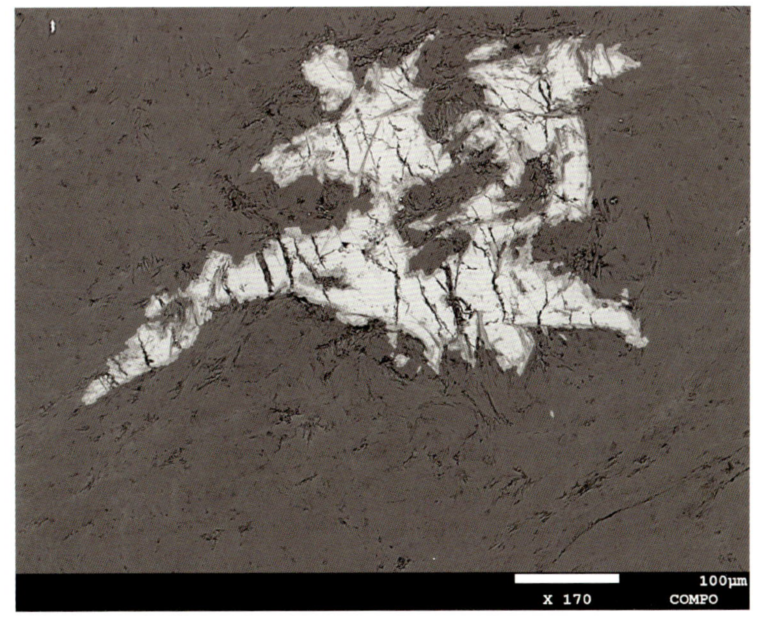

图 3-66 加拿大碧玉中的钙铬榴石（放大 170 倍）

4）台湾花莲碧玉

在宝岛台湾，最著名的一种玉石资源就是和田玉。最初，因为它的主要成分是透闪石，所以被叫作“闪玉”。由于其主要产地在花莲县寿丰乡丰田和秀林乡西林两地，因而也被称为“花莲玉”或“丰田玉”，也有人称之为“台湾玉”，以彰显它是台湾的著名特产之一。

1980年，在南回铁路线的卑南车站（今台东车站）施工期间，人们意外发现大批史前文物，终使埋藏上千年的卑南文化遗址重现。它是台湾发现最早、规模最大的史前遗址，出土的上千件玉器式样繁多且造型变化丰富，包括各式玉玦耳饰、玉管、玉项链、玉镯、臂环等，令人目不暇接，其中的人兽形玉玦更成为台湾史前文化博物馆的镇馆之宝。事实上，在台湾各地的新石器时代文化遗址中发现了不少玉器，根据分析比对，材料皆为花莲丰田及西林地区的和田玉。最近由澳大利亚学者带领的研究团队，分别在菲律宾、越南等地的史前遗址发现了珍贵玉器，无论是观察其外形设计，或是经由精密仪器测试化学成分，均指证其来源为花莲玉。说明早在5000年前，台湾岛上的居民就已经认识到花莲玉之美，缔造出充满谜样色彩的史前玉器文化，且渐渐将其传播至东南亚地区。

然而，花莲玉在很长一段时间内黯然失色。直到1932年，日本人在西林山区发现了石棉矿的蛛丝马迹。随着日本的战败，这项开采工作交由民间团体接手，继续进行。大约在1960年，人们在废石堆中意外发现了碧玉的踪迹。有趣的是，在60年代之前，碧玉只是石棉矿场开采时产生的废石。然而，随后这个矿区逐渐转型，专注于和田玉的开采。在五六十年代，花莲玉曾经为台湾带来了大量外汇。它让台湾一度扬名海外，花莲玉深受日本、欧美人士的喜爱，它开启了台湾玉石加工业的先河。如今，花莲和田玉矿共有两个矿山，占地70多公顷，包括理新、理建、天星和山益等多个矿场。在山脚的溪流中，还隐藏着许多早期开采石棉矿时被抛弃的碧玉。经过半个多世纪的搬运和冲刷，这些碧玉逐渐变得光滑如流水，成为探险者们意外的收获。这一景象令人着迷，吸引着众多游客前来探索。

花莲玉可分为三种：普通玉、猫眼玉和蜡光玉。蜡光玉，也就是我们常说的奶油玉，猫眼玉则是一种具有猫眼效应的和田玉。至于其他的花莲玉，则被归类为普通玉。花莲玉的颜色可分为两大色系，依次为白色—淡黄色色系，以及淡绿色—墨绿色色系。其中花莲碧玉以暗草绿色为主，亦通称为“咸菜色”。最具特色的花莲玉当属猫眼玉，色系较其他产地的更全，有蜜黄、淡绿、翠绿、暗绿、暗褐和黑色等，其中以象征健康的翠绿色为多，而象征财富的蜜黄色猫眼是极品，被称为“金猫眼”，不但少见，价格也不菲。

5）新西兰碧玉

新西兰，一个位于太平洋中的岛国，北濒澳大利亚，由南岛和北岛组成。在南岛山区的偏远地带也产出碧玉。这里几乎没有原生矿，所以大部分碧玉都是次生矿。

由于常年受小溪、河流和冰川侵蚀，碧玉从岩石中脱离出来，以漂砾或卵石的形态出现在河道中，或被冲刷到海岸。因此，我们能在海岸线上看到大量的碧玉。这片碧玉丰富的海域被毛利人称为“碧玉海”。新西兰玉也被称为毛利玉，因为它主要由毛利人加工成器物。

新西兰碧玉的颜色通常为绿色、深绿色、暗绿色和墨绿色，其中一些具有美丽的菠菜绿色，并且透明度通常也很好。新西兰碧玉的特点是黑点较少，但常见雪花状的白色斑纹。高品质的碧玉很难与其他产地的碧玉区分，但产量相对较少。最优质的新西兰碧玉常被打磨成珠链进行销售。

毛利人以色彩、纹饰和透明度来区分不同种类的碧玉。在当地，有四种广为认可的碧玉类型——伊纳喀碧玉、卡胡朗伊碧玉、卡瓦卡瓦碧玉和堂吉怀碧玉。每一种都有独特的外观特征。

伊纳喀碧玉呈灰白色、珍珠白色或灰绿色，透明度从半透明到微透明不等。

卡胡朗伊碧玉是碧玉中最为罕见的一种，透明度高，通常呈鲜绿色。它的名字最初取自“如天空般纯净”之意，而其羽毛状的小斑纹则像云朵般绚丽。“卡胡朗伊”一词也象征着高贵，被用来指代珍贵的珠宝。卡胡朗伊碧玉在毛利文化中备受尊重，过去常被酋长和首领用作重要的礼仪品。

卡瓦卡瓦碧玉是碧玉中最常见的类型，其颜色从深绿到浓绿不一。深色斑纹是其独特之处。该碧玉的名字来源于新西兰常见的一种树，碧玉颜色与树叶颜色相似。卡瓦卡瓦碧玉因其丰富的色彩和纹理而受到喜爱。

堂吉怀碧玉是一种深绿色的碧玉，通常有着鲜明的纹理和斑点。它的名字来源于新西兰一个地名。堂吉怀碧玉被认为是一种强大的护身符和象征着力量的玉石。

6）巴基斯坦碧玉

巴基斯坦碧玉是当前市场上新兴的玉石材料，但其矿区资料至今未公开披露。巴基斯坦碧玉具有丰富的绿色，包括菠菜绿、咸菜绿和苹果绿等。然而，与俄罗斯碧玉相比，巴基斯坦碧玉的颜色稍逊。早期的巴基斯坦碧玉颜色较为暗淡，市场供应量也较大。巴基斯坦产出咸菜绿猫眼碧玉，透明度较高，呈现出黄绿色的冰透效果。

起初，巴基斯坦碧玉并没有引起市场的关注。后来，一批颜色鲜艳的巴基斯坦苹果绿碧玉引起了国内商家的重视。然而，这种碧玉也存在明显的缺点，即普遍存在黑点。巴基斯坦碧玉的黑点形状独特，往往是呈中等尺寸的斑状，分布不规则。然而，真正让巴基斯坦碧玉声名鹊起的是冰底碧玉。“冰底碧玉”属于一个新的词汇，最初可能来自广东揭阳的翡翠商家。最初的说法是“达到冰种翡翠的效果”，然而这些说法都属于翡翠的概念，用来形容碧玉并不恰当。冰底碧玉的特点是颜色均匀，底部通透如冰。

就整体而言，俄罗斯碧玉目前在中国的中高端市场占据着主导地位，而加拿大不列颠哥伦比亚玉料则在低端市场独占鳌头。虽然新疆曾经是最重要的和田玉产地，但碧玉并不是其优势玉种。新疆碧玉的市场份额非常有限，无法与俄罗斯碧玉和加拿大碧玉的产品相抗衡。而台湾花莲玉、新西兰碧玉由于产量较少，除了在当地仍有一些产品出售外，在其他玉石市场上已经渐渐销声匿迹。然而，近期出现的“迪拜玉”（实际产于索马里兰）和巴基斯坦碧玉，却是碧玉市场上新兴的力量，有望成为碧玉界的“主力军”。

（六）墨玉

1.概述

墨玉，是指主体颜色为灰黑或者黑色的和田玉（图 3-67）。科学研究揭示，墨玉之所以呈现这种颜色，是因为含有微小的石墨鳞片包裹体。石墨粉末呈黑色，而其反光面则呈现出银白色的金属光泽。因此，墨玉虽然黑，但在光的照射下，我们常常能够看到银白色的星点状反光（图 3-68），这使得墨玉更加容易被识别。

图 3-67　墨玉笔洗（殷建国作品）

图 3-68　墨玉中的石墨呈银白色金属光泽

2.特征

墨玉中的石墨分布往往并不均匀，因此工艺名称繁多，有乌云片、淡墨光、金貂须、美人须等，但总的来说，墨玉中墨色的形态和分布特征可以分为全墨、聚墨和点墨三种类型。

全墨指的是整块玉料都呈现出漆黑的颜色（图 3-69），纯黑如墨，被视为上品，但十分罕见。

聚墨是指在青玉、青白玉、白玉等中，墨色相对集中的情况（图 3-70）。这种墨色的集聚通常能呈现出一种迷人的效果，黑色与其他颜色之间的对比越明显，墨玉的价值就越高。高品质的聚墨就像一滴墨水滴在宣纸上,美妙而引人入胜。

点墨,顾名思义,指的是黑色以点状零散的方式分布。与全墨和聚墨相比,点墨更多被视为杂质。换言之,除非经过精心设计和特殊的工艺处理(图 3-71),将这些黑点巧妙地利用起来,否则点墨的存在将会影响和田玉的价值。

然而,全墨、聚墨和点墨之间并没有明显的界限。有些玉料的某些部位可能为点墨,而其他部位则为聚墨(图 3-72)。如果将聚墨部分单独截取出来,它又可以被视为全墨。

在墨玉的品质评价中,美观性扮演着至关重要的角色。墨玉的优劣不仅取决于颜色分布,还与整体的美感相关。因此,我们可以说,墨玉的好坏并不仅在于墨色的类型,而且与其整体的质感和视觉效果密切相关。

图 3-69　全墨(《盼归壶》,瞿惠中作品)

图 3-70　聚墨(《竹》,本心作品)

图 3-71　点墨(《苏武牧羊》局部,樊军民作品)

图 3-72　点墨、聚墨过渡(笔洗,殷建国作品)

3.产地

目前,墨玉的产地主要集中在新疆地区,其中包括和田、于田和叶城。这些地方不仅产出山料,还有子料和戈壁料。这些地方产出的墨玉,颜色分布较为鲜明,特别是和田地区的墨玉,与白玉之间的对比和反差非常明显,给人一种独特的视觉冲击感。

青海省的格尔木市也是墨玉的产地之一。相较于新疆的墨玉,青海产出的墨玉颜色更偏向灰黑色调,与白玉的对比和反差不如新疆墨玉那样突出。青海产出的烟青玉中,有一部分玉料主要呈现灰紫色,被认为是由石墨致色的,因此也被归类为墨玉。近年来,这种墨玉料在市场上备受欢迎,因为它展现出独特的色彩和纹理,给人一种神秘而诱人的感觉。

总的来说,新疆地区依然是高品质墨玉的主要产地,而青海的墨玉虽然颜色稍有不同,但其独特的淡雅特点也逐渐受到市场的认可和喜爱。

4.特别提示

1）关于青花

提到墨玉,青花是一个绕不开的名词。按照国家标准,只有当灰黑—黑色占和田玉总体颜色的 30%以上,才能称之为墨玉。从这个角度来看,30%的占比并不算太高,要求并不严苛。然而,墨玉与青玉、黄玉和碧玉不同,它由次要矿物石墨致色。如果石墨的含量过高,必然会导致透闪石的含量降低,进而无法满足和田玉命名标准中对于透闪石含量的要求。因此,国家标准将石墨含量占比不低于 30%作为界定墨玉的要求,这是科学和严谨的。

市场上很多和田玉的石墨含量占比未达到 30%,但由于其色彩分布奇特,常被创作为令人惊叹的艺术品。这些玉料不属于墨玉,但若将其称为白玉或者青玉更不合适,因为这样就失去了展示其以墨色见长的本意。在市场上,现如今开始将由黑和白两种颜色组合而成的和田玉料称为“青花”(图 3-73、图 3-74)。“青花”这个词主要用来形容聚墨料,也就是部分位置被石墨所覆盖的和田玉料,而不论其石墨含量。这个称谓解决了前面提到的矛盾,也是市场一次成功的自我调整。

2）关于黑青玉与黑碧玉

有些青玉和碧玉含有过多的 Fe^{2+} 和 Cr^{3+},使得它们的颜色过于深沉,透明度较差,几乎看不到绿色调,反而呈现出黑色,市场上将它们称为黑青玉(图 3-75)或黑碧玉。由于颜色更接近墨玉,市场上常将其标注为墨玉出售。

然而,由于其致色物质不是石墨,所以从科学角度来看,将其称为墨玉会导致鉴定上的混乱和市场的困惑。因此,我们需要有效区分黑青玉、黑碧玉和墨玉(图 3-76)。在实验室中,通过测定其光谱学特征和化学成分,很容易区分它们。但在市场上,肉眼鉴定成为必备的技能。一种比较合适的方法是将强光手电筒按压在玉料的边缘,观察光晕的颜色:如果是翠绿色,就是黑碧玉;如果是暗绿色,就是黑青玉;

如果是灰色调且能看到细小的黑芝麻点，就是墨玉。

图 3-73　青花（《苏武牧羊》，樊军民作品）

图 3-74　青花（《仿八大山人荷花翠鸟笔意》，邱启敬作品）

图 3-75　黑青玉（《雉钮斧》，马洪伟作品）

图 3-76　墨玉（《深海 · 日升》，本心作品）

（七）糖玉

1.概述

糖玉，顾名思义，是指那些呈现红褐色、黄褐色、褐黄色、黑褐色等色调的和田玉。之所以被称为糖玉，是因为它们的颜色与我们日常食用的红糖颜色非常相似。研究发现，糖玉的色彩是由铁和锰浸染而形成的。

2.特征

在糖玉的世界中，任何呈褐色调都可以被称为“糖”。然而，其中最迷人的要数红褐色和黄褐色，人们亲切地称之为“红糖”和“黄糖”。糖玉通常呈微透明状态，而随着颜色的加深，透明度会逐渐减弱。

糖玉的形成是由于和田玉在地下经历了神奇的化学变化：雨水、地下水以及其他地表水溶液携带着铁和锰等元素，它们沿着裂隙渗透到玉石中。这种奇妙的相互作用使得糖玉成为和田玉中一种独特的存在：糖玉的外部常呈松散的结构，但仔细观察会发现，糖色从外向内逐渐减弱，而质地变得更加细腻。长期以来，糖玉受到地下水的浸润，使得它们的光泽显得格外油润。

由于糖色是后期渗透形成的，因而糖玉与白玉或青白玉常呈现出渐变或过渡的关系，它们之间形成了一种柔和的交融关系：在白玉和青玉的背景下，糖玉处于从属地位。但仔细观察，可以发现它们之间呈现出两种截然不同的效果——或者糖白突变，或者糖白渐变。不论是突变还是渐变，这种特殊的双色玉料常常可用于制作令人惊艳的玉器。

在描述糖色时，我们通常以样品中糖色的百分比作为参考。这种描述方法使我们能够更准确地表达糖色的存在和含量。新疆维吾尔自治区地方标准《和田玉》(DB65/T 035—2010)中，依据糖色在样品中的百分比分别将糖玉(广义)描述为微糖、有糖、糖×玉(如糖白玉、糖黄玉)、糖玉(狭义)四类。

微糖：糖色比例为5%以下(图3-77)。
有糖：糖色比例为5%～30%(图3-78)。
糖×玉：糖色比例为30%～85%(图3-79)。
糖玉：糖色比例大于85%(图3-80)。

图 3-77　微糖（竹海系列之《禅》，本心作品）

图 3-78　有糖（《金玉满堂》，唐帅作品）

图 3-79　糖黄玉（《一鸣惊人》，唐帅作品）

图 3-80　糖玉（《飞翔》，唐帅作品）

3.产地

根据糖玉的地质成因，我们可以得出以下结论：只要和田玉被抬升至地表附近，就有可能受到地表水溶液的浸染和渗透，从而形成外侧的糖玉风化层及内侧未风化的新鲜“玉肉”。因此，理论上来说，糖玉可以在各个和田玉矿中形成。然而，并非所有和田玉矿区都有糖玉产出，这可能是因为糖玉尚未被发现，或者已经在地质作用下被剥蚀殆尽。

糖玉的美丽令人陶醉，每个矿区的糖玉都有其独特的糖色，各具特色。且末以其独特的糖玉而闻名于世，且末的糖玉宛如一颗颗甜蜜的糖果，吸引着人们的目光。新疆的若羌、叶城等地也同样出产令人惊艳的糖玉，它们散发着迷人的光芒。而俄罗斯的糖玉更是市场上的热门，其糖色如同黑巧克力般诱人，内部却蕴藏着纯洁如雪的和田玉。辽宁岫岩的和田玉以独特的糖玉而闻名(图 3-81)，内部蕴含着黄色或青黄色的和田玉(图 3-82)，如同一抹抹温暖的阳光穿透糖玉的外表。

图 3-81 岫岩和田玉矿

图 3-82 外侧糖玉风化层与内侧黄色玉肉

4.关于藕粉料

藕粉料近年来的突然走红让人们不禁惊叹。它如同一缕微风轻轻吹散在市场上，引起了人们广泛的关注和追捧。这种玉石之所以被称为藕粉料，是因为它与我们熟悉的藕粉颜色相似。它的颜色常常呈现出柔和的浅粉褐色(图 8-83)或浅黄褐色(图 3-84)，给人一种温暖而柔美的感觉。

图 3-83 浅粉褐色藕粉料(藏玉 app 提供)

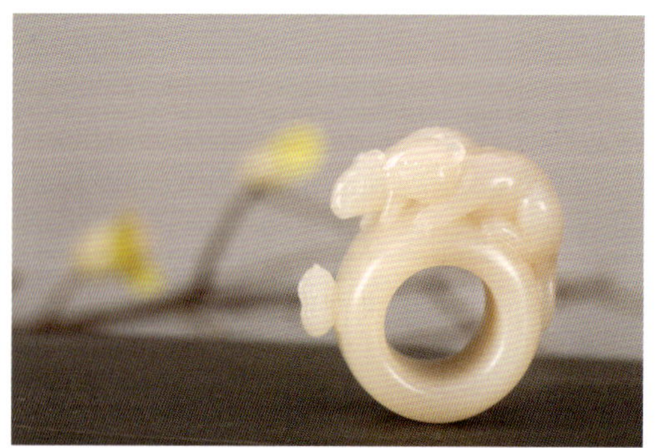

图 3-84 浅黄褐色藕粉料(藏玉 app 提供)

虽然目前还没有对藕粉料进行科学研究的资料，但从它的色调和颜色分布来看，它或许更接近糖玉的范畴。与糖玉不同的是，可能由于藕粉料中的铁、锰元素浸染量较少，因而颜色较为浅淡，呈现出一种调制后的藕粉色。

（八）翠青玉

1.概述

近年来，和田玉中的翠青色品种可谓一鸣惊人。没有其他颜色的和田玉能像翠青玉一样，在短短几年内从无人问津变成炙手可热。翠青玉指的是整体或部分呈浅绿至翠绿色的和田玉，其主要的致色离子是 Cr^{3+}。虽然翠青玉和碧玉在致色原因上并无二致，但是翠青玉中 Cr^{3+} 的含量较低，因此呈现出春天新芽般的嫩绿色，清新可人。这与碧玉浓艳的翠绿色完全不同，因此翠青玉被单独列为一种颜色品种。在国家标准《和田玉　鉴定与分类》(GB/T38821—2020)中，翠青玉首次与白玉、黄玉等重要颜色品种并列，掀起了市场上的收藏狂潮。

2.特征

翠青玉的最大特色莫过于它那标志性的嫩绿色，宛如新芽般细嫩。与碧玉不同，翠青玉常常与其他颜色品种混合出现，最常见的是与白玉、青白玉或烟青玉相伴，偶尔出现在藕粉料上，呈现出多色玉石的独特魅力。根据国家标准《和田玉　鉴定与分类》(GB/T38821—2020)，绿色部分不低于5％的和田玉，才能被称为翠青玉。

3.产地

翠青玉虽然有多个产地，但最初被人们所关注，是由于青海格尔木矿。笔者于2003年进入青海三岔口玉矿时，翠青料常被视为废料而被丢弃，并未引起人们的关注。当翠青料被磨制成成品后，尤其是玉牌和手镯等(图3-85、图3-86)，俏色效果好而引起了一些藏家的关注。

目前除了青海外，在俄罗斯，以及我国新疆的于田、和田地区，也发现了翠青玉(图3-87、图3-88)。但目前以青海所产的翠青玉颜色最为惊艳，也最受市场欢迎。

4.特别提示

目前市场上存在着一种将绿色棉点或绿色围岩残斑误认为翠青玉的情况。然而，这种所谓的"翠青"实际上是由杂质矿物中的 Cr^{3+} 引起的。真正的翠青玉是由透闪石矿物中的 Cr^{3+} 所致色。这两者在意义和成因上存在着明显的区别，因此我们需要有效地加以区分。而区分的方法非常简单，只需用肉眼或放大镜观察绿色的分布情况，若绿色存在于杂质矿物之上(图3-89)，则不是翠青玉。这样就能够清楚地辨别出来。

图 3-85　翠青玉牌(《不知春光早》,樊军民作品)

图 3-86　翠青手镯(《一花一世界》,杨曦作品)

图 3-87　于田翠青山料

图 3-88　和田翠青子料

(九) 烟青玉

1.概述

和田玉中存在着浅至深的灰紫色、紫灰色以及烟灰色等色调的品种,这些颜色的形成主要归因于锰元素的存在。烟青玉在早期一直被误认为是青花山料,因为其灰黑色的外观确实与和田青花玉相似,但成因和形成过程却有明显的差异。

图 3-89　绿色杂质矿物致色的和田玉

2.特征

烟青玉的颜色变化较为丰富，主要呈现灰黑和茄紫两种色调。对于茄紫色的研究表明，它的颜色源于 Fe^{3+} 和 Mn^{4+}，也有学者认为与 Ti^{4+} 有关。由于茄紫色和田玉的致色原因不同于墨玉，因此我们不能将其归类为墨玉，称为烟青玉更科学。

而对于灰黑色的烟青玉来说，它的颜色主要源于细小而广泛分布的石墨矿物，由于石墨颗粒过于细小且分布较为稀疏，因而造成了灰蒙蒙的外观，似烟似雾。因此，从颜色成因的角度来看，灰黑色的烟青玉符合墨玉的定义。然而，由于它的颜色相对较浅灰，不如"墨"那样深沉，所以是否可以将其命名为墨玉也是一个值得探讨的问题。

烟青玉可以独立出现，也可以云团状的形式出现在白玉中。有时甚至可以在烟青玉中看到翠青色以云团状的方式出现。此外，在烟青玉中常常能够发现白色的棉点，形成了宛如雪花般的效果。烟青玉虽然底色暗沉，但却成为一些线刻冬雪题材的理想玉材，既凸显工艺，又呈现出独特的视觉效果。

3.产地

烟青玉是一种独特的玉石材料，它仅存在于青海地区，至今尚未在其他产地发现。因此，当我们在和田玉中发现烟青色，尤其是带有紫色调的烟青色时(图 3-90)，几乎可以确认它来自青海。烟青玉的这种色彩就像一抹神秘的风景，展现出了青海料的独特之美。

（十）粉色和田玉

1.概述

在和田玉中，粉色是一种极为罕见的颜色，它可以呈现出浅粉色到深粉色。这种

图 3-90　茄紫色烟青玉

罕见的颜色品种为和田玉增添了一抹柔美的色彩——浅粉色给人一种清新纯洁的感觉,而深粉色则散发着一种妖娆的魅力。

粉色的和田玉是稀有与美的结合,它们的出现让人们感受到大自然的神奇与和田玉的多彩。

2.特征

青海产的粉色和田玉偶尔会与藕粉玉伴生(图 3-91),也偶尔会出现黄褐色的枝蔓晶。粉色俄罗斯料内部则通常会出现大量水草纹。

图 3-91　青海粉色和田玉与藕粉玉伴生

3.产地

粉色和田玉主要在俄罗斯被发现，而在青海的藕粉玉中只偶尔会在局部位置出现。粉色和田玉的出现如同大自然的礼物，它们的美丽和稀有性令人惊叹。

4.特别提示

1）桃花子料（直闪石质玉）

桃花子料，又称粉玉或桃花玉（与市场上常见的蔷薇辉石质桃花玉同名不同质），它以卵石状的次生矿形式呈现，主要产于新疆。这种玉料质地油润，细腻如绸，它的颜色从淡粉到粉红不等，当显微结构呈现定向或微弱定向时，还能反射出丝绢般的光泽。尽管与和田玉子料相比，桃花子料在质地和光泽方面稍稍逊色，但它仍然令人倾心。关于它是否属于和田玉曾经存在争议，但经过科学分析测试后，发现其主要成分是直闪石，与透闪石不同。因此，这类玉石目前被称为“直闪石质玉”。虽然这类玉石不属于和田玉家族，但由于其迷人的颜色和可观的质地，桃花子料依然成为一种值得收藏的新玉石品种。

2）粉斑玉

如今，粉斑玉在多个产地被发现，包括韩国、俄罗斯，以及我国的新疆（且末）和青海。韩国料中的粉色部分通常以条纹或大圆斑纹的形式展现；俄罗斯料中的粉色部分多以密集的点状呈现；且末料中的粉色部分呈现出嫩粉和鲜艳的色调，通常以不规则的团块状形式存在；而青海料中的粉色部分颜色较浅，呈现粉白色，主要以礓带的形式出现，偶尔在青海黄口料中以“纱线”的形式闪现。这些粉色斑点或斑纹主要由黝帘石矿物形成，因此是次要矿物造成的颜色，与由元素替代致色的透闪石质粉色和田玉不可视为同一品种。然而，由于它们仍属于透闪石类，我们可以将其视为一种特殊品种的和田玉。这些粉斑玉的存在丰富了和田玉的种类，为玉石收藏爱好者带来了更多的选择。

（十一）紫色和田玉

1.概述

这里所指的紫色和田玉与烟青玉中的茄紫色不同，它呈现出一种粉紫色调（图 3-92、图 3-93），相较于粉色和田玉更加罕见。

2.特征

通常，紫色部分只出现在和田玉的局部位置，分布并不均匀。有时，紫色部分会与粉色和田玉或青玉呈现出渐变过渡的效果，更增添了一丝神秘和变幻的美感。

图 3-92　紫色和田玉(产地:俄罗斯)

图 3-93　粉紫色和田玉(产地:未知)

3.产地

目前,罕见的紫色和田玉只在俄罗斯被发现。虽然有关紫色和田玉原石的报道存在,但迄今为止,只有极少数样本可供研究,科学界尚无相关研究成果的报道。正是这种稀缺性使紫色和田玉更加神秘而引人遐想。

(十二)蓝色和田玉

1.概述

在和田玉中,蓝色有两种不同的呈现形式。一种是青玉中带有蓝色调,这种玉在市场中俗称“蓝调青玉”(图 3-94);另一种是以石皮形式存在的蓝色,这种带皮玉料俗称“蓝皮料”(图 3-95)。这两种蓝色的存在为和田玉增添了一丝神秘而迷人的色彩。

图 3-94　蓝调青玉(大风壶,樊军民作品)

图 3-95　蓝皮料

2.特征

蓝调青玉以青玉为底色,蓝色调渗透其中,形成了一种独特的色彩效果。不同产地的蓝调青玉色调略有差异，这主要是因为底色的叠加受到产地差异的影响。而蓝皮料则几乎只存在于黄口料的外缘，它如同一层薄薄的蓝色皮壳，为黄口料增添了一份与众不同的魅力。这些蓝色的存在使和田玉颜色品种更加多元化。

3.产地

著名的蓝调青玉产区之一是且末，这里的蓝调青玉常常被包裹在糖玉中，展现出较为明显的蓝色。

另一个与蓝调青玉相关的产地是青海，蓝调玉石的概念便源自此处。如今，青海的蓝调青玉已成为青海料中最珍贵的品种之一。

俄罗斯和田玉山流水和山料中也存在着蓝调。在碧玉原料的边缘位置，部分玉料的颜色转变成了瓷白色，它与碧玉的底色对比，形成了一种瓷蓝的质感，这类玉料被称为“碧玉根”。而鸭蛋青和沙枣青这两种著名的和田玉品种，实际上也带有蓝色调。因此，俄罗斯料中的蓝调青玉与碧玉共生是相对常见的。

韩国料中也存在着蓝色调。其中一些韩国料的蓝色，比且末料、青海料、俄罗斯料中的蓝色更浓郁，几乎不受糖色的影响。放大观察时，可发现蓝调韩国料呈现出米粒状的特征结构。

在溧阳和田玉中，偶尔也会发现蓝色的品种。这些蓝色和田玉呈现出浓郁的色彩，但产量很低，常常伴有虱卵状的杂质。

至于蓝皮料，目前只在青海发现，主要存在于黄口料中。蓝皮料的部分呈现出浓郁的蓝色，非常适合雕刻出俏丽的色彩。市场上曾出现过一批蓝皮料，但它们的出现仅持续了不到两年，之后便难以再见到它们的踪影。

第三节 和田玉的特性

羊脂玉是品质最好的和田玉吗？“玉碎人安”这句话是否暗示和田玉易碎？和田玉是否具有放射性？这些问题一直困扰着众多玉石爱好者和藏家，人们对此充满了疑惑。

上述问题涉及和田玉独有的特征，这些特征主要体现在材料科学的层面上。要从科学的角度看待这些特征（包括物理性质和化学性质），它们会对和田玉的价值和品质产生重要影响。

首先，和田玉的物理化学性质决定了它独特的外观特征，如色彩、光泽、纹理等，这些都是难以仿造的。这些特征是大自然的印记，可以让我们感受到和田玉的真实与独特。因此，通过仔细观察和田玉的这些特征，我们可以判断其真伪。

其次，和田玉的众多光学特征赋予了它独特的美感。细腻的质地、柔和的光泽以及多变的色彩，使得和田玉成为令人喜爱的艺术品。欣赏和田玉的过程就像是解读一幅艺术品的奥秘，每一个微妙的特性都承载着独特的故事，引人入胜。因此，和田玉的外观特征不仅是鉴别真伪的依据，更是我们欣赏和田玉之美的窗口。它不仅决定了其外观的魅力，也赋予了它观赏的价值，使其成为人们收藏和欣赏的珍品。

最后，和田玉的物理特性在工艺加工中发挥着重要的作用。致密而坚韧的质地，让雕刻师傅们可以放心驾驭刻刀，将各种想象变为现实，而不用担心加工过程中的开裂与崩口。所以，无论是细腻的纹理还是复杂的图案，都能在和田玉上表现出来，呈现出无与伦比的精致与艺术效果。而和田玉那独特的自然纹理和色彩，更是艺术家们创作的源泉，为艺术家提供了创作的灵感和广阔的可能性。

因此，和田玉的各项物理化学特征不仅为其材料真伪的鉴别提供了便利，更开启了对其品质进行评价的科学之门。它的致密结构和高韧性使得工艺加工更加顺畅，创作出的工艺品更加精细和复杂；而其自然纹理和色彩则为艺术家们提供了丰富的创作灵感和广阔的创作空间。和田玉的物理特性与艺术创作紧密相连，使和田玉成为一种独特而珍贵的艺术材料。

一、质地（结构）

和田玉的质地是由我们对其观感和触感的综合体验决定的。观感指的是我们能否肉眼观察到和田玉中矿物的粒径大小，用来描述其细腻程度。而触感方面，人们常用“密度”一词来形容，但此处的“密度”并非指物理学中的质量与体积的比值，而是指和田玉中矿物纤维之间的紧密程度。因此，质地的核心概念在于和田玉中透闪石矿物的形状、大小以及镶嵌的紧密程度。在古代，人们常用“缜密以栗”来形容和田玉的结构特点，表达其细腻且紧致的特质，犹如我们日常生活中羊绒织成的毡子一般。因此，市场上常形容它为“毛毡状结构”。然而，通过电子显微镜的观察，我们发现透闪石纤维的宽度通常都在 10 μm 以下（1 μm＝10^{-3} mm，见图 3-96），甚至在质地细腻的和田玉中，纤维的宽度不到 1 μm。这个尺度已经远远超出了人眼的分辨能力范围，因此我们无法通过肉眼或放大镜观察到这种“纤维交织结构”。通常，我们所能看到的是显微纤维交织结构所呈现出的宏观上的棉絮状结构（图 3-97），类似于棉花团在水中分散开的模样。相反,如果我们能够明显地看到透闪石矿物纤维,这反而代表着和田玉的结构相对较松散,“密度”较低。

图 3-96　显微结构:交错编织的透闪石纤维
(俗称:毛毡状结构)

图 3-97　宏观表征:棉絮状结构

除了纤维交织结构外,个别矿区的和田玉或和田玉的特定位置受到定向构造挤压应力的影响,导致透闪石纤维呈现密集、平行和定向排列的特征(图 3-98)。这种特殊排列形成了猫眼效应(图 3-99),给人一种迷人而神秘的感觉。

图 3-98　显微结构:平行的透闪石纤维

图 3-99　宏观表征:猫眼效应
(藏玉 app 提供)

二、密度

在学术界中,和田玉的密度是指单位体积内的质量,与商贸中所称的“密度”不同。商贸中的“密度”主要指的是和田玉的结构紧密程度。虽然这两种密度的概念不同,但它们之间存在一定的联系。例如,结构越紧密,孔隙度就越低,自然而然地,单位体积内的质量也会更高。

在学术上，和田玉的密度与透闪石含量、Fe 和 Mg 类质同相替换的程度、次要矿物的种类及含量等密切相关。因此，不能简单地将学术上的高密度对应于商贸中的高密度，也不能简单地认为高密度就意味着高品质。然而，有一点是可以确定的，即无论是在学术领域还是商贸中，低密度通常意味着品质不高。因此，在鉴定或选购和田玉时，密度是一个重要的考量因素。

根据国家标准《珠宝玉石 鉴定》(GB/T16553—2017)，和田玉的密度被厘定为 2.95(+0.15，−0.05)g/cm³，也就是说，密度应在 2.90～3.10 g/cm³ 之间。对于这个密度范围，我们在鉴定工作中使用时，有以下三个方面需要特别注意。

(1) 不同颜色品种的和田玉密度范围不同。以白玉为例，其密度通常为 2.90～2.97 g/cm³；而青玉由于含铁量较高，密度为 3.00～3.10 g/cm³；青白玉则介于这两者之间。碧玉含有 Cr 元素，通常密度约为 3.00 g/cm³，虽然因绿色深浅不同可能会稍有变化，但变化范围不大。因此，如果所测白玉的密度超过了 3.00 g/cm³，或者青玉的密度低于 2.95 g/cm³，即使仍在国家标准规定的密度范围内，我们仍然应该引起警觉：是否存在纯度不够的问题？进而，是否能够被称为真正的和田玉？

和田玉的密度在鉴定和评估中也能起到一定的作用。对于大家关注的高品质白玉而言，其密度通常在 2.92～2.97 g/cm³ 的狭小范围内，这是一个有趣的现象。这意味着密度在一定程度上可以作为白玉品质的参考指标。此外，白玉子料的密度通常稍高于山料，约为 2.95 g/cm³，接近纯白玉的密度上限。这对于缺少风化皮特征子料的鉴定，起到了一定的指示意义。

因此，尽管密度受到多种因素的影响，无法作为绝对的鉴定依据，但仍然具有一定的参考价值，可以用于判断和田玉的真伪或对其品质进行评价。

(2) 受不同次要矿物品种的影响，和田玉的密度会有所不同。例如，墨玉中含有石墨，所以密度可以低至 2.66 g/cm³。而带有黄铁矿的和田玉(俗称“金星料”)，密度可能超过 3.10 g/cm³，超出了国家标准的范围。尽管有时无法获得经过计量认证的和田玉鉴定证书，但它们在市场上仍被广泛视为特色的和田玉品种。

(3) 不同产地的和田玉具有不同的密度。其中，一些产地所产的部分透闪石质玉的密度低于 2.90 g/cm³，尤其以贵州罗甸为典型。这主要是因为部分玉石的结构相对疏松，导致其密度稍低于正常范围的下限。然而，贵州罗甸玉中品质较高的玉石，其密度仍然在国家标准规定的密度范围内。

另一类和田玉的密度通常高于 3.10 g/cm³，甚至超过 3.20 g/cm³，超出了国家标准所规定的范畴，塔什库尔干黑青玉和广西大化黑青玉就是其中的典型代表。这类黑青玉通常含铁量较高，其矿物成分属于阳起石，甚至是铁阳起石。然而，尽管如此，它们的质地却极为细腻，因而受到许多玉石雕刻大师的喜爱。故宫博物院收藏了多件石器时代至乾隆时期的黑青玉制品，而苏州的马洪伟大师雕刻的黑青玉双羊尊则被大英博物馆所购藏。这一系列事例都表明收藏市场对这类阳起石、铁阳起石质玉石的认可和欣赏。

三、硬度

1.相对硬度（摩氏硬度）

矿物的硬度是指其抵抗外界物体刮削的能力，通常使用摩氏硬度（Mohs hardness）进行标示。摩氏硬度法是德国矿物学家腓特列·摩斯（Friedrich Mohs）于1812年提出的一种方法，将自然界常见的10种矿物按硬度高低分为10个等级，每个等级对应不同的硬度值。硬度较高的矿物可以刮削硬度较低的矿物，反之则不行。

由于玉石中通常含有多种矿物并且矿物之间的镶嵌结构和紧密程度会影响硬度，因而玉石的硬度常常在一定的范围内。以和田玉为例，其摩氏硬度为5～6。其中，若铁等金属元素含量较高，或含较多高硬度矿物（如石英等），则和田玉的摩氏硬度相应也较高；若含较多低硬度矿物（如碳酸盐矿物等），则和田玉的摩氏硬度相应也较低。

2.绝对硬度（维氏硬度）

如果将摩氏硬度视为相对硬度的话，那么压入硬度就可以被看作绝对硬度。压入硬度是通过在矿物表面上施加单位面积内的压力来测量的，但通常需要在显微镜下进行，也被称为显微硬度。它是由英国史密斯和塞德兰德于1921年在维克斯公司提出的，因此也被称为维氏硬度。测试方法是使用一个具有136°相对面间夹角的正四棱锥金刚石压头，在给定的载荷作用下压入被测试样品表面，然后保持一段时间后卸除载荷，测量压痕的对角线长度，从而计算出压痕的表面积，并最终求得压痕表面积上的平均压力，即金属的维氏硬度值。

与摩氏硬度相比，维氏硬度更能准确地表达玉石的真实硬度，因为摩氏硬度的每个级别之间的差异并不一致，不能简单地将摩氏硬度2级视为1级硬度的2倍。通过科学测试，发现新疆和田玉和青海和田玉的绝对硬度值为445.597～621.676 kg/mm^2（表3-1），这意味着即便以目前世界上最硬的金刚石尖锥为工具，在和田玉表面形成1 mm^2的压痕也需要施加约半吨的压力，这显示了和田玉的硬度之高。然而，令人困惑的是，和田玉却被称为“软玉”，这使得许多初学者产生误解。

表 3-1 显微硬度测试数据表 单位:kg/mm²

样品编号	硬度最小值	硬度最大值	硬度平均值
青海和田玉—01	470.118	596.985	578.173
青海和田玉—02	500.377	621.676	568.688
新疆和田玉—01	516.373	592.223	545.747
新疆和田玉—02	445.597	603.018	525.008

维氏硬度的引入为我们提供了一种更准确地量化评估玉石硬度的方法,便于进一步研究和了解和田玉的物理特性和品质优劣。这对于和田玉的鉴定和研究具有重要意义。

首先,和田玉作为一种珍贵的玉石,常常受到市场上大量仿制品的困扰。通过测试其硬度,我们可以初步辨别真假。和田玉具有高硬度,能够抵御常见的刮擦和磨损,而仿制品的硬度较低,容易受损。因此,仿制品经过长时间的放置,表面会出现各种划痕,导致光泽变暗;而和田玉即使历经千年的磨砺,表面依然保持光滑如新。有经验的鉴定师仅凭借观察玉料的反光,就能轻松辨别和田玉的仿制品。

其次,和田玉是一种稀有的珍品,由于硬度较高而耐久性强,不易受到损害,因此,可以长期保持外观的美丽,具备极高的保值和升值潜力。在中国这个讲究传承的国度,和田玉被广泛用于古代士大夫阶层,被视为君子的标配和家族传承的信物,可谓华夏祖先在众多玉石中自然选择的结果。

再次,和田玉的高硬度使得雕刻师傅可以制作出更加精细的雕刻作品,实现许多其他普通石头无法承载的精细工艺,如薄胎工艺等。这为玉雕艺术的充分表达奠定了材质基础,也使得和田玉成为人们赏玩和收藏的宝贵之物。

最后,和田玉在中国文化中具有重要的地位和象征意义。其高硬度代表着坚韧和坚持的品质,和田玉被视为吉祥、幸运和长寿的象征。正如《礼记·玉藻》所言:"君子无故,玉不去身"。和田玉以其高硬度和独特的美感,永远陪伴在君子身边。

四、韧性

韧性,指玉石内在的结合能力。如果说硬度代表玉石抵挡刻划的能力,那么韧性就代表它抵御变形和断裂的能力。对于玉石爱好者来说,他们希望所收藏的玉石在使用和收纳过程中既不易磨损,又不容易摔坏。而和田玉恰好具备这两个特质,使其成为一种独特而卓越的玉石。

众所周知，大多数宝石作为单晶体矿物，都非常脆弱，因为它们通常存在解理。因此，宝石需要被细心保护，不能与坚硬的物体碰撞。然而，和田玉是个例外。它的韧性不仅取决于透闪石矿物本身的特性，还受到透闪石纤维交织结构的加持。就像毛线本身虽然柔软，但一旦被编织成毛衣，就很难轻易撕破。因此，通常具有纤维交织结构的玉石普遍具有出色的韧性。这也解释了为什么玉石的硬度稍逊于许多贵重宝石，但在韧性方面却更胜一筹。根据世界上关于宝玉石韧度的数据，以韧度 10 为基准，和田玉的韧度可达 9，祖母绿为 5.5，萤石仅为 2。经过科学计算，和田玉的抗压强度可达 6541 kg/cm^3，甚至超过了用于抗震建筑的钢材。这个数字令人惊叹，也更加展示了和田玉的卓越品质。

虽然古人未能以科学手段获取和田玉韧性的准确数据，但他们却能巧妙地捕捉到和田玉韧性好的特点，并创造出和田玉独特的佩戴文化。正是因为和田玉韧性好，古代君子常常佩戴两块玉，谓之珏。当君子行走之际，双玉相碰，发出悦耳的音响，以提醒佩戴者要像和田玉一样坚韧不拔。通过这种佩戴方式，将和田玉的韧性转化为君子气节和品格的象征。这何尝不是和田玉展现的最独特的韧性之美？

五、光泽

光泽是指和田玉表面对光的反射能力。它描述了和田玉表面的光亮程度、光线的反射方式以及反射光线的特点。作为矿物的集合体，和田玉的光泽受到多种因素的影响，呈现出千变万化的美态。

这些因素包括透闪石矿物纤维之间的空隙和相互关系，以及其中杂质矿物与透闪石矿物的折射率差异等。这些因素与光的反射效应相互叠加，使得和田玉光泽呈现出多种不同的强度和效果，赋予了和田玉独特的美感和魅力。

根据光泽的不同特征，我们通常将和田玉的光泽分为油脂光泽、玻璃光泽和蜡状光泽。

1.油脂光泽

油脂光泽无疑是自古以来最受欢迎的和田玉光泽。古人形容和田玉“温润而泽”，指的就是它那具有浓郁油脂特质的光泽（图 3-100）。这种光泽柔和温暖，既不过于刺眼，也不如蜡质般黯淡，给人以舒适宜人之感。值得注意的是，具有油脂光泽的和田玉也被称为羊脂玉，但这里的“羊脂”指的仅仅是光泽，而不一定是指白玉。因此，我们可以听到羊脂糖玉、羊脂黄玉等不同的说法。

2.玻璃光泽

玻璃光泽是和田玉中颇具争议的一种光泽。有些人称之为“贼光”，显然带有一种贬低的色彩。然而，需要解释的是，“贼光”多形容的是白玉中出现的玻璃光泽。对于色彩鲜艳、充满活力的彩色和田玉而言，高亮度所呈现的效果有时甚至超过其他光泽。因此，当我们审视玻璃光泽时，或许需要先区分评价的对象——对于白玉、黄玉、糖玉、青玉等，毫无疑问油脂光泽占据主导地位；而对于碧玉，可能玻璃光泽反而能成就其独特的明艳色泽(图 3-101)。至于墨玉，通常则须根据具体情况来决定，需要考虑墨色的分布面积以及雕琢的主题等因素。

图 3-100　油脂光泽

(《弥勒》，侯晓峰作品)

图 3-101　玻璃光泽

(《蜓落》，马瑞作品)

3.蜡状光泽

蜡状光泽可以说是和田玉中最为常见的光泽。相对于油脂光泽而言，蜡状光泽或许稍显平淡(图 3-102)。然而，若将蜡状光泽的和田玉巧妙地设计成蜡烛或烛台等作品，反而能够展现出其独特光泽所带来的韵味。这种设计巧思将光泽与形态相结合，使得和田玉在细腻的光线中散发出柔美的光芒，犹如蜡烛般温馨动人。

除了前述的三种常见光泽，和田玉还存在一些特殊的光泽类型，介于它们两两之间。举例来说，米达料就常呈现出一种介于蜡状光泽和油脂光泽之间的过渡光泽，类似于糯米发糕，它的特性让许多藏家爱不释手。再如罗甸料，由于其稍弱的透明度和细腻的结构，展现出一种介于油脂光泽和玻璃光泽之间的瓷状光泽(图 3-103)。而透闪石纤维的定向排列，偶尔还能在和田玉表面呈现出丝绢光泽。

与此同时，和田玉的光泽在很大程度上还取决于加工时所使用的打磨方法和技巧。正因如此，玉石的亮度可进一步细分为灿光(极光)、灼光、闪光和弱光四种类型，这取决于其对人眼视觉的直接刺激程度。可以说，玉石的内部结构往往决定了它所能达到的最高亮度，而随后的打磨工艺则决定了除最高亮度之外的其他光泽效果。因此，选择何种打磨工艺，以达到何种光泽效果，常常需要根据玉雕的主题而定。一件出色的玉雕作品，其光泽不应该是单一的，而应能展现出多样的韵味和层次。譬如在一些打磨精致的人物件中，皮肤、衣着、发饰等不同位置打磨的光泽效果均不一样。也正是和田玉这种光泽上的多样性，使得每一块和田玉甚至和田玉的每一个部分都能成就其独特的光芒，让人为之倾倒，赋予和田玉以生命和灵性。

图 3-102　蜡状光泽

图 3-103　瓷状光泽

六、透明度

和田玉的透明度是指在光线的照射下，光线能够透过和田玉并穿过它的程度。透明度的级别可以根据光线透过的程度来划分，包括半透明、微透明和不透明。半透明的和田玉具有良好的透光性，能够让部分光线透过，使得背景物体的轮廓清晰可见；微透明的和田玉透光性一般，只有极少量的光线能够透过，导致背景物体的图像轮廓模糊不清；而不透明的和田玉则不允许光线透过，使得背景物体完全被遮挡。

和田玉的透明度是一个复杂而微妙的问题，需要根据具体情况进行分析。在同一颜色品种的和田玉中，透明度的好坏通常取决于透闪石的纯度、纤维的细度和排列的定向性，以及存在的裂纹数量等因素。如果一块和田玉的透闪石含量高，纤维细腻且有规律地排列，裂纹较少，那么光线能够自由地穿透，展现出较好的透明度（图 3-104）；而一些和田玉可能因为含有杂质矿物（如石花、石脑等），透闪石矿物的排列较为松散，或存在较多的裂隙，这些因素常常导致光线在其内部散射或被阻挡，从而显示出较低的透明度。

在不同颜色品种的和田玉中，透明度与其颜色的色调和深浅密切相关（图 3-105）。一般来说，墨玉和青玉的透明度稍逊一筹，而白玉和黄玉的透明度较高，碧玉和糖玉则介于两者之间。此外，和田玉制品的厚度也会影响透明度。因此，在工艺制作上，白玉不宜琢磨得过薄，因为过薄会使白玉显得轻飘而失去了和田玉的浑厚感（图 3-106）；而青玉因为透明度稍弱，适合制作薄胎制品，以将青玉的颜色更好地展现出来（图 3-107）。

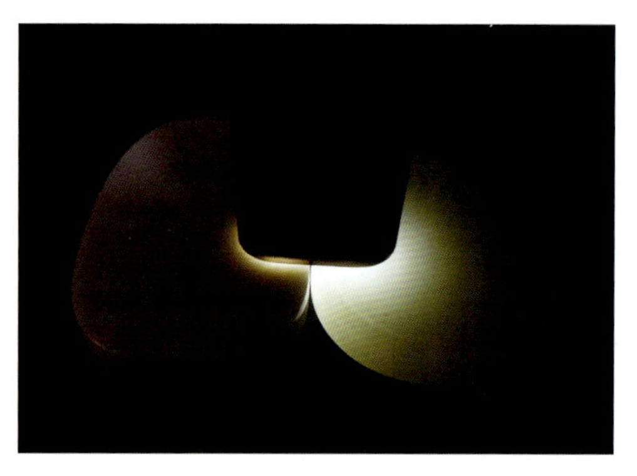

图 3-104　同种颜色，质地越细腻透明度越好
（白玉，左粗右细）

图 3-105　不同颜色，颜色越浅透明度越好
（青玉，左浅右深）

图 3-106　白玉宜做厚胎
（白玉炉，樊军民作品）

图 3-107　薄胎宜选青玉
（《虾趣》，茹月峰作品）

和田玉的透明度是玉石学研究中一项重要的内容，也是人们在购买和田玉时评判其品质的重要指标之一。总体而言，和田玉属于不透明到半透明的范畴，大多数呈微透明的状态。购买和田玉所追求的是一种灵动与浑厚稳重的平衡。灵动意味着它不可完全不透明，以免显得呆板无趣；而浑厚则要求它不应过于透明，强调的是一种凝润而厚实的感觉。因此，半透明或微透明的效果是最理想的。这种适度的透明度增强了和田玉的温润感，也增添了一种内敛而神秘的氛围。和田玉透明度的多样性使得每一块和田玉都具备独特的魅力和价值。对于一件和田玉作品而言，透明度的高低不仅反映了和田玉的质量，也展示了大自然的神奇和人类进行艺术创作时的智慧。

七、特殊光学效应

在玉石中，特殊光学效应较为罕见。但幸运的是，和田玉中常可见到猫眼效应，偶尔可见月光效应。

1.猫眼效应

猫眼效应，一种奇特的光学现象，源自和田玉中透闪石矿物纤维的定向排列。当阳光洒落在和田玉上，微长的透闪石纤维便反射出光线，在表面会聚成细长而明亮的线条，仿佛猫眼在阳光下闪耀。这种稀有而独特的光学效应，使得和田玉猫眼成为珍贵而备受追捧的珍品，令人心驰神往。

通常情况下，我们可以在碧玉中发现和田玉猫眼的存在；偶尔，它也会在沙枣青等青玉之中显现出来；然而，在白玉或黄玉之中发现和田玉猫眼，则是可遇不可求的事情。碧玉猫眼作为和田玉中最常见的猫眼品种，产地较为丰富，其产地包括俄罗斯贝加尔湖地区，以及我国的四川石棉和台湾花莲等地。沙枣青猫眼则在俄罗斯贝加尔湖地区和中国新疆被发现。至于白玉和黄玉猫眼，目前是一种极其罕见的存在，只有在青海等个别矿区偶尔才能发现它的踪迹。同时，台湾花莲矿区还产出极为罕见的蜜黄色猫眼，其颜色甚至可与金绿宝石猫眼相媲美。

和田玉猫眼效应的强弱与透闪石纤维的细度、镶嵌紧密程度，以及透闪石纤维的定向性息息相关。纤维越细、镶嵌越紧密、定向性越好的和田玉，能展现出更佳的猫眼效应，即呈现出细、亮、直的特征。如今，高品质的和田玉猫眼主要来自碧玉，俄罗斯贝加尔湖地区和我国台湾花莲出产的碧玉猫眼相对品质较高。

猫眼效应在珠宝设计中备受推崇，它为和田玉注入了独特的美感和魅力。和田玉猫眼常被巧妙应用于玉石首饰的制作，如戒指、项链等，以增添其视觉吸引力和独特性。众多玉雕师和设计师也善于将碧玉猫眼的特殊光学效应融入创作，巧妙地塑造成葡萄等形状，借助猫眼效应，每一颗“翠绿葡萄”都能散发出耀眼的光彩。

2.月光效应

在青海格尔木等产地，有一种特殊的和田玉，它具有出色的透光性。这种和田玉拥有独特的光学效应，令人惊喜。透闪石纤维的定向排列，结合猫眼效应，使得和田玉表面时而闪耀着如月光般的晕光。这种奇妙的光学效应源于光线的反射、折射和散射等复杂过程，使得和田玉展现出柔和而神秘的光影变化。

这种具有月光效应的和田玉通常被巧妙地磨制成珠串，在佩戴时，月光效应会随着手腕的翻转而在每颗和田玉之间流转，为人们带来无尽的惊喜。当月光石般的晕光在和田玉的表面交织舞动时，玉质与光线的完美结合令人陶醉其中。

八、其他性质

1.折射率

折射率是指当光从一种介质进入另一种介质时，由于光的传播速度改变而导致光线折射角度的变化。和田玉的折射率通常在1.60～1.61(点测)之间，但随着和田玉中Fe含量的增加，部分青玉、黑青玉的折射率可达1.64(点测)。

2.导热性

和田玉作为一种珍贵的玉石，具有显著的导热性低的特性。它在温度变化时表现得像是一种惰性物质，无论是在冬天还是夏天触摸，都不会感到冰冷或灼热，仿佛被温暖的柔情所包围。这种独特的性质使得和田玉成为一种适合贴身佩戴的宝石，能够充分发挥"玉养人，人养玉"的功效。

3.发光性

当我们将和田玉置于紫外光下时，它表现为惰性。然而，部分和田玉中含有方解石等碳酸盐次要矿物，会呈现出粉红色的荧光。只需使用波长为365 nm的紫外荧光灯，我们就能够观察到这一奇妙的现象。

4.放射性

根据目前的研究结果，和田玉不含放射性元素。事实上，天然的和田玉放射性物质的含量甚至比我们日常生活环境中的要低。因此，和田玉可以安全佩戴。

第四章

和田玉的真伪鉴别

和田玉作为一种珍贵的艺术瑰宝，其独特的价值和美学魅力吸引了众多的收藏家和爱好者。然而，市场上的伪造品给消费者购买和田玉带来了真假难辨的困扰。这些假冒产品不仅品质低劣，更背离了和田玉的真实价值。显而易见，和田玉的真伪鉴定至关重要，它能够守护和田玉的纯正与美好，为市场注入更多的信任和活力。

首先，进行和田玉真伪鉴定是为了保护消费者的权益。当消费者对于和田玉真假的辨别能力有限时，他们很容易成为骗局的受害者。为了防止消费者因购买假冒产品而遭受经济损失，一方面需要采取措施来提升消费者的真伪识别能力，另一方面也需要专业机构提供可信赖的真伪鉴定服务。

对于消费者来说，提升真伪识别能力至关重要。人们可以通过阅读专业书籍、接受专业教育等方式，深入了解和田玉的特征和鉴别方法。这样，就能够更加自信地辨别真伪，避免被欺骗。

此外，获得由具有国家计量认证资质的实验室提供的真伪检测报告也是非常重要的。这些实验室拥有先进的设备和专业的技术人员，能够通过科学的方法和严格的程序来判断和田玉的真伪。这样的检测报告可以为消费者提供可靠的依据，确保他们购买到真正的和田玉。

其次，和田玉真伪鉴定对于维护和提升和田玉市场的信誉度至关重要。市场上流通的假冒和田玉不仅给消费者带来损失，也对整个和田玉产业的声誉造成了严重的伤害。真伪鉴定能够剔除这些假冒产品，恢复市场的正常秩序，增强消费者对和田玉市场的信任度，促进市场的健康发展。

此外，和田玉真伪鉴定对于保护和传承中国传统文化具有无可替代的重要意义。作为中国传统文化的珍贵组成部分，和田玉承载着悠久的历史和深厚的文化内涵。通过真伪鉴定，我们能够守护和田玉的独特性和纯正性，传承和弘扬中国传统文化的瑰宝，使更多的人深入了解和欣赏和田玉。

可以说，真伪鉴定不仅仅是简单地辨别和田玉的真与假，更是对传统文化的致敬。通过仔细审视每一件和田玉，我们能够洞悉其中蕴含的中国古老智慧的火种，感受历史的流转和文化的传承。通过真伪鉴定，我们不仅能够守护和田玉的纯正之美，更可以将这份珍贵的文化遗产传承给后世。当我们将真正的和田玉传递给更多的人，让他们亲身感受到这种瑰宝的魅力，我们也在不断彰显着中华民族的文化自信。

正如博物馆中的和田玉玉器，它们不仅仅是一件件艺术品，更是一种身份的象征，一种与祖国文化深度连接的精神符号。因此，真伪鉴定不仅是对和田玉的尊重，更是对中国传统文化的珍视。

第一节 和田玉与相似品的鉴别

和田玉相似品可分为天然相似玉石和人工仿制品。天然相似玉石的鉴别是指对外观、质地、颜色、纹理等方面与和田玉相似的，产于世界各地的各类非和田玉类玉石进行辨别的过程。由于勘探开发技术的进步和市场的需求，现在市场上不断涌现出许多与和田玉相似的玉石，它们可能具有与和田玉相似的外观和特征，而造成与和田玉的混淆。

人工仿制品指的是利用在实验室中通过技术合成的人造材料制造的类似和田玉的产品。这种仿制既包括使用不同的材料混合制作，也包括在原始合成材料中添加其他辅助物质，其目的都是改变产品的外观和性质，使其看起来像和田玉。

如果不了解这些相似品的本质和来龙去脉，就很难通过肉眼观察将其与和田玉区别开来。不过，在掌握一定的技巧后，可以很容易地将它们作有效的区分。

对于天然相似玉石，可采用“视”“掂”“照”“触”“试”五个方面的技巧进行初步鉴别。

视：仔细观察和田玉的外观特征，包括色彩、质地、光泽和纹理等。在市场上，可以借助放大镜来进行检验；而在实验室中，则更倾向于使用显微镜，以便更清晰地观察玉石的微观细节。

掂：通过手握玉石，我们可以借助压手的分量轻重来判断玉石的密度大小。这种方法适用于那些块度不大且密度差异较大的相似玉石。对于体积较小的和田玉，我们通常会将手握成空心拳，然后前后晃动拳心中的和田玉。通过玉料与手之间撞击力的大小来判断玉石的密度大小。

照：使用白色聚光电筒来照射和田玉，可以更好地观察其特征。首先，从玉料的正上方开始照射，以判断其颜色和表面光泽。对于透明度较差的和田玉，可以将手电筒轻按在玉料表面，通过观察光晕的大小和光晕处的表现，来推测玉料的结构和花纹。对于透明度较好的和田玉，则需要将手电筒置于玉料侧面，然后反复调整手电筒与玉料之间的距离来寻找合适的光线强度，以观察玉料的结构和特质。

触：通过触摸的方式，可以进一步判断玉石的导热性和质地。导热性较好的玉石通常触感冰凉，而导热性较差的玉石则触感温暖。同时，触摸还可以让我们感知玉石的细腻程度。如果玉石质地细腻，则手感柔滑，如同抚摸小孩的肌肤；而如果玉石质地粗糙，则触摸时会感觉磨手。

试：我们还可以进行一些测试来评估玉石的特性。在市场上，一种常见的经验性测试是使用玻璃或小刀来摩擦和刻划玉石。然而，需要注意的是，一般情况下应该使用玉石去刻划玻璃或金属表面，而不是用硬物在玉石上进行刻划。虽然和田玉具有较高的硬度，不易因刻划受损，但是类似于和田玉的其他玉石硬度较低，刻划时很容易导致这些玉石受损，造成不必要的经济损失。

此外，玉石的鉴别可以通过多种测试方法进行。

首先是物理性质检测，通过测试玉石的硬度、密度、折射率、荧光效应等物理性质来确定其类别和玉石学归属。这些测试可以提供宝贵的信息，帮助我们准确判断玉石的真实身份。

其次是光谱仪检测，利用红外光谱仪、紫外光谱仪、激光拉曼光谱仪等光学仪器来分析玉石的光谱特征。这种无损分析的方法已成为和田玉检测的主要方法，具有高准确性和高效率。

最后是化学分析，通过对玉石的化学成分进行分析，可以区分天然玉石和人工伪造的玉石。这种方法能够提供更加科学的鉴别依据，但是检测成本相对较高。

综上所述，为了准确判断玉石的真实性和价值，我们需要综合运用多种方法和技术，包括经验判断和大型仪器的分析测试，才能得出比较准确的判断。同时，寻求专业鉴定机构或专家的意见也是确保鉴定结论可靠的方式。

一、天然相似玉石及其鉴定

（一）碳酸盐质玉

1.概述

碳酸盐质玉包括市场上常称的汉白玉、阿富汗玉和巴基斯坦玉。

汉白玉，被尊称为“中华瑰宝”。它雪白如霜、晶莹剔透，其晶体颗粒有时可以用肉眼观察到（图 4-1）。汉白玉在中国传统文化中象征着高雅、纯洁和宝贵，被广泛应用于建筑装饰、雕刻艺术和工艺品制作中。

与汉白玉相比，阿富汗玉和巴基斯坦玉（市场上俗称“阿玉”和“巴玉”）则分别是产自阿富汗和巴基斯坦的碳酸盐质玉。这些地区的玉石纹理细腻，晶粒微小，有时呈现出独特的纹理，如螺旋纹和云雾纹，部分带有褐黄色石皮，因而更具观赏性和艺术性（图 4-2）。阿富汗玉以其丰富多样的颜色而闻名，包括翠绿色、苹果绿色、白色、灰色和蓝色等。细腻的结构使阿富汗玉成为制作器物和瑞兽等题材文化艺术品的理想材料。可以说，它们在工艺品市场上发挥着重要的作用。

虽然汉白玉、阿富汗玉和巴基斯坦玉的主要矿物成分相同，均为方解石，但其次要矿物的种类和含量略有差异，同时结构和变质程度也有所不同。因此，它们在外观上稍有差异，用途也有所不同。汉白玉通常用作建筑材料，阿富汗玉和巴基斯坦玉则更常用于制作工艺品或礼品。

图 4-1　汉白玉

图 4-2　阿富汗玉

2.鉴定

虽然汉白玉、阿富汗玉和巴基斯坦玉在外观上与和田玉相似，但仔细观察后可以辨别出它们的不同之处。

首先，碳酸盐质玉常呈粒状结构。当用手电筒的侧光照明时，可以明显看到颗粒感，这与和田玉的棉絮状结构有明显的区别。

其次，阿富汗玉和巴基斯坦玉通常具有特征纹理。当我们转动玉石时，在某个角度可以看到平行线状纹理（图 4-3），部分阿富汗玉甚至会呈现出不同颜色的间隔。这个特征是和田玉所没有的。

此外，碳酸盐质玉的密度通常为 2.70～2.80 g/cm^3，比和田玉低，因此掂在手上会有轻飘飘的感觉。

图 4-3 阿富汗玉的平行线状纹理

最后，碳酸盐质玉的摩氏硬度与方解石一致，仅为 3。因此，它无法在玻璃表面形成划痕，而和田玉则能轻易地刻划玻璃，这也是区分它们的一种简易方法。由于硬度较低，阿富汗玉经过一段时间的佩戴或把玩后，其表面光滑度会逐渐下降，光泽也会慢慢失去，变得黯淡无光。

需要指出的是，许多资料提到碳酸盐质玉的光泽类似蜡状光泽，与和田玉有明显区别。然而，近年来，一些质地细腻的阿富汗玉经过精细抛光后也能呈现油润的光泽。因此，通过肉眼观察其结构差异或进行密度、硬度测试是更可靠的鉴别方法。

（二）石英质玉

1.概述

石英质玉被广泛用于制作珠宝和装饰品，因为它具有美观和耐久的特点。它由石英矿物组成，因此可以展现出石英的特征，如透明或半透明的外观、坚硬的质地和独特的晶体结构。与此同时，石英质玉也具有玉石的韧性，加上其性价比较高，因而成为一种备受追捧的宝石。

石英质玉有着多种不同的颜色和纹理，其中白色、绿色、黑色等品种与和田玉相似。尤其在透明度不高的情况下，它们的相似度更高。近年来，随着新的石英质玉石矿的发现，一些收藏价值高且价格昂贵的石英质玉如南红玛瑙、金丝玉等也逐渐引起了收藏家和玉石爱好者的关注。这些新的石英质玉以其独特的色彩和纹理吸引着人们的注意。

时至今日，石英质玉不再仅被认为是和田玉或翡翠的仿制品，而被视为珍贵的收藏品和饰品。同时，随着人们对石英质玉的认识不断加深，它们在玉石市场上的地位也逐渐上升。但由于目前其商业价值与和田玉依然不同，因此准确鉴别两者仍然是我们的目标。

与和田玉较为相似的石英质玉主要有京白玉、金丝玉、塔玉及水石。

1）京白玉

京白玉是一种以中国首都北京命名的白色微晶石英质玉石。其晶体结构均匀细腻，外观为纯白色，质地坚硬，具有卓越的抛光和雕刻性能。京白玉因其色泽纯白、透明度高、光泽细腻而备受推崇，广泛应用于制作玉牌、珠链等器物。因其性质稳定，人们常将京白玉视作和田白玉的优质替代品。

2）金丝玉

金丝玉，又称为五彩玉或五色石，简称彩玉或彩石。它是一种以微晶石英为主，含有少量云母、褐铁矿等矿物的石英质玉石。金丝玉主要产于中国新疆克拉玛依市乌尔禾魔鬼城方圆 100 km 的阶地、戈壁滩、沙漠等地区。其色彩以黄色、红色和白色为主。由于金丝玉主要产于戈壁滩，其外观与和田玉的戈壁料相似，因此早期白色和黄色的金丝玉曾被误认为是和田玉的戈壁料。然而，随着金丝玉近年来声名远扬，它已经成为一种非常具有雕刻潜力的玉石（图 4-4）。

3）塔玉

塔玉是一种在 2010 年于新疆塔什库尔干县大同乡一带发现的石英质玉。它是继黄龙玉、金丝玉、鸡血玉、佘太翠和京白玉等品种之后，在中国地区发现的又一优质石英质玉品种。新疆的塔玉主要呈现白色、青绿色、黄色、红褐色、灰黑色等颜色，具有不同程度的透明度，质地细腻均匀，具有良好的工艺性能。此外，塔玉还是一种罕见的具有油脂光泽的石英质玉，经过 2～3 周的抚摸盘玩便可呈现出油脂般的光泽效果（图 4-5）。

图 4-4　金丝玉香插（卓明辉作品）

图 4-5　塔玉

4）水石

水石是一种早期的石英质玉石，常被用作仿制和田玉。它的名称可能与其较高的透明度有关。虽然水石与其他石英质玉有所不同，但它一直以来都被视为和田玉的“替身”，没有得到市场的充分认可。这主要是因为水石的品质相对较差，只能在降低成本和满足市场对低端玉石需求的情况下才被雕刻使用。

2.鉴定

白色石英质玉与和田玉在外观上非常相似，而且有许多品种和产地，命名也很复杂，容易让初学者感到困惑。然而，只要掌握石英质玉的基本特征，并进行仔细观察和鉴别，就不难将它们区分开来。

首先，石英质玉可以分为显晶质和隐晶质两种类型。在电筒光的照射下，显晶质石英质玉（如京白玉、部分塔玉和金丝玉等）呈现出粒状结构，有时可见因石英颗粒反光而呈现出的“银砂”闪烁效果，而和田玉则呈现出棉絮状的结构。对于隐晶质石英质玉而言，通常肉眼观察没有明显的结构，以此可与和田玉相区别。

其次，石英质玉表面抛光后通常呈现出玻璃光泽，与和田玉的油脂光泽有本质区别。前者光泽明亮、刚性强，后者则较柔和温润。然而需要注意的是，经过抛光处理的塔玉也可能呈现出油脂光泽。因此，还需要结合密度、结构和内部花纹等特征进行综合判断。

此外，石英质玉的密度通常在 2.60 g/cm³ 左右，比和田玉（≥2.90 g/cm³）要低。因此，将同样大小的雕件放在手中掂量时，会感觉石英质玉更轻，而和田玉则较为压手，更有质感。

最后，石英质玉的透明度普遍较高。有时，即使是呈浑浊乳白色的石英质玉，在电筒光的照射下，也可以看到光线覆盖整块玉料的情况。而对于和田玉，通常只能看到光线在手电筒与玉料表面接触的局部位置形成光晕，然后向外侧逐渐变暗（图 4-6）。

此外，石英质玉中出现的其他矿物与和田玉也有所不同。例如，在阳光下观察部分石英质玉（如东陵玉）时，会看到星星点点的反光物（云母的反光），这种反光现象即砂金效应，而和田玉则没有这种现象。塔玉中常常出现绿色条纹状的内含物，主要是绿帘石，而在和田玉中很少见到绿帘石。

（三）油白独玉（独山玉）

1.概述

独山玉主要由基性斜长石和黝帘石组成，次要矿物包括白云母等。根据透明度和矿物组成的不同，白独玉在国家标准《独山玉 命名与分类》（GB/T 31432—2015）中被分为冰白独玉和瓷白独玉两个亚种。市场上则常采用更详细的分类，包括透水白、

图 4-6　用电筒光照射不同玉料所产生的光晕大小
（左为和田玉，右为石英质玉）

油白和干白三种商贸名称。其中，透水白被认为是白独玉中的最佳品种，在国家标准中称为“冰白独玉”。然而，综合考虑颜色、透明度和光泽，独山玉中与和田玉最相似的品种是油白独玉（图 4-7、图 4-8），其整体颜色为白色或乳白色，质地细腻。

图 4-7　油白独玉原石
（玉神工艺提供）

图 4-8　油白独玉作品《我是放羊倌》
（玉神工艺提供）

2.鉴定

白独玉与和田玉在硬度和密度等物理学参数上有重叠，因此仅凭常规的鉴定方法，如刻划和掂重，无法准确区分它们。正是因为独山玉具备与和田玉相媲美的物理特性，独山玉也被列为中国古代四大名玉之一。过去曾有人以白独玉冒充和田玉出售，但现在，由于优质白独玉产量较低，这种情况已经很少见。尽管它们之间存在巨大的相似性，我们仍然需要进行相对准确的辨别。一般，我们可以从以下三个方面进行判别。

首先，从颜色分布来看，通常白独玉极少单独出现，而往往和黑独玉共生，类似于和田玉中的青花玉。但独山玉的黑白料，其黑色部分往往在边部或者在强光照射下泛青色，与青花玉的黑色不同。

其次，绝大部分白独玉的抛光表面呈现出玻璃光泽，而与白色和田玉普遍表现出的油脂光泽有差异。

最后，虽然高品质油白独玉具有与高品质和田玉相似的油脂光泽，但油白独玉中斜长石(主要为近钙长石)的含量达95%以上，余下为黝帘石。因此，受控于其主要组成矿物，油白独玉为粒状变晶结构，较容易与白色和田玉特征的棉絮状等结构相区别。

(四) 蛇纹石质玉(岫玉)

1.概述

岫玉，是中国传统玉石文化中的重要品种之一，主要矿物成分为蛇纹石。它因产于辽宁岫岩而得名，这里有丰富的玉石矿体。此外，新疆、山东、甘肃等地区也有丰富的蛇纹石玉资源。

岫玉的历史可以追溯到西汉时期，早在新石器时代，人们就开始利用岫玉进行雕刻创作。有名的“中华第一龙”就是由岫玉制作而成。几千年来，岫玉一直是中国玉器制作的主要材料之一，被誉为中国古代四大名玉之一。

时至今日，岫玉仍然在中国的玉石产业中占有重要地位。众多玉石雕刻大师选择岫玉作为材料，创作出一批具有时代气息的经典作品(图4-9、图4-10)。岫玉以其突出的颜色和质地而备受推崇，成为中国玉石文化中的瑰宝。

图4-9 《和合》(岫玉，唐帅作品)

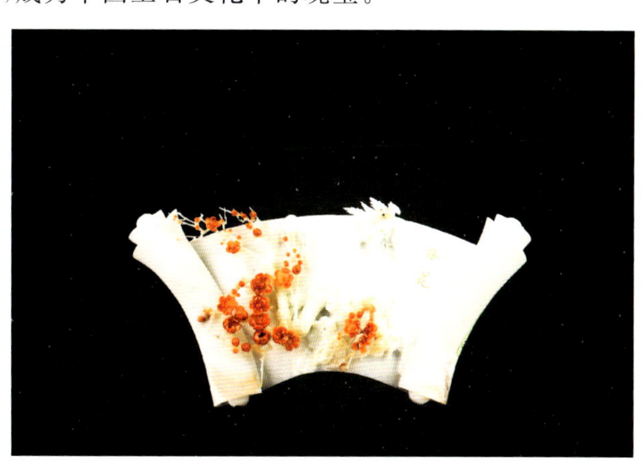

图4-10 《画卷》(岫玉，唐帅作品)

岫玉的颜色多样，包括浅绿、翠绿、黑绿、白、黄、淡黄、灰色等，尤以绿色为主。其中，白色岫玉与白色和田玉相似度较高。

2.鉴定

大部分岫玉透明度较高，因而与和田玉有明显的差异，辨别起来也比较容易。然而，部分乳白色和明黄色透明度较低的岫玉，在外观上与和田玉中的白玉和黄玉具有一定的相似性，因此在早期常常充当和田玉出售，后逐步以“卡瓦石(康瓦石)”的名义进行出售。对于两者的区别，可从结构和物理性质上寻找线索。

岫玉是一种典型的隐晶质玉石，其结构在用手电筒侧光照射下不易观察到。尽管部分白色或黄色岫玉可能会呈现出鳞片状结构，但与和田玉的纤维交织结构有明显区别。偶尔会发现一些岫玉具有纤维状结构，此时需要通过掂重或密度测试等方法进一步鉴别。

此外，岫玉的密度通常为 2.44～2.80 g/cm^3，相较于和田玉而言较低。因此，岫玉给人的整体感觉更加轻盈，而和田玉则以深沉和稳重为特征。

在颜色方面，白色和黄色岫玉的抛光表面通常呈现蜡状光泽，与和田玉的油脂光泽有明显区别。然而，随着玉器打磨技术的不断提高，部分结构致密的岫玉也可能呈现油脂光泽。因此，在鉴别时需要结合硬度特征等因素，进行综合判断。

最后，白色和黄色岫玉的硬度主要由其主要组成矿物蛇纹石决定，一般摩氏硬度值在 4 左右。与和田玉相比，岫玉无法刻划玻璃，反而可被不锈钢等金属器物刻划。通过这一特征可以将其与和田玉进行区分。

需要提示的是，在市场上声名显赫的卡瓦石一开始指代的就是岫玉。然而，随着时间的推移，卡瓦石这个词的含义逐渐扩展，不再仅限于岫玉，而包括了所有类似和田玉的玉石，并且仅通过颜色来进行区分。例如，白卡瓦石包括白色的岫玉、石英质玉和大理岩等。或许随着时间的流逝，会有越来越多的白色玉石被称为卡瓦石，但即便卡瓦石这个词的含义已经超越了最初的定义，而演变成一个更加广泛的概念，它始终代表的是和田玉的替代品种。

二、人工仿制品及其鉴定

(一) 料器(玻璃)

1.概述

玻璃，市场也称之为“料器”，或“北京料器”。在中国古代，玻璃还被称为“琉琳”

“流离”“琉璃”“颇黎”等。在清代康熙年间，皇帝下令在北京琉璃厂设立御厂，专门制造供奉内廷的料器，当时被称为“官料”“御琉璃”。随着清王朝的衰落，料器的制作逐渐流入民间，形成了浓郁的北京特色。料器制品质地晶莹剔透，做工精细，色彩斑斓（图 4-11）。

现代料器（玻璃）的主要成分是二氧化硅和其他氧化物，它是以多种无机矿物（如石英砂、硼砂、硼酸、重晶石、碳酸钡、石灰石、长石、纯碱等）为原料烧制而成的人工材料。在料器的制作过程中，它可以被制成各种颜色，这意味着现代技术已经能够制作出与和田玉相似的料器（图 4-12）。甚至，制作者们可以模仿和田玉中常见的纤维结构和黑点等杂质矿物，达到惟妙惟肖的效果。

图 4-11 白色地套红色玻璃桃蝠纹鼻烟壶（清代，故宫博物院藏）

图 4-12 现代玻璃仿白玉

2.鉴定

早期的玻璃仿制品与和田玉区别较大，因此很少有人会上当受骗。然而，随着玻璃制作工艺水平的不断提升，玻璃的物理性质逐渐接近天然和田玉，使得鉴别的难度逐渐增加。

首先，早期的玻璃大多是透明的，而和田玉多数是微透明的，因此，可以通过观察透明度区分两者。然而，利用现有的技术已经可以制造出不同透明度的玻璃，其中部分与和田玉相似。因此，需要借助其他方法，如密度测试等，来进行鉴别。

其次，早期的玻璃密度通常只有 2.30 g/cm^3 左右，比和田玉低，因此，可以通过密度来区分玻璃和和田玉。然而，现在可以通过多种手段提升玻璃的密度，例如在人工合成过程中添加铅等元素，制成高密度的铅玻璃，或者在玻璃制品中夹杂铁块等重金属块。对于铅玻璃，可以观察其内部杂质和纹理进行判别；对于夹杂铁块的情况，可以通过使用吸铁石等工具进行鉴别。

在早期，由于制作工艺不到位，玻璃器物内部常常有大量圆形气泡，可以通过放大观察来识别。随着玻璃制作工艺水平的提升，许多高品质的玻璃制品中几乎不可见气泡，但多数玻璃中会出现流动纹，而这种纹理在和田玉中是不可见的，因此易于识别。然而，对于体积较小或制作精良的玻璃，气泡和流动纹都难以观察到。在这种情况下，可以通过观察其结构来进行鉴别。

举例来说，玻璃通常在侧光照明下没有明显的结构，而和田玉常常具有棉絮状等常见结构，这使得它们易于识别。然而，近年来，玻璃脱玻化（晶化）技术不断升级，部分脱玻化玻璃在脱玻化过程中可能形成类似于和田玉纤维状结构的雏晶，导致出现朦胧的棉絮状结构。但是，脱玻化玻璃通常具有紫蓝色至蓝白色的荧光异常。因此，虽然存在这种特殊情况，但可以通过观察脱玻化玻璃与和田玉的结构和荧光异常来区分两者。

此外，玻璃制品大多是通过倒模制作的批量产品，因此它们的边线和棱角通常不够明晰，与通过雕琢形成的痕迹完全不同。这一特点也可以作为鉴别玻璃与和田玉的依据之一。

需要特别注意的是，作为人工制品，玻璃的合成技术水平不断得到提升。随着时间的推移，以前用来鉴别玻璃和和田玉的特征可能会消失。举例来说，早期的玻璃在密度、透明度和光泽上与和田玉存在巨大差异。然而，现如今，乳白色、具有油脂光泽的高密度玻璃制品已经随处可见。因此，我们需要与时俱进，对于人工仿制品的鉴别方法也需要不断更新。

（二）塑料

1.概述

塑料是一种由单体通过加聚或缩聚反应聚合而成的高分子化合物。它的抗形变能力介于纤维和橡胶之间，由合成树脂、添加剂（如填充剂、增塑剂、稳定剂、润滑剂）和色料组成。作为一种常见的和田玉仿制品制作材料，塑料制品的仿制技术也在不断发展，以从各个维度接近和田玉的外观和物理性质。

2.鉴定

与真正的和田玉相比，塑料仿制品在多个方面存在明显差异。

首先，塑料的导热率较低，因此触摸塑料仿制品后会发现它缺乏天然玉石的质感。触摸塑料仿制品的表面通常会感觉比较滑手，而和田玉则有类似婴儿肌肤的细腻触感。

其次，真正的和田玉光泽给人一种温润的感觉，而塑料仿制品的光泽则显得呆板、缺少灵气。

此外，由于塑料的硬度较低，长时间使用后会出现大量磨损和划痕，而和田玉的硬度较高，基本不会出现这种现象。真正的和田玉经得起时间的考验，仿制品则会逐渐失去原本的美丽。

再次，塑料仿制品的颜色与真正的和田玉有所不同。塑料仿制品通常通过染色来模仿和田玉的颜色，但与真正的和田玉相比，它们的颜色通常显得较为妖艳和不自然。真正的和田玉的颜色则是自然生成的，充满了岁月的痕迹。

最后，塑料制品通常通过模具制作，所以其边线和棱角往往比不够明晰，甚至不如玻璃。真正的和田玉则有着精致的边线和棱角，体现着一种工艺美。

综上所述，通过触感、光泽、表面质感、颜色以及边线和棱角等方面的比较，我们可以区分出真正的和田玉和塑料仿制品。不仅如此，还可以通过热针探测等方法来识别塑料。由于塑料在高温下易融化，因此当受热后出现软化现象甚至刺鼻的味道时，通常可以判断为塑料制品。然而，这种方法属于破坏性试验，并不是日常鉴定中提倡的鉴定方法。

为了更方便地寻找到和田玉及其相似品的宝石学特征差异，我们将它们的肉眼观察特征和常规物理特征整理归纳于表 4-1 中。

表 4-1　和田玉与相似品的特征对比表

名称	结构特征	典型光泽	折射率（点测）	密度/($g \cdot cm^{-3}$)	摩氏硬度	主要组成物质
和田玉	纤维交织结构	油脂光泽	1.61	2.90～3.10	6～6.5	透闪石
石英质玉	粒状结构	玻璃光泽	1.54	2.64～2.71	7	石英
碳酸盐质玉	粒状结构	玻璃光泽	1.50	2.65～2.75	3	方解石
岫玉	纤维交织结构	蜡状光泽	1.56	2.44～2.80	2.5～5.5	蛇纹石
独山玉	细粒状结构	玻璃光泽	1.56～1.70	2.70～3.09	6～7	斜长石、黝帘石
玻璃	非晶质结构	玻璃光泽	1.47～1.70	2.73～3.18	5～6	非晶质无机矿物
塑料	非晶质结构	树脂光泽	1.46～1.70	1～3	0.9～2.2	高分子化合物

第二节 和田玉子料的鉴别

和田玉在世界范围内拥有独特的地位，而其中的子料更是被誉为和田玉中的王者。子料之所以能够从众多和田玉中脱颖而出，主要是因为其卓越的品质。

尽管并非所有和田玉子料都代表高品质，市场上也确实存在着许多品质一般甚至低劣的子料，然而无可否认的是，能够兼顾油性、质地和玉质感的子料，让和田玉在众多玉石中独树一帜、屹立千年不倒。换句话说，虽然不是所有子料都是优秀的，但品质最优的和田玉必然是子料。

和田玉子料因品质卓越而价格不断上涨，引发了许多和田玉爱好者对收藏一块子料的渴望。然而，这一心愿的实现面临着挑战。因为和田玉子料的资源非常稀缺，远远无法满足市场需求，尤其高品质的子料更加稀缺。在供不应求的情况下，制假现象十分普遍。一些商家为了满足市场需求，会将不是子料的和田玉磨制成类似于子料的外观，以假乱真地销售。这种情况屡见不鲜。

虽然在科技不断进步的背景下，人工造假技术也在不断更新，但是天然子料的特征一直存在，难以被掩盖。只要掌握了子料的真实特征，假子料就很难逃脱被识破的命运。

目前市场上对于和田玉子料的鉴别应该包括以下三个方面的内容。首先是鉴别和田玉带皮山料仿子料。这种仿子料的制造商会将不是子料的带皮和田玉山料磨制成带皮子料的样子，以迷惑消费者。其次是鉴别和田玉山料染色仿子料。制造商会对不是子料的和田玉进行染色，使其看起来更像真正的子料。最后是鉴别经人工二次上色的和田玉子料。有些商家会对天然的子料进行二次上色，以改变其外观，获得更高的利润。

需要指出的是，随着科技的发展，越来越多的大型分析测试仪器应用于珠宝玉石的鉴定。在和田玉与其相似品的鉴定中，大型仪器起到了至关重要的决定性作用。然而，在和田玉子料的鉴定中，仪器更多的只是起到辅助作用，为肉眼观察的结论提供科学数据支持。在使用任何大型分析测试仪器之前，需要先进行肉眼观察并得出初步结论。因此，锻炼肉眼识别技能是每位初学者和玉石资深爱好者都需要掌握的核心技巧。

一、带皮山料仿子料

（一）带皮山料的成因

在许多和田玉爱好者看来，山料是没有风化皮的，这也是山料和子料重要的区别特征之一。然而，在实地考察各地和田玉矿区时，我们却发现接近地表的矿脉多多少少都存在风化现象，进而形成了形式各异的风化皮。这一发现对于和田玉子料的鉴别提出了新的挑战。

1.糖皮山料

在野外踏勘时不难发现，糖色通常会沿着和田玉矿脉的裂隙向两侧渗透，成层状附着在和田玉表面（图 4-13）。当糖皮厚度适中时，即形成了糖玉层。糖皮山料通常出现在我国新疆、辽宁岫岩、甘肃马衔山，以及俄罗斯等地矿区。

根据野外地质实际情况观察，结合针对糖皮及其内部白玉的电子探针分析，发现糖皮部分的铁元素含量高于内部白玉部分（表 4-2）。充分说明糖色是由于地表氧化条件下，地下水中的铁沿着玉脉的裂隙向两侧渗透扩散而形成的，属于次生色。

表 4-2　糖皮及白玉的化学成分含量对比表　　单位：%

样品	点位	Na_2O	SiO_2	TiO_2	MgO	CaO	MnO	Al_2O_3	P_2O_5	FeO_T	SiO_3	K_2O	合计
SL-01	糖皮	0.146	58.386	—	23.449	13.129	0.050	0.659	0.052	0.411	0.016	0.055	96.353
	白玉	0.236	58.554	0.109	22.649	12.694	0.055	0.653	0.089	0.384	0.055	0.076	95.554
SL-02	糖皮	0.124	59.491	—	23.692	13.086	0.035	0.291	0.074	0.372	—	0.085	97.250
	白玉	0.061	59.562	0.014	23.895	13.378	0.043	0.226	0.051	0.324	0.026	0.024	97.604
SL-03	糖皮	0.071	59.564	0.032	23.415	13.035	0.139	0.485	0.008	0.368	0.007	0.063	97.187
	白玉	0.072	59.140	0.153	23.710	12.963	0.087	0.456	0.040	0.321	0.026	0.062	97.030

注：FeO_T为全铁质量百分数；“—”代表该成分的质量百分数低于仪器检出限。

在市场上，我们可以看到一些商家将黏附在玉石表面的糖皮磨成薄层，使其呈现出隐约可见的状况，以模仿子料进行销售（图 4-14）。

2.黑皮山料

黑皮山料主要产自俄罗斯，其形成原因与糖皮山料基本相似。因此，两者的分布规律也基本一致，通常黑色沿着裂隙分布，并呈现出多边形层状，将玉矿体包裹其中

(图 4-15)。

图 4-13　糖皮与玉肉的野外接触关系

(摄于辽宁岫岩玉石矿)

图 4-14　磨圆后的糖皮白玉山料仿子料

通过电子探针分析,并结合从风化皮到玉肉的致色元素分布规律(表 4-3),我们可以观察到黑皮山料和糖皮山料之间最主要的区别——前者 Mn 含量更高。这意味着颜色越黑越暗,Mn 含量越高。与糖皮山料仿子料一样,对于黑皮山料,造假者通常选择局部带皮的碎块,将其磨圆后作为子料销售(图 4-16)。

图 4-15　俄罗斯黑皮山料原料

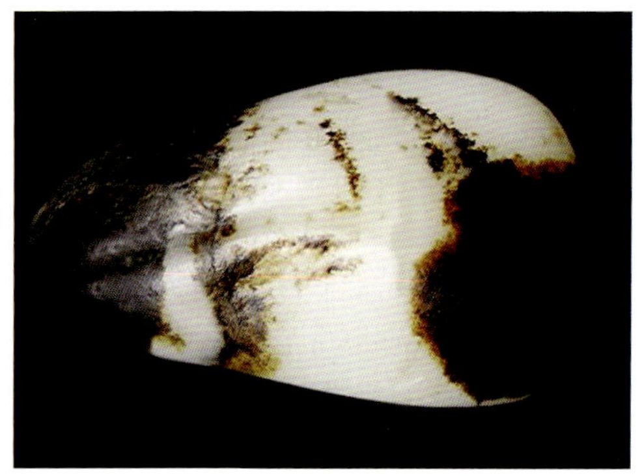

图 4-16　磨圆后的黑皮白玉山料仿子料

表 4-3　黑皮及白玉的化学成分含量对比表　单位:%

点号	Na_2O	SiO_2	Al_2O_3	MgO	K_2O	CaO	NiO	FeO	MnO	Cr_2O_3	TiO_2	合计
1-黑皮	0.131	58.390	0.434	23.695	0.088	12.004	0.000	0.203	0.039	0.187	0.076	95.247
1-白玉	0.101	58.432	0.415	23.898	0.081	12.079	0.064	0.169	0.019	0.165	0.063	95.486
2-黑皮	0.092	59.480	0.465	24.431	0.089	12.580	0.000	0.134	0.130	0.000	0.003	97.404

表4-3(续)

点号	Na_2O	SiO_2	Al_2O_3	MgO	K_2O	CaO	NiO	FeO	MnO	Cr_2O_3	TiO_2	合计
2-白玉	0.069	58.134	0.522	24.934	0.130	12.263	0.000	0.191	0.058	0.000	0.000	96.301
3-黑皮	0.088	57.898	0.489	23.952	0.039	12.588	0.027	0.072	1.163	0.040	0.028	96.384
3-白玉	0.117	58.490	0.567	24.317	0.062	12.702	0.007	0.059	0.013	0.033	0.021	96.388
4-黑皮	0.149	58.650	0.561	24.482	0.117	12.889	0.000	0.060	0.017	0.040	0.000	96.965
4-白玉	0.094	58.471	0.450	24.528	0.131	12.925	0.050	0.014	0.000	0.000	0.000	96.663
5-黑皮	0.083	54.695	0.230	14.706	0.036	12.001	0.018	15.041	0.204	0.000	0.000	97.014
5-白玉	0.057	54.812	0.318	14.314	0.046	11.512	0.000	15.506	0.113	0.008	0.000	96.686

3.灰白皮山料

灰白皮山料(市场称为“灰皮料”)的形状多为棱角状,表面上有平直的裂隙,整体被一层灰白色至乳白色石灰状的皮壳包裹,皮壳厚度一般在数毫米到数厘米之间变化(图 4-17)。

从野外地质实际情况可见,灰白皮与裂隙紧密相连,并逐渐向内部演变成厚厚的黑皮或糖皮。根据灰白皮的分布特征可推断,地下水和地表水的淋滤作用可能导致靠近裂隙处的糖皮或黑皮中一些元素或矿物质被溶解,如果淋滤作用特别强,甚至会导致黑皮和糖皮中的 Fe、Mn 等着色离子全部被水溶液带走,只留下厚厚的石灰皮直接包裹住玉肉,这种玉料常被称为“石包玉”(图 4-18)。

灰白皮部分通常具有粗糙的质地和暗淡的光泽。一般情况下,人们会将灰白皮切除,少数玉料的灰白皮会被保留下来,用于俏色巧雕(图 4-19)。灰白皮结构疏松,孔隙度较大,这使其非常适于染色(图 4-20)。它与内部的黑皮和糖皮结合,给人以玉料有多层石皮的错觉。

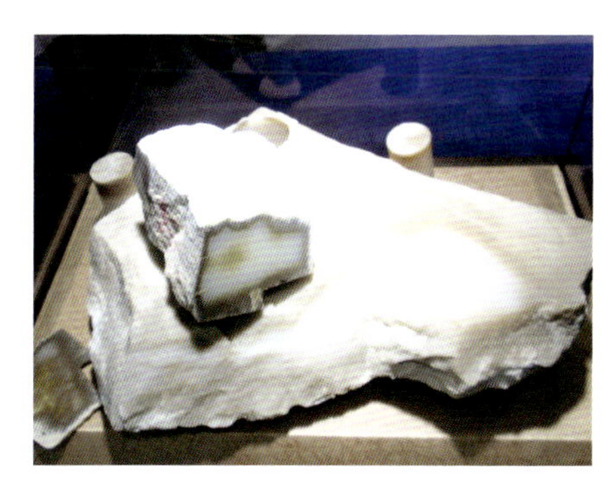

图 4-17　灰皮料

图 4-18　石包玉

图 4-19　令人拍案叫绝的灰白皮俏色（唐帅作品）

图 4-20　染成枣红色的灰白皮

有趣的是，灰白皮的形成是由于自然风化导致原本和田玉中的元素或矿物质逸失。这种现象与出土古玉在土壤层中长期受到地下水的风化淋滤作用几乎是一样的。因此，近年来人们将灰白皮山料视为制作仿古鸡骨白玉的最佳材料。灰白皮山料广泛分布于我国新疆、青海、辽宁岫岩、甘肃马衔山及俄罗斯等地矿区，这也为古玉制伪提供了大量的原材料。

与传统的酸蚀仿制鸡骨白玉的方法不同，对于这种纯天然的灰白皮，只需进行雕刻制作，就能达到与真正的古玉鸡骨白相似的效果。因此，在古玉收藏的过程中，我们需要仔细辨别现代灰白皮山料和真正的古玉之间的差异。

（二）带皮山料仿子料的鉴别特征

对于带皮山料来说，不论是糖皮还是黑皮，它们的颜色都是纯天然的。因此，通过致色元素分析很难找到鉴定特征。在鉴别带皮山料与子料时，更多地依赖于肉眼观察的方法来进行识别。

1.皮色色调

皮色色调是判断风化皮出自山料还是子料的重要指标。山料风化皮主要表现为糖色（红褐色、黄褐色和灰褐色）以及黑色。而子料风化皮则常见枣红皮（褐红色）、洒金皮（金黄色）和秋梨皮（灰褐色）。

尽管红糖皮与枣红皮之间可能存在混淆的情况，但仔细观察仍然可以发现它们之间的差异。红糖皮颜色以褐色为主，带有红色调（图 4-21）；而枣红皮颜色则以红色为主，带有褐色调（图 4-22）。

图 4-21　红糖皮山料
（《独步》，樊军民作品）

图 4-22　枣红皮子料
（《惊红》，樊军民作品）

灰褐色的糖皮和秋梨皮也是色调上容易混淆的品种，它们的颜色相对更为接近。要区分这类相似的风化皮，需要结合皮色的分布规律来进行判断。

2.皮色的分布规律

皮色的分布规律与糖皮山料和黑皮山料的成因相关。这些风化皮主要是由溶有铁、锰等元素的地下水沿着裂隙两侧渗透浸染形成的。因此，山料风化皮通常沿着裂隙走向分布，与脆性裂隙的形态完全吻合，以直线状延伸至两端（图 4-23）。有时也可以看到不同方向的裂隙相互交错截切，形成带有尖棱角状的多边形轮廓。

而子料风化皮则附着在卵石状的外形上，因此常常呈现出弧形轮廓。这是由于风化皮是在子料表面形成的，而子料的形状决定了风化皮的分布形态。因此，子料风化皮常常呈弯曲状，与子料表面的次圆状外形相适应（图 4-24）。

图 4-23　山料风化皮的直线形轮廓

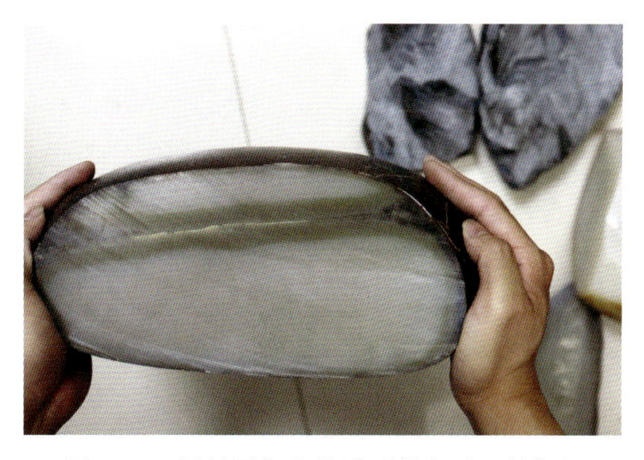

图 4-24　子料风化皮的弧形轮廓（切开剖面）

3.风化皮的厚度

风化皮的厚度与风化环境及风化时间的长短有关。通常情况下，经过长时间地下水的浸染渗透，糖皮山料和黑皮山料常形成连续且较厚的风化皮(图 4-25)。然而，对于子料来说，河床型子料位于水流较快的河床中，受湍急水流的影响，铁、锰等元素难以稳定地附着在玉料表面上；而阶地型子料位于相对较干旱的阶地或古河道中，因缺乏水溶液的滋养，铁、锰等元素的浸染速度较慢且渗透不足，因此，大多数子料的风化皮呈局部断续分布，薄薄一层，若隐若现(图 4-26)。

图 4-25 连续且较厚的山料风化皮

图 4-26 断续且较薄的子料风化皮

4.风化皮的色彩和微观形态

过去，很少见到子料出现真正的黑色石皮，大多数所谓的“黑色”实际上是较浓重的褐色。将黑皮山料冒充子料进行销售只能欺骗那些刚进入市场的新手。然而，近年来，市场上出现了一种新的子料品种，被称为“油库料”，其风化皮呈现出黑色(图 4-27)。这就导致了磨圆后的黑皮山料很容易与油库料混淆。

油库料主要是由于埋藏在黑泥中，表面被腐殖质浸染而形成黑皮，通常在放大观察时无法看到黑皮的形态。而俄罗斯黑皮山料因为被铁锰质矿物浸染，表面常常形成细小且分布密集的苔藓状纹理(图 4-28)。这种纹理相互叠加，形成片状或层状的黑色外观。因此，通过显微镜观察黑皮的形态，我们可以相对准确地区分这两种玉料。

此外，值得说明的是，俄罗斯黑皮山料肉质细腻，白度高，脂份好，高品质的黑皮山料价格目前已不比油库料低廉。因此，目前市场上已经很少见到将黑皮山料充当子料出售的情况。

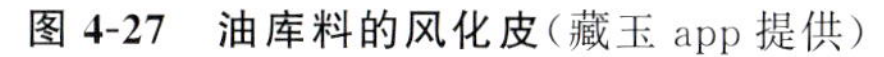

图 4-27　油库料的风化皮(藏玉 app 提供)　　图 4-28　俄罗斯黑皮山料的风化皮

5.表面形貌等其他特征

将山料磨圆制作的仿子料在外形和毛孔等表面形貌特征上,与天然子料存在明显的差异。由于其鉴别方法与山料染色仿子料相同,因此将在下一部分详细阐述。

二、山料染色仿子料

(一)山料染色仿子料的制作过程

随着时间的推移,制作仿子料的原料也在不断变化。最初,新疆的山料是常用的仿子料原料。然而,随着青海格尔木玉矿的玉料大量地进入市场,青海料成为主要的仿子料玉料来源。近年来,韩国料又因价格低廉且产量大,逐渐取代了青海料,成为主要的仿子料玉料来源。与此同时,俄罗斯料从一进入中国市场起,就成为高档仿子料的主要玉料。虽然俄罗斯料的数量不及青海料和韩国料,但其仿真程度和价格一直保持较高水平。因此,目前的仿子料中混有各种产地的玉料。

同时,随着时间的推移,山料仿子料的制作技术也在不断地革新。尽管原理和流程基本保持不变,但制作方式从原来的手工作坊制作逐步演变为现代的机械化、规模化制作。了解不同时期山料仿子料的制作过程,对于理解不同时期仿子料的鉴定特征至关重要。

1.修形

山料与子料的外形差异很大,这是由于山料通常是通过开放式开采或使用地锤锤击的方式获取的,因此玉料碎片形状各异,棱角分明。要将山料转变为“子料”,需要对其形状进行修整。一般情况下,人们会使用电锯来切割山料中突出的棱角。切割后的山料虽然在外形上仍然与圆润的子料有所差距,但已经基本形成了像卵石一样的形状(图 4-29),这样便于进行下一步的滚磨。

图 4-29 经过修形的和田玉山料

2.滚磨

对于经过修形的山料,需要进一步进行滚磨,以使其更加圆润。具体操作是将已经大致呈卵石形的山料放入滚筒中,进行24小时不间断的滚磨。这个过程需要持续数月。

在早期,人们使用小型的球磨机进行滚磨(图4-30),需要在其中加入石英、塑胶等不同硬度的杂物,与玉料一起滚磨。这种方式虽然能够达到一定的效果,但效率较低。后来,人们改装油桶并连接电机小马达,通过这种方式进行滚磨。这种改进不仅提高了效率,还增加了产量。

如今,人们采用大型的专业电动滚筒进行滚磨(图4-31),不再需要在滚筒中放置各种杂物。甚至对玉料原料的外形也不再有严格的要求,一些棱角分明的山料碎片可以直接放入滚筒中进行滚磨变形。这样的滚磨方式更加高效、便捷,大大提升了玉料的加工效率。

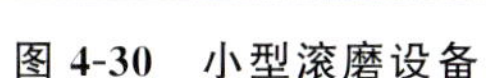

图 4-30　小型滚磨设备

图 4-31　现代化仿子料滚磨设备

然而，不论采用何种方式，主要目的都是逐渐使山料的不规则外形与子料的卵石状外形相接近。

3.染色

在矿区实地踏勘时发现，超过 70%的和田玉子料在开采时并没有风化皮色附着。然而，对于大多数初识和田玉的人来说，子料的皮色是最直观的鉴定特征。因此，许多和田玉收藏爱好者会错误地将风化皮色的出现，作为子料判别唯一且绝对的证据。

为了满足人们对子料的需求，采用染色做皮的方式使大量山料摇身一变成为“子料”，就成了仿子料作坊的主要作伪手段(图 4-32)。在早期，人们使用当地特产青核桃皮和杏干作为染色剂。他们将这些染色剂与玉料一同放入电炉内，进行加热煮炖染色(图 4-33)。经过几天的时间，染色剂的颜色渗入玉料内部，可形成枣红色的石皮。然而，这种染色剂是有机生物染色剂，相对来说稳定性较低，随着时间的推移，玉料容易褪色。此外，染出的颜色过于鲜艳和不自然，因而利用有机色素染色仿子料被认为是一种一眼可识别的仿制手段(图 4-34、图 4-35)。

为了使染色效果更加持久，人们开始引入用于染针织物的染剂。这些染剂相对于生物染色剂来说更为耐久和稳定。在染色过程中，人们还会加入氧化铁粉和草药，以使仿子料更接近天然子料的颜色。通常经过约六个月的浸泡，玉料就能形成深红色的皮色，并且颜色相对稳定，能够保持多年不变。有时候，人们还会添加口红等染料进行调色，这样的染料能够保持数年不褪色，并且颜色非常鲜艳，更接近枣红皮的效果。

图 4-32　浸没在染桶中的和田玉山料

图 4-33　采用电炉加热固色

图 4-34　有机色素染色仿子料颜色妖艳不自然

图 4-35　有机色素染色仿子料可出现天然子料不存在的怪异色调

随着学术界通过科学研究揭示了天然子料风化皮色主要由铁和锰引起，并将这一结论公之于众，人们开始尝试配置与天然子料风化皮化学成分相同的染剂。为了达到这一目的，人们将不同配比的高锰酸钾和氯化铁混合进行染色（图 4-36、图 4-37）。使用这种无机盐染剂的仿子料，在风化皮的化学成分方面与天然子料没有太大差异。然而，染色剂的配方相对较为复杂，需要精确的配比和处理技巧。为了进一步地满足市场需求，如今已经出现了专门针对不同子料皮色配置的染色剂。这些染色剂的研发基于建筑用大理石着色剂的经验和技术，但是具体的配方通常是保密的，不为外界所知。因此，对这些染色剂进行鉴定成为目前子料鉴定的最大难点。

图 4-36　浸没在颜料池中的和田玉料

图 4-37　市场上的染色和田玉料

（二）山料染色仿子料的鉴别特征

随着仿子料制作工艺水平的不断提升，对最新染色技术的跟踪始终具有一定的挑战性。在子料的鉴定中，追踪最新的制伪技术虽然重要，却不是唯一的关注点。更加重要的是对天然子料的深入了解和准确把握。天然子料所具有的独特特征是通过亿万年的自然风化形成的，无法被简单地模拟或复制。就如同一只鸟儿在蓝天中飞翔，其翅膀所展现出的瑰丽色彩是无法被人工绘制出来一样。因此，子料鉴定的关键在于对于天然子料核心特征的准确把握。

1.外形

1）天然子料的外形特征

子料是由山料和山流水崩塌滚磨后形成的。随着河流搬运距离的增加，子料会与河床及其他卵石发生碰撞和摩擦，从而不断改变其外形。这个改变主要体现在尺寸和外形轮廓上。

初始阶段形成的子料是大块的，形状受到原来的石块崩塌后碎块的影响，呈现出立体的次棱角状（图 4-38）。这些大块子料因为体积和质量较大，搬运方式主要是滑动。在滑动的过程中，子料底部逐渐被磨蚀，顶部则受到河床中其他卵石的碰撞磨蚀，导致子料的体积和质量减小，并逐渐从立体块状转变为扁平状（图 4-39）。这些中等大小的手玩件子料相对稳定地附着在河床底部。

随着子料被进一步搬运，其体积和质量进一步减小，突出部位最容易受到磨蚀。因此，扁平状子料的两端和边缘逐渐缩小，最终再次形成立体的小颗粒子料（图 4-40）。这种小颗浑圆状子料形状相对饱满，适合制作手链或独子挂件（即整件成品由一颗完整的子料独立创作而成，未经切割）。

综上所述，随着搬运距离的增加，子料的外形会发生变化。大块子料呈立体次棱

角状，中等块度子料通常为扁平状且磨圆度较好，小块子料则呈次圆状（图 4-41）。因此，在判断子料的外形时，首先需要根据尺寸大小进行对应判别，而不能大小子料一概而论。

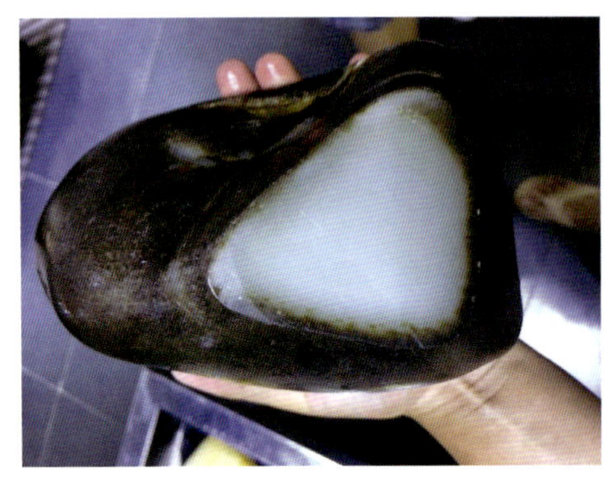

图 4-38　大块玉料多呈三维立体形态

图 4-39　中等尺寸子料多为扁平状
（藏玉 app 提供）

图 4-40　小尺寸子料大多圆度较好
（藏玉 app 提供）

图 4-41　子料外形与块度的关系
（藏玉 app 提供）

2）人工仿子料的外形特征

首先，仿子料通常以手玩件的大小为市场主流。为了获得更高的市场价值，制作时通常会追求饱满的浑圆外观，与天然中等大小子料的扁平形态有所区别。

其次，人工滚筒磨圆的仿子料是通过对山料的边角碎料进行滚磨而形成的。尽管经过切形修正及数月的滚磨，但由于受到山料碎块外形的限制，仿子料的外轮廓仍会隐约显现出边角碎块的多边形外观（图 4-42）。因此，人们常说仿子料的外形不够自然。将滚磨后的仿子料握在手中盘玩，当手指从一侧沿着仿子料表面轻抚到另一侧时，会感觉略微硌手，这与盘玩天然子料时的顺滑感有所不同。

同时，在一些滚磨时间不足的仿子料上，还常常能够看到在切形过程中留下的切面。这些切面在反光观察时显得光滑而平整，人们称之为“刀削痕”，类似于玉料加工过程中的“一刀切”面（图 4-43）。这种特征是天然子料通常所不具备的。

综上所述，仿子料的外形和触感等细节揭示了它们与天然子料的差异。虽然仿子料力图模拟天然子料的外观，但由于制作工艺和材料等诸多因素的限制，仿子料的外形始终难以与天然子料媲美。这些微小的差异正是仿子料与天然子料在鉴定过程中的区别所在。

图 4-42　滚筒料具有模糊的多边形外轮廓

图 4-43　滚筒料具有的光滑反光面

2.毛孔

1）天然子料的毛孔特征

毛孔是和田玉子料表面的一种特征，这种特征形成于长时间的流水搬运过程中。在流水的冲刷、石块之间的碰撞和沙粒的摩擦作用下，和田玉子料表面逐渐形成了一种水蚀的纹理。这种纹理呈现出类似于人体皮肤上的汗毛孔的小孔状结构，因此被称为“毛孔”。这一特征是和田玉在自然环境中长时间形成的，也是和田玉的独特之处之一。

由于在流水搬运的过程中，撞击物的硬度和每一次撞击力度的大小存在差异，因此，天然毛孔在和田玉不同表面和不同位置上的分布是不均匀的，而且其深浅和大小也会有所不同（图 4-44）。

此外，和田玉碎块长时间处于河床中，经历了无数其他卵石的碰撞。这些碰撞的方向常常错落不一，导致每个毛孔都有着独特的形态和特征。有些毛孔甚至因为近距离的多次碰撞而相互粘连，一些较大的毛孔中还可以看到多个小毛孔。这说明在这个地方，子料经历了强烈的大块卵石撞击，接着又经受了多次小块卵石的撞击。

综上所述，天然毛孔在和田玉子料上的分布是不均匀的。每个毛孔的形态都是自然形成的，其轮廓多为不规则的港湾状（图 4-45）。这种不均匀的分布和多样的形态赋予了和田玉子料一种独特的观感和魅力。每个毛孔都是和田玉子料在自然环境中经历了无数次的撞击和摩擦后形成的，这使得每个毛孔都承载着岁月的痕迹。

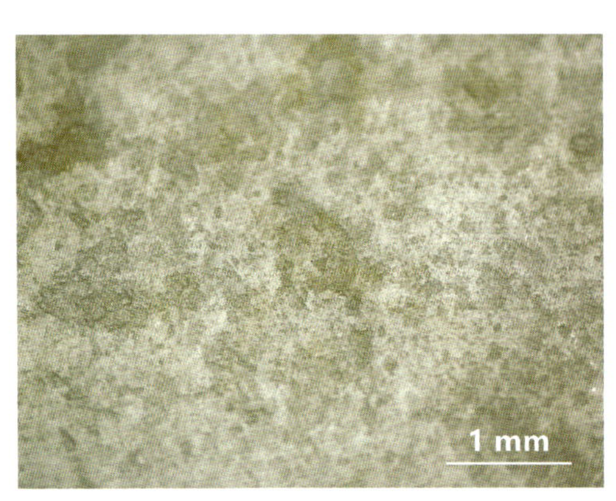

图 4-44　天然子料毛孔的大小、深浅不一

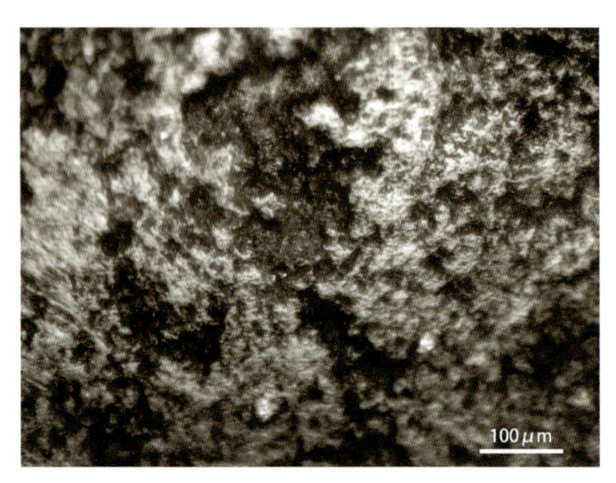

图 4-45　天然子料毛孔港湾状的边缘轮廓

2）人工仿子料的毛孔特征

山料磨圆仿子料的制作经历了一个逐步改进的过程。

最初人们在制作仿子料时并没有意识到毛孔的重要性。山料经过滚筒抛磨后进入市场，其表面几乎看不到毛孔。然而，随着市场逐渐将是否有毛孔作为子料鉴定的重要依据，人们在仿子料毛孔的制作方面进行了多次的尝试与创新。

早期，人们使用榔头等硬物敲击经过滚磨的仿子料，从而在表面形成了凹凸不平的“麻子坑”。然而，这种粗劣的毛孔缺乏自然河水磨出的光润感，属于典型的“一眼假”。

随后，人们尝试采用人工喷砂工艺，在玉料表面喷射金刚砂，以模拟天然石块的撞击痕迹。这种方式使得毛孔在玉料的各个面以及各个部位分布十分均匀，毛孔大小较为一致（图 4-46），而且仔细观察毛孔的形态和分布，就容易发现喷砂工艺与天然毛孔的形成机制相违背。

为了更加贴近自然，人们开始探索利用模仿流水搬运的方式制作毛孔。他们将仿子料放入特制的滚筒中，加入适量的沙粒和水，通过水流的冲刷、石块的碰撞和沙粒的摩擦来形成毛孔。经过多次实验和改进，终于得到了与天然子料毛孔相似的效果。

近年来，随着大型电动滚磨机的出现，玉料加工技术得到了进一步改进。人们将不同大小的玉料直接放入滚磨机中进行撞击滚磨，而不再需要沙粒和磨料的辅助。

图 4-46　金刚砂喷枪喷制的尺寸一致、分布均匀的毛孔

由于电动力的可持续性,制作成本低廉,整个过程持续数月。这种和田玉料间的直接碰撞磨蚀,使得玉料的外形和毛孔特征与天然子料更加相似,给鉴定带来了困难。

要准确鉴定这种仿子料的毛孔,需要注意毛孔底部的细微差异。天然子料通常经历了长期的流水冲击,类似于流水打磨,因此毛孔底部较为平坦(图 4-47)。而人工子料在数月的互相撞击后,并没有经历这一阶段,所以毛孔底部通常保留有粗糙的撞击痕迹(图 4-48)。此外,观察毛孔的轮廓也可以发现区别,天然子料相对人工子料的毛孔轮廓较为规则。

诚然,人工仿制技术一直在不断改进,相应的鉴定特征也会随着时代的发展而发生变化。从原理上来说,无论是在天然子料的材质、颜色还是毛孔的形成机制方面,人工作坊或实验室都能够完美地复制自然界的特征。然而,人工子料与天然子料之间最核心且无法复制的要素,是它们这些表面形貌特征形成的时间。因此,人工子料的鉴定关键在于捕捉到数万年岁月与数月时光所留下的微小差异。这种差异成为打开子料与仿子料鉴定之门的永恒之窗。

3.风化皮色特征

首先,我们需要澄清一个事实,即子料并非都有皮色。实际上,在子料的开采过程中，超过 70%的子料并没有风化皮色。因此，不能仅凭有无风化皮色来判断子料的真实性，否则将错过许多高品质的天然子料。

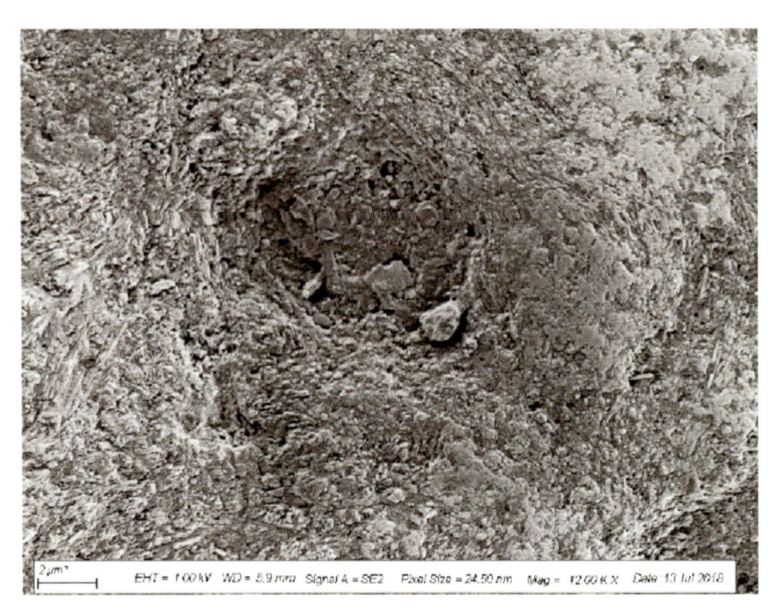

图 4-47　天然子料毛孔底部较为平坦光滑（扫描电镜，放大 12 000 倍）

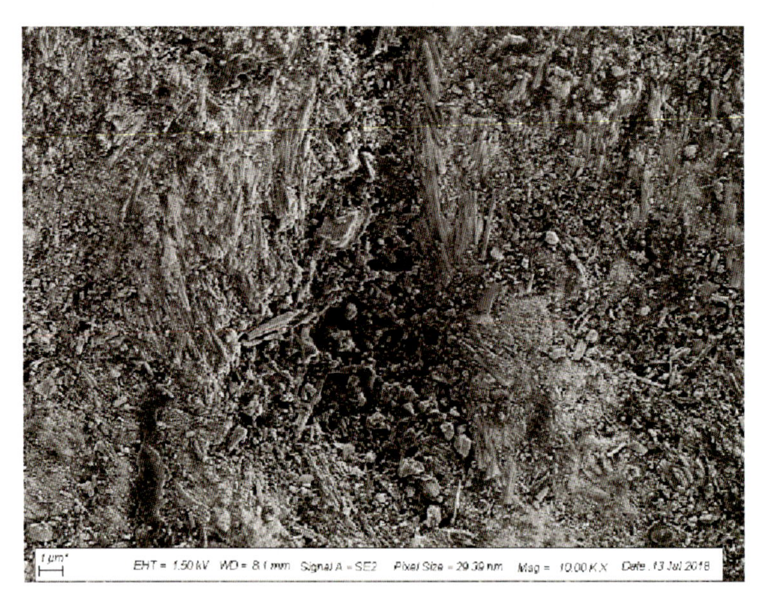

图 4-48　人工子料毛孔底部较为粗糙，可见不同方向的透闪石纤维

（扫描电镜，放大 10 000 倍）

程中，超过 70%的子料并没有风化皮色。因此，不能仅凭有无风化皮色来判断子料的真实性，否则将错过许多高品质的天然子料。

尽管如此，在许多子料的鉴定过程中，风化皮色仍然被视为一个重要的鉴定依据。为了作出准确的判断，我们仍然需要了解子料风化皮色的特征，并将其与人工染色进行对比。

1)天然子料风化皮的成分

在玉龙喀什河与喀拉喀什河之间的高山地区，冰雪融水流经山间岩块时，携带着一些矿物质，形成了所谓的"矿泉水"。这些地表流水中的矿物元素，如铝、铁、锰和硅等，很难以离子形式溶解于水中，通常以胶体溶液的形式被搬运。而钙、钠、镁等则容易以离子形式溶解于水中，以真溶液的形式被搬运。

与和田玉的皮色形成密切相关的元素主要是铁(Fe)和锰(Mn)。科学研究已经揭示，子料的风化皮主要由含铁和锰元素的矿物质组成(图4-49、图4-50)。当河水流经子料表面时，携带着胶体状的铁和锰，它们会逐渐渗透进入子料内部，发生凝聚作用，并最终结晶形成针状的铁矿和软锰矿等矿物质。正是这些矿物质的存在，使得子料表面的风化皮呈现出红色、黄色、褐色等不同的色彩。

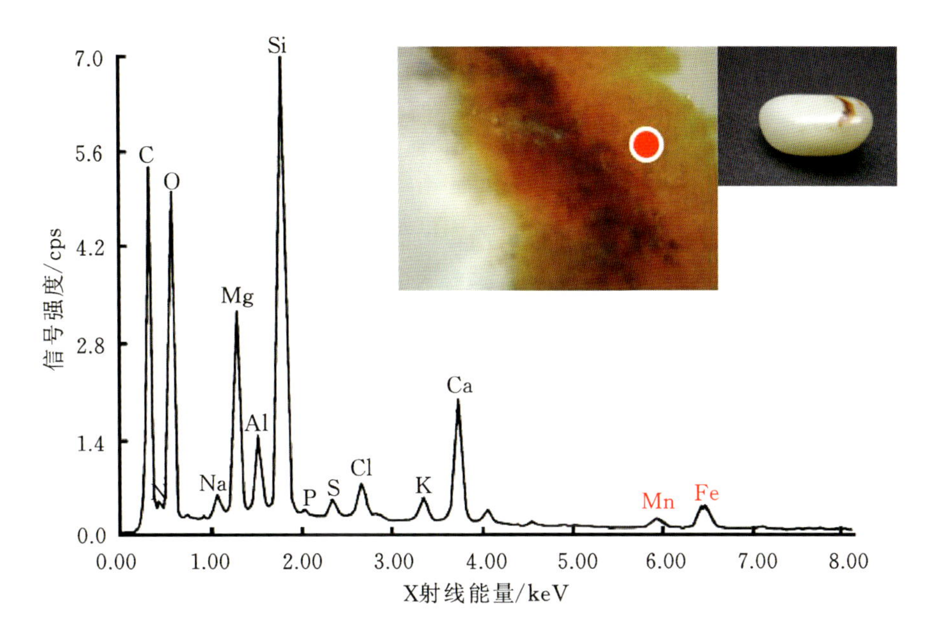

图 4-49　红黄色子料风化皮(以Fe致色为主，Mn为辅)

2）天然子料风化皮的分布特征

和田玉的渗透和附着位置遵循一定的自然规律。首先，子料普遍存在裂隙。尽管俗话"十子九裂"并不完全准确，但大部分子料确实存在裂隙。这些裂隙是玉块在河床中与其他石块碰撞时形成的。然而，高品质的子料通常只在表层有较浅的裂隙，这是因为和田玉的结构非常致密，具有卓越的韧性。这些裂隙成为铁锰质胶体溶液渗透的首选目标，因为它们提供了一个通道。在裂隙中，胶体溶液可以渗透并沉积，导致裂隙处富集了铁锰质矿物，最终形成相应沿裂隙分布的皮色(图4-51)，市场俗称"蜈蚣足"。

其次，和田玉的结构可能存在局部疏松处。大块和田玉的结构通常不完全致密，这是因为在形成过程中遭受的压扭应力往往不可能绝对均匀且处处相等，导致局部

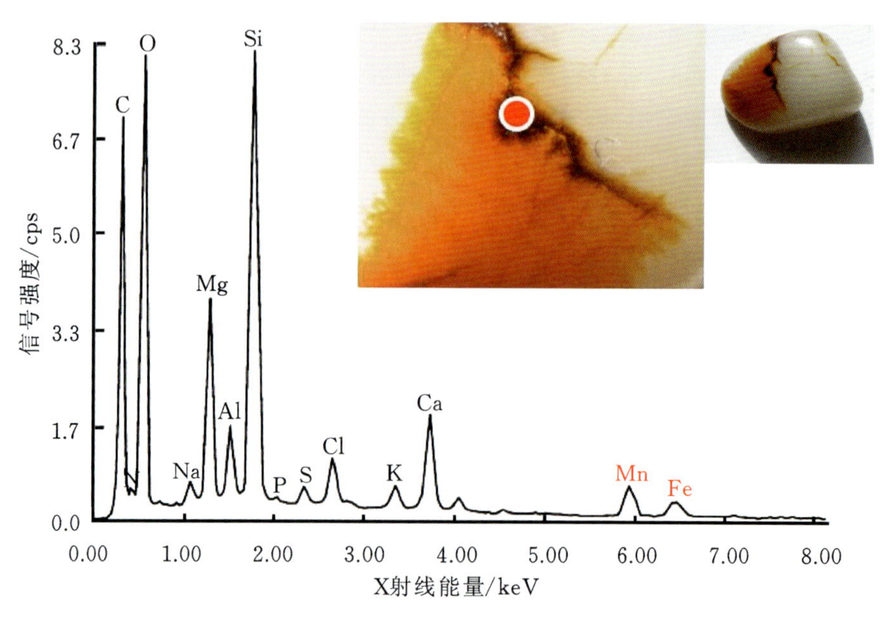

图 4-50　黑褐色子料风化皮(以 Mn 致色为主,Fe 为辅)

位置的和田玉结构致密而局部位置相对较为松散,即行业里常称的"阴阳面"。此外,附着有未完全矿化的围岩以及局部位置存在多种矿物交杂,也可能导致其结构不如纯和田玉部分致密。此外,子料在河床中搬运时可能遭受强烈的硬物撞击,也会导致撞击位置附近的结构稍显松散。尽管上述原因和过程各不相同,但和田玉中存在这些结构松散的部位是一种常态。正是在这些结构疏松处,铁锰质胶体等矿物质找到了理想的渗透浸染的环境,从而在结构松散的局部位置形成皮壳状风化皮,风化色从外而内逐渐变浅(图 4-52)。

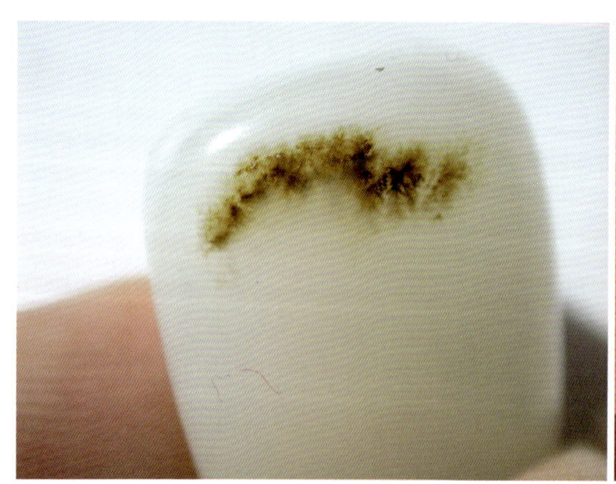

图 4-51　分布于微裂隙中的皮色常呈蜈蚣足形态

图 4-52　分布于结构松散处的皮色常呈皮壳状(《秋语江南》系列之一,杨曦作品)

因此，我们可以得出结论：和田玉的皮色渗透和附着位置并非随机，而是受自然规律的限制。在不同部位，玉料具有不同的渗透能力和附着条件。一些部位可能更容易被胶体溶液浸染渗透，从而形成风化皮；其他部位则可能由于缺乏合适的通道而无法发生渗透。因此，所谓“好料不留皮”指的是质地致密、无法发生风化皮附着和渗透的和田玉部分，在其表面无法形成矿物质的渗透和附着。反言之，我们就不难理解，一旦在一块和田玉“子料”结构最为致密的地方出现皮色，就应当被视为反常现象，需要谨慎对待以甄别是否经过了染色处理。

3）天然子料风化皮的形态特征

和田玉的风化皮主要由含铁和锰元素的矿物质组成，而这与它们的性质息息相关。在河水中溶解的元素繁多，然而只有铁和锰元素能够相互结合并形成沉淀和结晶。这是因为铁常以正胶体的形式存在，而锰则以副胶体的形式存在。正负配对中和的过程，是自然而然地选择发生的。因此，铁锰胶体中和后就在子料的风化皮中形成了针铁矿和软锰矿等矿物质。

矿物具有独特的结晶形态。观察附着或渗透到和田玉肌理中的风化皮，无论是在显微镜下还是在肉眼观察中，这些结构都呈现出一种具有主干的分形结构，或呈树状（图 4-53），或呈松枝状（图 4-54）。当我们将其置于显微镜下，可以发现它们呈现出枝蔓晶状或松花状的形态特征（图 4-55），而在背散射电子像下的高亮，恰好对应了铁锰质矿物（图 4-56）。若松花结构密集，就像在山间石块上生长的苔藓，形成苔藓纹（图 4-57）。而若铁锰质矿物沿裂隙延伸，就会形成成串的枝蔓晶，看起来像蜈蚣足（图 4-58）。风化皮的形态具有独有的特征，正是这些特征让我们能够对和田玉子料的风化皮进行鉴定。

图 4-53　树状风化皮

图 4-54　松枝状风化皮

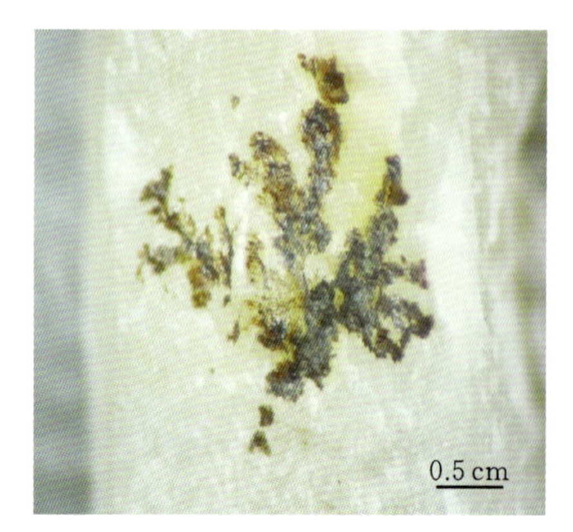

图 4-55　显微镜下子料裂隙中的枝蔓晶形态

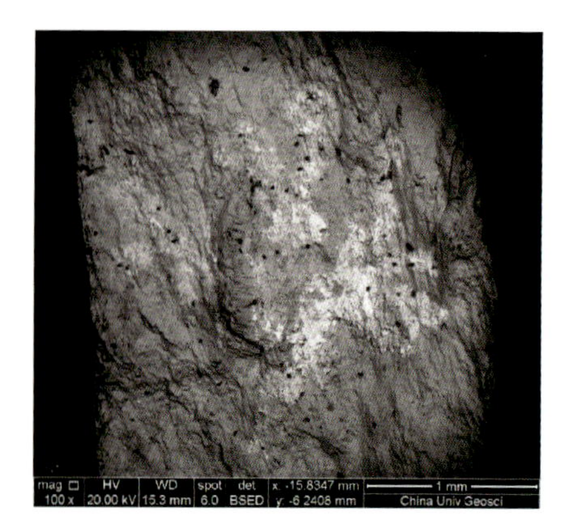

图 4-56　背散射电子像中的枝蔓晶形态

图 4-57　苔藓纹状风化皮(藏玉 app 提供)

图 4-58　蜈蚣足状风化皮

然而,我们也应该注意到,由于现代河床中子料资源基本已开采殆尽,如今和田玉子料的开采已经转移到了河床两侧的河流阶地,甚至是河流迁移后留下的古河道中。因为埋藏的环境相对更为干旱,风化过程中水的参与度降低了,这些地方的子料所展现的皮色特征与河床型子料完全不同,这一点值得引起我们的关注。

可以想象,河流阶地及古河道中的子料也经历了河流的搬运作用,但由于河道的变迁,这些子料形成后埋藏环境发生了巨大变化。在河床中,由于水流湍急,只有在结构松散或微裂隙处才能见到风化皮色的附着。而在河流阶地及古河道中,子料常年覆盖着砂土层,其中的矿物元素可以长时间从四面八方渗透到子料中。因此,这种类型的子料的风化皮色分布面积较大,甚至形成全包皮的情况(图 4-59、图 4-60)。这为我们深入探索和田玉的形成机制提供了新的视角。

对于阶地型或古河道型子料,我们不能简单地使用河床型子料的鉴定理论来应对,而要观察剖面的近表面位置是否存在干旱环境下因长时间风化而形成的乳白色半风化层(即乳化层)。如果未发现该乳化层,则需要进一步观察其他特征,来佐证其真伪。

图 4-59 阶地型子料

图 4-60 古河道型子料

因此，在研究和田玉子料时，我们应该将注意力放在不同地点和环境中的风化皮色特征上。这样做有助于我们更好地理解和田玉的多样性和独特之处。我们不能简单地使用一种鉴定理论来对待不同环境下的子料。相反，我们应该对不同环境下的子料进行分类研究。这种分类研究有助于我们更好地认识和田玉子料，避免因误判子料真伪而错失子料。

4）人工染色风化皮的特征

正如前文所述，人工染色的配方和技术一直在不断改进和更新中。对于染色皮色的总结是一个持续且永无止境的工作。然而，鉴别的关键并不在于染色子料，而在于天然子料。只要我们掌握了天然子料风化皮色的特征，就可以用来判别染色子料——只要染色子料在成分、分布规律和形态上与天然子料不一致，就值得我们警惕并进行仔细检验。

尽管对于染色皮色的总结永远只是一个阶段性的成果，但它仍然可以为初学者提供许多有益的提示。

首先，在成分方面，对于早期利用有机染剂染色的人工子料，可以通过使用含有酒精、乙醚等有机溶剂的棉团来擦拭进行鉴别：若棉团变色，则说明皮色为有机染剂所致。当然，更准确和科学的方法是进行仪器分析，比如无损的 X 射线荧光光谱分析。如果在样本中未检测到天然子料可见的铁或锰元素，那么就可能是染色的，需要进一步检测其他特征来确认。

其次，若人工子料经过了无机盐染色，特别是使用与天然子料皮色成分一致的铁盐和锰盐进行染色，则成分分析已不再起作用。此外，如果在染色后进行了加热等固色处理，酒精棉团的擦拭实验也往往无法产生有效结果。在这种情况下，通常通过放大镜观察样本是否具有特征的松花结构或枝蔓晶等结晶矿物的特征结构就足够了。

这种特殊结构通常是无机盐染色难以达到的(图 4-61、图 4-62)。

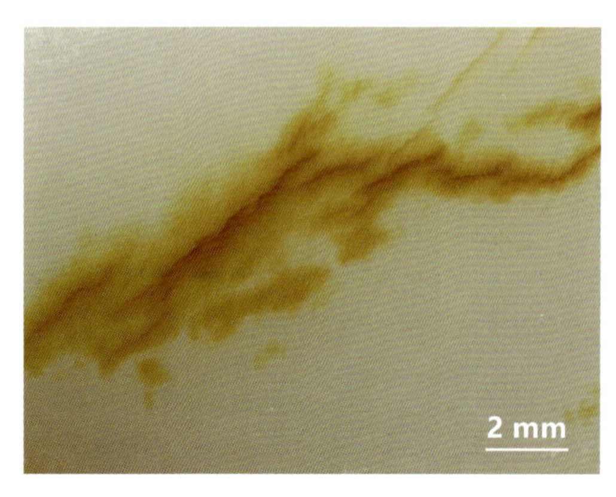

图 4-61　染色风化皮裂隙中的颜色无矿物的结晶形态

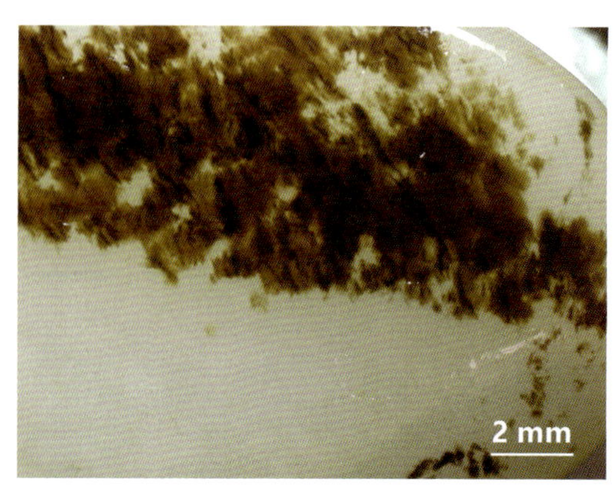

图 4-62　染色风化皮偶见团絮状色块

最后,对于某些特殊类型的子料,大型分析测试仪器可以展现出独特的优势。例如,针对河流阶地及古河道型子料,通过紫外可见吸收光谱测试和分析,可以有效地区分游离态铁和矿物相铁(如针铁矿、赤铁矿)等。这对于鉴别无机盐染色仿子料而言较为准确,因其通常以游离态铁为主要特征。

总之,无论是毛孔还是风化皮色,任何天然子料特征的形成都需要漫长的时间,都是在地表情况下(低温低压)进行。而通过短期的模拟自然界的行为获得的特征,要达到与天然特征相似的效果,往往需要改变温度和压力等条件。通过捕捉这些改变所留下的痕迹,我们就可以进行科学鉴定。

第五章

和田玉的品质评价

和田玉拥有悠久的使用历史和独特的艺术价值，因而和田玉文化成为中国传统文化的重要组成部分。在和田玉的收藏和鉴赏过程中，对其品质进行评价至关重要。

首先，和田玉品质评价的重要性在于帮助准确辨别优劣。市场上存在许多以次充好的和田玉制品。通过对和田玉品质的评价，我们能够从众多和田玉制品中找出真正的珍品，保护消费者的权益。

其次，和田玉品质评价的意义在于突显其珍贵性。优质的和田玉稀缺且独特，因此价值较高。通过对和田玉的质地、色泽等进行评价，我们能够准确判断其稀有程度和收藏价值，以更好地欣赏和保护这一宝贵的文化遗产。

此外，品质评价能够展现和田玉的艺术魅力。作为传承千年的文化艺术载体，和田玉的纹理、色泽和质地体现了人们的审美追求。对和田玉进行品质评价，可以帮助我们理解和欣赏和田玉之美，增强我们对它的情感共鸣。

总之，和田玉品质评价在和田玉的收藏和鉴赏中具有重要的作用。它能够彰显和田玉的珍贵性和美学魅力，深化人们对和田玉的认知和理解。

第一节　和田玉价值评价的影响因素

和田玉的价值受到多种因素的影响。首先，作为实物，和田玉通过视觉、听觉、触觉等与人产生联系。这种感官体验与和田玉材质的优劣密切相关（图 5-1、图 5-2）。例如，结构致密的和田玉通常给人细腻的触感。因此，材质是影响和田玉价值的一个关键因素。

其次，我们知道，玉石需要经过精细的琢磨加工才能变成一件精美的玉器。经过加工，一块原始的玉石被打磨成一件完整的作品，这时它才能展现出真正的价值。加工的精细程度直接决定了最终作品的品质。优秀的加工使得和田玉成为一件艺术品，平庸的加工使之成为一件普通的工艺品，而粗糙的加工则只能产生一件普通产品（图 5-3、图 5-4）。因此，设计的精妙与工艺的高超也是影响和田玉价值的关键因素。

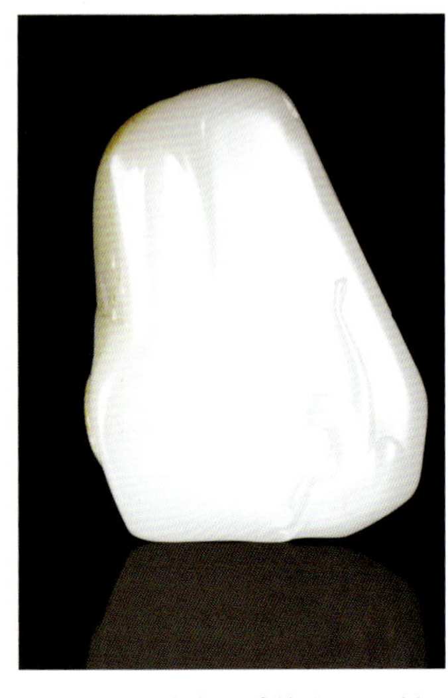

图 5-1　质地细腻的和田玉料
（《巡山》，樊军民作品）

图 5-2　质地粗糙的和田玉料

图 5-3　设计制作粗劣的人物像

图 5-4　设计制作精美的观音像（侯晓峰作品）

此外，和田玉作为一种珍贵的艺术品，其价值也受到其所蕴含的历史背景和文化内涵的深刻影响。在博物馆中欣赏历代精美的和田玉器时，我们所目睹的不仅仅是经过无数史学家、艺术家、哲学家和评论家严格审视和评价的作品，更是那个时代人们对世界万物的理解、社会发展状况、生产力水平乃至创作者思想等的真实映射（图5-5、图5-6）。这些玉器成为中国传统文化的宝贵遗产，承载着丰富的文化意义和历史记忆。正是这些历史和文化因素赋予了和田玉独特的魅力和价值，使其成为收藏者们追逐的宝贵之物。因此，历史背景和文化内涵更是影响和田玉价值的重要因素。

图 5-5　玉透雕云形佩

（新石器时代，故宫博物院藏）

图 5-6　大禹治水图玉山

（清代，故宫博物院藏）

综上所述，和田玉的价值受到多种因素的综合影响。不同的藏家可能会根据自身实际情况和需求对其价值有不同的理解。此外，市场需求和供应情况也会对和田玉的价值产生一定的影响。然而，无论如何进行评价，都离不开对材质本身优劣的判断。因此，在本章中，我们主要从材质价值评价的角度，对和田玉的品质进行详细的解读和阐述，以更好地理解其真正的价值所在。

在谈及和田玉的材质价值时，我们必须认识到，作为自然界的天然产物，和田玉的价值不仅仅在于材质本身，还受到众多因素的综合影响，大致包括产地、产状、颜色、光泽、透明度、质地、净度以及裂隙等八个方面。这些因素相互交织，相互影响，共同塑造出和田玉的独特魅力与价值。

第二节　产地与产状的影响

一、产地

（一）原产地溯源的起源与意义

产地对宝玉石价值的影响是一个古老而又永恒的话题。这个话题的古老之处在于它已经被讨论了半个世纪之久，而相对于人类使用宝玉石的几千年历史，这段时间实在是微不足道。

然而，在最新修订的国家标准中不再强调和田玉的原产地意义之后，关于原产地对和田玉价值是否有影响以及会产生怎样的影响，反而引发了人们的讨论和争议。这一争议可能还会持续很长一段时间，因为它牵涉到了人们对于和田玉的认知、情感和审美观念的不同。

原产地溯源在名贵的珠宝玉石中具有重要的意义。钻石是目前唯一不需要进行原产地溯源的珠宝玉石，而寿山石、鸡血石和绿松石则是最早出现原产地溯源需求的玉石品种。虽然翡翠和和田玉同为玉石界的两大王者，但翡翠的宝石级原产地主要限于缅甸，而关于优质和田玉的原产地则见仁见智。

原产地溯源的意义在于，它可以为消费者提供关于珠宝玉石真实来源和质量的信息，帮助消费者作出明智的购买决策。随着危地马拉高品质翡翠的出现，翡翠原产地溯源的重要性逐渐提升。和田玉的原产地溯源也被再次被提了出来。

最早对原产地有溯源需求的是彩色宝石。20世纪50年代，瑞士的古柏林宝石实验室（Gübelin Gem Laboratory，GGL）第一个提供原产地溯源服务，原产地溯源从欧洲开始。然而，彩色宝石的原产地溯源在当时也一直是贸易中备受争议的话题，就像今天关于和田玉是否需要进行产地鉴定的争议一样，存在着两大阵营的观点。

最初，仅有几种宝石（如来自缅甸的抹谷红宝石和来自克什米尔的蓝宝石等）在鉴定时需要出具原产地报告。后来人们发现，那些被认为是“一流”的红宝石普遍来自缅甸。这一发现导致许多藏家开始追逐特定产地的宝石，即使有些品质并非最佳的缅甸红宝石也产生了高额溢价。这一现象引起了拍卖行的关注。

拍卖行发现，只要一颗宝石足够美丽且稀缺，人们都愿意为此支付额外费用。因此，在拍卖彩色宝石时，拍卖行普遍开始提供国际知名鉴定机构如古柏林宝石实验室和瑞士珠宝研究院（Swiss Gemmological Institute，SSEF）的原产地鉴定报告，这一做法逐渐成为一种潮流。

与此同时，一些非著名产地的宝石，比如泰国红宝石，并没有因缺乏原产地溯源信息而滞销。相反，许多专业素养很高的红宝石爱好者和普通消费者更倾向于购买高品质的泰国红宝石，而不是低品质的缅甸红宝石。这种现象形成了一种有趣的反向消费文化。

与彩色宝石原产地溯源一样，目前对于和田玉产地的溯源需求并非来自学术界，而是源自市场。但从市场角度来看，也并非所有和田玉都需要产地溯源。

对于普通的和田玉消费市场，人们更关注品质，而非产地。在确定价格时，品质的重要性远大于产地的影响，如一块优质的青海料或俄罗斯料的价格远高于低品质的新疆和田料。然而，在高端的和田玉收藏市场中，人们对产地的意义产生了不同的理解。在品质相近的情况下，产地对和田玉的价值起到了明显的加持作用：一块高品质的新疆和田料的价值高于高品质的俄罗斯料或其他产地的玉料。换言之，产地对和田玉的价值加持只在高品质的情况下，或者至少与同品质的和田玉进行对比时，才能更加明显地体现出来。因此，和田玉的产地溯源在高端市场中显得更为重要，而在普通消费市场中并不是必要的考虑因素。这种市场需求的差异也使得和田玉市场更加多元化。

（二）产地对和田玉价值的影响

1.历史上的著名产地

历史上和田玉的著名产地非新疆莫属。各种古代文献中关于新疆产玉的记载表明，早在数千年前，新疆和田玉就已经享誉天下。

古代，和田玉的开采地主要集中在于阗国（今和田地区）和莎车国（今新疆维吾尔自治区莎车、麦盖提县一带）。然而，随着现代勘探开发技术的提升，如今和田玉的矿产区域已经扩展到了西起塔什库尔干，东至若羌，绵延数千里的地方。这里遍布着许多和田玉矿，其中最著名的玉料是和田玉子料。和田玉子料的卓越品质使得整个新疆的和田玉在市场上拥有了出众的声誉。甚至有人总结出了一句俗语——“于田的白玉，且末的糖，塔县的黑青，若羌的黄”，形象地表述了人们对新疆不同地区各色和田玉的关注和喜爱。

在于田地区，尤其是1995年和1998年开采的于田白玉山料，质地细腻，油性好，而且水线、棉点等瑕疵较少，可以与子料相媲美（图5-7、图5-8）。然而，目前已探明的几个于田玉矿资源已接近枯竭。特别是近年来，于田地区几乎没有再挖掘出优质的玉料。因此，95于田料已经成为市场上的稀缺品。这一情况增加了于田白玉的收藏价值，使其更显珍贵。

且末地区的糖玉以其良好的油性、细腻的质地和美丽的糖色而闻名，被视为精品糖玉的代表（图5-9）。在且末糖料中，最受欢迎的是糖白料，其中糖色浓郁、颜色分界清晰的糖白玉料，非常适合雕刻精美的俏色作品。人们通常将且末糖料分为近矿料和远矿料。近矿料是指离城市较近的矿坑产出的玉料，目前优质料已经基本开采完毕；而远矿料由于距离城市较远，开采成本较高。因此，总体而言，目前且末糖料的开采无法满足市场对高品质糖玉的需求。自2020年以来，高品质且末糖玉的稀缺导致产地溢价不断升高。

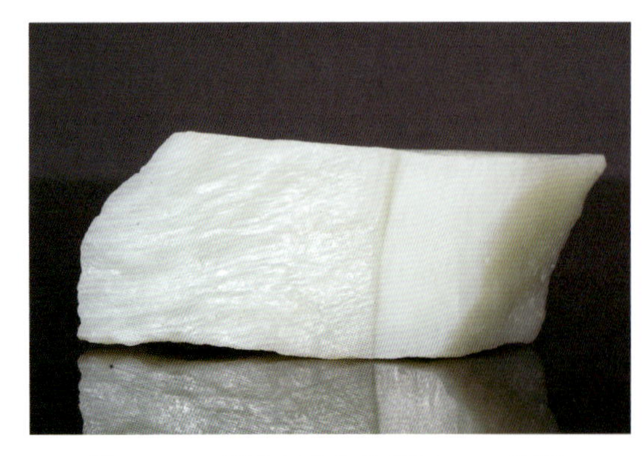

图 5-7　95 于田白玉山料（藏玉 app 提供）

图 5-8　《梦启天国》（95 于田料，汪德海作品）

图 5-9　且末糖玉（《独步》，樊军民作品）

塔什库尔干县出产的黑青玉(简称塔青)有时在市场上被戏称为“黑羊脂”,这个称谓恰如其分地描绘了塔青的特点——细腻、油润,颜色浓如墨汁(图 5-10)。在很长一段时间里,青玉由于产地众多、产量较大,被认为是和田玉中的低端品种,从未进入高端市场。然而,塔青的发现改变了这种看法。位于喀什地区塔什库尔干县马尔洋乡皮里村的塔青矿产出的玉石品质与顶级和田玉子料无异,甚至有人将其赞誉为“昆仑墟的舍利”。然而,大约在 2013 年,塔青矿被封闭,使得塔青的价格进一步上涨。

图 5-10 塔青(《善器》,樊军民作品)

黄玉自古以来被视为皇室专用的玉料,原因有二:一方面,“黄”与“皇”谐音,黄色象征着尊贵和权威;另外更重要的一方面是,黄玉在和田玉中相对稀少。若羌地区的优质黄玉备受推崇,主要是因为它们具备新疆和田玉的特征,颜色纯正且油性良好。然而,唯一的遗憾是若羌地区优质黄玉的产量相对较少,目前仅有一两个采矿口,而且已有十多年未开采出优质黄玉。尽管如此,黄玉仍然以其稀有性和独特的魅力吸引着众多收藏家和玉石爱好者(图 5-11)。

此外,郑玄在对《尚书·顾命》的注释中提到:“大玉,华山之球也。夷玉,东北之珣玗琪也。天球,雍州所贡之玉……”,这表明了和田玉历史上另一个著名的产地——位于东北之地,现如今的辽宁岫岩。辽宁岫岩不仅产出了闻名遐迩的岫玉,也产出和田玉。此处的和田玉是周边古文化(如红山文化)遗址玉器的重要原料,因而被称为“老玉”。由于其质地细腻,当地也称之为“细玉”。尽管该地的和田玉使用历史悠久,并在许多古籍中有所提及,但在历史上并未出现区别于其他产地的特色玉料。然而,随着时间的推进,近年来出现了一批著名的新矿点,产出的析木料等,为辽宁鞍山地区和田玉注入了新的活力,焕发出新的光芒。

需要明确的是,上述产地的玉石并非都是高品质的——大自然的神秘之手将各地优质和田玉的产出限制在极低的比例之下。因此,过于迷信产地可能会使人失去

图 5-11　黄玉琴式镇纸(清代,故宫博物院藏)

鉴赏和田玉的真正本意。毕竟,我们最终收藏的是玉石本身,而不是购买那个置于和田玉前面的产地名词。

2.和田玉中的“新贵”

1) 白玉

白玉中的“新贵”当属青海格尔木野牛沟料及俄罗斯黑皮白玉山料。

青海格尔木野牛沟的白玉产自托拉海沟玉矿,是备受欢迎的青海料之一。野牛沟料以其细腻、提白(经过雕刻打磨后,往往可呈现出更好的白度)和浑厚的特点而闻名,没有青海白玉中常见的颜色发灰、透明度低以及棉点多等缺陷。

俄罗斯的黑皮白玉山料则展现出了与我们印象中的俄罗斯白玉截然不同的特质,它呈现出少见的油润性。这种白玉具有高白度,表面还带有一层黑皮,黑皮厚且与白色交界处清晰,这使得许多玉雕大师如赵显志等选择用它创作出了一批出色的作品(图 5-12)。该料由于具有天然黑皮,曾一度被磨圆后作为子料出售。现如今,高品质的俄罗斯黑皮白玉山料的价格甚至可以与 95 于田料相媲美,其品质和价格也并不输于一般品质的和田玉子料。

2) 青玉

青玉中的“新贵”当属青海格尔木青玉及辽宁海城析木玉。

青海格尔木青玉自从 2008 年被选为北京奥运会奖牌所用的玉石以来,引起了众多玉石收藏家的关注。随后,一批知名玉石雕刻大师如俞挺、马洪伟和茹月峰等开始

图 5-12　黑皮白玉山料(《山樵云归》,赵显志作品)

使用青海格尔木青玉创作器皿件,特别是其中的薄胎器皿充分展示了青海格尔木青玉细腻无结构的特点(图 5-13)。这种玉料具有极为致密的结构,呈现出油脂般的光泽,吸引了众人的目光。如今,青海格尔木青玉已成为许多玉雕大师展示精细雕刻工艺的首选玉料之一。

与此同时,辽宁鞍山海城析木玉也逐渐崭露头角。作为一种河磨料,析木玉具有无结构和颜色均匀等特点。与岫岩老玉和河磨玉相比,析木玉几乎没有前者常见的"水痘",纯净且成材率较高。析木玉的问世,使得辽宁鞍山地区和田玉的价格达到了新的高度。其颜色均匀且浓郁,经过雕刻后,与白玉相比更容易显示出工艺细节。国家非遗大师翟倚卫等人的创作进一步发掘了析木玉皮色和质地的优势,并将其充分展现了出来(图 5-14)。

3) 碧玉

碧玉中的"新贵"无疑是俄罗斯 7 号矿料。

尽管碧玉产地众多,且新疆玛纳斯等地早期就有碧玉的产出和使用,但大部分碧

图 5-13　青海青(《颂壶》,马洪伟作品)

玉都有一个通病,就是表面有较多被称为“美人痣”的黑点,而且因为含有铁元素,颜色不够鲜艳。因此,长期以来,碧玉并未成为和田玉市场上的佼佼者。

然而,在 2004 年至 2008 年间,碧玉的市场格局发生了翻天覆地的变化。俄罗斯意外发现了一个碧玉矿,这个矿出产的碧玉料被称为老坑料,它的特点是黑点较少,具有独特的菠菜绿色,色泽浓艳均匀,结构细腻甚至过灯无结构,充满油脂感(图 5-15)。因此,它被誉为“碧玉中的贵族”,成为当时最为昂贵和著名的碧玉。

然而,如此美丽的碧玉矿却注定是短暂的辉煌。2009 年,7 号矿基本宣告绝产,再也没有出现过与之相媲美的碧玉。尽管在 7 号矿附近还挖掘到了 32 号、37 号等坑口,但这里产出的碧玉品质远不及 7 号矿料。这使得 7 号矿成为碧玉中的一个传说。

图 5-14　析木玉山水牌（翟倚卫作品）

4）翠青玉

作为和田玉颜色品种中的“新贵”，青海翠青玉在近年来的和田玉市场上成为众人瞩目的焦点。

起初，青海的翠青玉并未引起太多关注，甚至被一些人视为低档的玉料而被忽视。然而，随着“翠青玉”这一名称在2020年首次被纳入国家标准，青海翠青玉的地位开始逐渐提升，其价格也开始急速上涨。如今，青海翠青玉已经成为玉石市场上备受追捧的和田玉品种。

高档的翠青玉具有独特的特点，它呈现出娇嫩的绿色，给人一种清新、自然的感觉。而且，它点缀在白玉底之上，使得整体质感更加浑厚、饱满（图5-16）。翠青玉绿色和白色之间的色差越明显，越能够吸引市场的关注和喜爱。正因为如此，高品质的翠青玉成为玉石市场上的热门商品。

图 5-15　俄罗斯 7 号矿碧玉如意（樊军民作品）

图 5-16　翠青玉（《不知春光早》，樊军民作品）

二、产状

（一）产状与和田玉品质的关系

如果要谈论所有和田玉收藏爱好者梦寐以求的产地和品种，那么新疆和田子料很可能是大多数人的首选。或许有很多人会产生疑惑：山料和子料都属于和田玉，两者同根同源，子料只是山料经过河流搬运后的沉积物，但为何子料的品质会更优秀呢？

这个问题是复杂的，需要从多个维度全面考量。可以将子料比喻为一颗果子，果子的美味取决于多个因素，如种子品质、生长环境、施肥情况以及成熟时间。对于和田玉子料而言，“种子品质”即指母矿的品质，它直接影响子料的质量；“生长环境”指子料埋藏的地质环境，如河床、阶地或古河道；“施肥情况”则是子料在搬运过程中水和矿物质的供给情况；而“成熟时间”类似于子料在河流中搬运的时间或在阶地与古河道中埋藏的时间，它决定了子料风化的成熟程度。

因此，要回答为何子料的品质可能更好的问题，我们最终还是得从子料的形成过程中寻找答案。

首先，和田玉子料的品质与母矿的品质息息相关。若母矿品质较高，子料也将更为优良。

其次，在搬运过程中，河水中溶解的矿物质与和田玉发生水岩反应。这种反应会形成新的矿物质，虽然目前尚无法确定其成分，但这些新生矿物质在充填和胶结和田玉的结构缝隙方面起到重要作用。尽管这种充填或胶结作用可能主要发生在子料表层，但在河床、阶地和古河道中，这些矿物质的渗透和浸染也不断改善着和田玉的品质。

再次，当河水冲刷子料表面并带来石块的撞击时，同时携带的沙砾对子料表面进行磨蚀，将最松散的部分磨蚀掉。因此，保留下来的部分通常是质地相对较为致密的部分。

最后，随着子料搬运距离的不断延长，经过数万年甚至更久的冲刷和磨蚀，机械作用和水岩反应逐渐加深，导致和田玉子料的风化程度不断增加。这一过程使得子料与母矿之间的差异不断扩大。因此，我们常常发现小颗粒子料的品质优于大块子料，这是因为子料体积越小，搬运距离越远，相应的“成熟度”也越高。

综上所述，我们可以更好地理解为什么相对于山料，子料的品质更好。

然而，即使是最忠实的和田玉子料拥趸也需要明白，作为子料母矿的山料，并不一定都是高品质的。所以，市场上存在着许多品质一般的子料，这是因为母矿本身的品质可能相对普通，即便经历了长时间的风化，其品质(如内部的杂质、裂纹等)也不会改变(图 5-17)。

此外，一些搬运距离较短的子料，可能由于机械磨蚀不充分，结构松散的部分未能完全被磨蚀；或者在河床或河流阶地中埋藏的时间过短，水岩反应不充分，表层油性不足，导致子料与山料的品质相差不大。因此，并非所有子料都是优质的。

最后，我们还是要强调，最高品质的和田玉通常出现在子料中，因为只有子料能兼具外形、质地、油性、白度等多个维度的优点(图 5-18)。

图 5-17　低品质的子料(藏玉 app 提供)

图 5-18　高品质的子料(藏玉 app 提供)

(二) 产状与和田玉稀少性的关系

1.产地数量与稀少性

和田玉不同产状的产地数量相差较大。其中山料产地众多，山流水产地数量次之，而子料和戈壁料则只在个别产地有发现。这是由它们的成因和形成过程决定的。山流水的形成需要矿脉接近地表时发生崩塌剥落，而许多地方的和田玉原生矿脉埋深较大，无法形成山流水，因此山流水的产地较山料要少。子料的形成需要周围有常年性流水，并且需要足够长的搬运距离，这种条件只在中国新疆和俄罗斯的一些地方比较典型，甘肃马衔山和辽宁岫岩次之，其他产地暂未发现。而戈壁料则是在河流干涸并形成戈壁滩后才能产生，目前只在新疆有发现。

2.体积大小与稀少性

山流水、子料和戈壁料都属于次生矿，是由山料演化而来的。在演化的过程中，最显著的变化就是玉料被磨损。数吨重的山料演化为米粒级的子料，体积明显变小，甚至有些数万年前崩塌的山料最终被磨损殆尽、消失无踪。因此，无论是从质量还是体积上来看，子料都比山料稀少。

显然，稀少性决定了和田玉的价值。产量越稀少的品种，其商业价值通常也就越高。

（三）产状对和田玉价值的影响

经过以上分析，我们可以得出以下结论：在和田玉中，山料的商业价值相对较低。山流水由于搬运距离不远，离原生矿较近，其品质与山料差异不大，因此商业价值也相差不多。

子料通常搬运距离较远，经历了彻底的风化，形状较规则圆润，品质相对较高，因此是目前不同产状和田玉中商业价值最高的品种。

戈壁料则是较为特殊的品种。它多由山流水或子料经过长时间的风沙吹蚀而形成。由于石英砂硬度高，对结构松散的玉质磨蚀作用最强，因此戈壁料具有相对最好的油性、硬度和韧性。然而，风蚀作用也导致戈壁料表面凹凸不平且呈次棱角状，形状不够圆润饱满。这使得戈壁料虽然比子料更为稀少，但目前其市场价值与子料相比仍然有较大差距。

同时，在比较不同产状的和田玉料的商业价值时，我们必须以玉料的品质为前提。譬如图5-19中的作品虽为白玉山料制作，但其质地、油性却远比图5-20中的子料好，显然前者的商业价值也远高于后者。简言之，只有在品质相同或相近的山料、子料、戈壁料之间进行比较，才能真正理解产状对玉料价值的影响，并使得产状的溢价具有真正的意义和合理性。

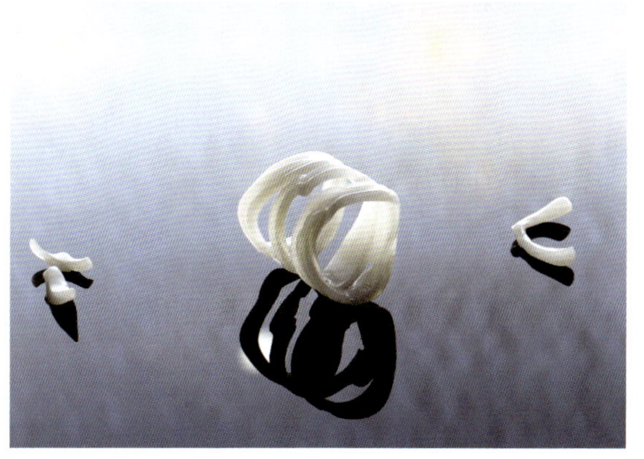

图 5-19　高档白玉山料（《聚散两依依》，本心作品）

图 5-20　低档白玉子料（藏玉 app 提供）

第三节 颜色与光泽等的影响

一、颜色

（一）玉料颜色评价的基本准则

1.不同颜色和田玉的价值评价

颜色在和田玉价值评估中扮演着重要的角色。根据和田玉的颜色大类，白玉（尤其是羊脂白玉）和黄玉被普遍认为是价值较高的和田玉品种，墨玉和碧玉则次之，糖玉、青玉和青白玉再次之。

2.常规颜色玉的颜色评价

常规颜色玉指主流和田玉颜色品种，如碧玉和黄玉等。对这些颜色的要求可以归纳为“正”“阳”“浓”“匀”。

“正”指颜色色调正，不掺杂其他颜色。也就是说，要正不要偏。

“阳”指在色调正的前提下灰度低，明度高。也就是说，要明不要暗。

“浓”指颜色饱和度高，也就是说，要浓不要淡。

“匀”指颜色均匀一致，不同部分尽量不存在色差。

3.特殊颜色玉的颜色评价

特殊颜色玉主要指白玉、墨玉、糖玉、青玉、翠青玉、烟青玉、藕粉玉等。对这些品种的和田玉进行颜色评价时，有不一样的要求。它并不硬性要求每种玉料的颜色都符合“正”“阳”“浓”“匀”四字准则，而强调要突出“美”，以能给人以色彩享受者为佳。

例如，有些玉石以偏色为胜，例如蓝调青玉以青中偏蓝为优，红糖料则以褐中带红为佳。还有一些和田玉颜色不以浓艳为好，比如藕粉料，颜色清淡的更受人喜欢。有些和田玉品种不以颜色均匀一致为佳，例如青花料、翠青料等，其颜色分界越清晰、色差越大，价值越高。还有一些玉石不以颜色明亮艳丽为佳，例如白玉和墨玉。这些颜色的和田玉均以自己独特的方式展现出美感。

（二）玉料的颜色评价

美的定义因人而异，因此很难有一个客观统一的标准，正所谓“各花入各眼”。同样地，对于和田玉的每个颜色，美的评判标准也是多种多样的。试图用文字为美设定一个统一的客观标尺，似乎会引起对美的曲解。然而，我们仍然希望从市场的角度解读颜色在和田玉价值评估中的重要性。唯一的方法就是分别探讨不同颜色的和田玉所蕴含的美在何处。

1.白玉

白玉可谓和田玉颜色品种中的王者，自古以来便享有盛名。羊脂白玉作为其中的佼佼者，更是家喻户晓。然而，白玉的“白”并非指单一的白度值，而是包括一个白度范围。只要玉石的主色调是白色，即便带有肉眼不易察觉的其他色调，在一定白度范围内都可以将其归类为白玉。对于白玉颜色的评价要求如下。

① 正而不偏，价值更高。和田玉的色调越正，其价值也就越高。然而，在现实中，完全不偏色的白玉几乎是凤毛麟角，更像是一个传说。色正的白玉给人一种纯净、高贵的感觉。然而，正是由于其稀有性和珍贵性，这种白玉往往成为收藏家们梦寐以求的宝藏。

② 暖优于冷。在市场上，略微偏色的白玉是一种普遍存在的品种。对于这类白玉而言，偏向暖色调者通常被认为比偏向冷色调者更具有价值。例如，偏向肉粉色的白玉比偏向青色的更受收藏市场的欢迎。这可能与和田玉千年来给人们留下的温润印象有关。有经验的和田玉收藏家甚至可以根据白玉偏色的情况大致判断其产地——新疆白玉普遍偏向黄色或粉色等暖色调，俄罗斯白玉普遍偏向青色，而青海白玉则常略带有灰色调。

③ 细、润、腻、温、凝。并非所有没有偏色的白玉都可以被视为好玉，也不能简单地将它们称为羊脂白玉。首先，苍白（图 5-21）与脂白（图 5-22）并不相同。一些结构粗糙或带有礓的白玉可能具有高白度，但缺乏温润的质感，仿佛缺少了生机，其白色表现为苍白，市场上也称之为“死白”。其次，干白也不等同于脂白。被称为羊脂白玉的和田玉料必须具有充足的凝润度，才能展现出卓越的油脂光泽。只有同时具备细、润、腻、温、凝等要求的白玉，才能被称为羊脂白玉。

2.碧玉

碧玉是目前市场上最受欢迎的和田玉品种。它的颜色是绿色，从浅绿到深绿不一，包括鲜绿、墨绿等。由于形成时地质环境的影响，颜色均匀的碧玉较为少见，碧玉常常带有黑点，黑色的斑块、条纹等。一般来说，优质的碧玉颜色饱和度高（以菠菜绿为佳），颜色均匀且黑色矿物斑点等杂质较少。

图 5-21　苍白（藏玉 app 提供）

图 5-22　脂白（《一花一世界》，杨曦作品）

① 以菠菜绿为佳。菠菜绿是目前最受市场欢迎的碧玉颜色（图 5-23）。与翡翠和其他绿色玉石不同，碧玉并不追求阳绿色。对于和田玉这种不以透明度为主要优势的玉石而言，菠菜绿更为深沉，更符合人们对和田玉厚重质感的追求。菠菜绿的色调给人一种沉稳、内敛的感觉，与和田玉的品质和历史底蕴相得益彰。

图 5-23　菠菜绿碧玉如意（樊军民作品）

② 色匀杂少。碧玉的颜色分布往往不均匀。碧玉之所以呈现绿色，是因为其中含有铬铁矿等含铬矿物，这些矿物会释放出铬这一绿色致色元素。然而，铬的释放过程通常并不完全，扩散也无法保证彻底，这就导致了碧玉中绿色常常分布不均匀。因此，我们通常将黑点较少和颜色均匀作为衡量优质碧玉的标准。除了通体均匀一色的碧玉外，部分碧玉会呈现出渐变过渡的色调，这种均匀变化的颜色增加了碧玉的情趣，使之成为许多玉雕师设计雕刻的优质选材（图 5-24）。然而，无论是均匀一色，还

是颜色均匀变化的碧玉均非常罕见，这也增加了它的珍贵性。

图 5-24　颜色均匀变化的碧玉（殷建国作品）

3.黄玉

黄玉在古代被视为极为尊贵的和田玉品种，因为黄色被视为帝王的御用色。然而，与羊脂白玉相比，黄玉的知名度较低，这主要是因为古代黄玉资源稀缺，很少在市场上出现。我们的研究发现，黄玉中 Fe^{3+}-O^{2-} 的电荷转移跃迁是导致 412～500 nm 波长范围内可见光吸收的重要因素。然而，自然界的复杂性使得致色元素很难单独存在，常常会与 Mn 等元素混合，同时 Fe 的价态变化会导致绝大部分黄玉呈现其他色调，如绿色或糖色（图 5-25）。当黄玉带有明显的其他色调时，市场常称之为“黄口”。

图 5-25　偏绿（左）及偏糖（右）的黄口

黄色为和田玉成矿阶段形成的原生色，颜色通常较为均匀。因此，我们对黄玉颜色的评价主要集中在以下两个方面。

① 颜色正。明代高濂的《遵生八笺·燕闲清赏笺上·论古玉器》有提到："然甘黄如蒸栗色佳，焦黄为下，甘青色如新柳，近亦无之。"这表明自古以来，人们就认为正黄色是黄玉最好的颜色，这也是博物馆中的大多数黄玉玉器都呈现蒸栗色的原因。甚至对于很多资深收藏家来说，非正黄色的不能被称为黄玉，只能被称为"黄口"。

② 颜色浓，即饱和度要高。黄玉很难同时具备正黄色和高饱和度的特点——偏绿的颜色通常具有较高的饱和度，而正黄色通常较浅。从原材料产量来看，具有正黄色和高饱和度的黄玉可能是各种颜色（如米黄色、鸡油黄、栗黄色等）中最宝贵和稀缺的，大块的黄玉尤为稀有。

4.糖玉

糖色作为典型的次生色，是由地表水和地下水中的铁、锰等矿物质渗透至和田玉矿脉中而形成的。铁、锰元素的比例及含量和渗透程度等多方面因素的差异，使糖色在深浅、色调和分布上展现出多样性。

与其他颜色品种不同，糖色通常并不单独出现，而是渗透至白玉、青玉、黄玉等各种颜色的品种中。这种特性使得糖色呈现出异彩纷呈的景象，形成糖白玉、糖青玉、糖黄玉等多个品种。不同色彩与糖色的交相辉映，创造出独特的俏色视觉效果。

对于糖玉的颜色评价要求如下。

① 与其他彩色和田玉不同，糖玉的市场受欢迎程度并不完全取决于色彩的纯度和亮度。实际上，带有一定其他色调的糖玉更受市场欢迎。红褐色的"红糖"被认为是最受市场欢迎的，其次是黄褐色的"黄糖"（金糖），而黑褐色的糖玉则相对不受欢迎。然而，不同色调的糖玉就像咖啡的深浅浓淡一样，都有许多拥趸。这种多样性与市场的反馈共同构成了糖玉的魅力所在。因此，与黄玉、碧玉等不同，糖玉的价格受色调的影响相对较小。

② 在各种糖玉中，人们对颜色的喜好因素众多，然而评价糖玉的好坏，首先要考虑颜色的均匀性。颜色越均匀和自然，糖玉的价值越高（图 5-26）。

同时，糖玉的次生浸染成因决定了糖玉通常由外而内呈现色彩渐变。在众多糖玉中，色彩渐变均匀和分布规律的品种备受喜爱。随着色彩从外部向内部逐渐变化，糖玉呈现出一种自然而流畅的过渡，仿佛大自然的韵律在其中流动（图 5-27）。这种均匀且规律的色彩渐变赋予了糖玉一种独特的魅力，也使其成为市场上备受追捧的玉料之一。

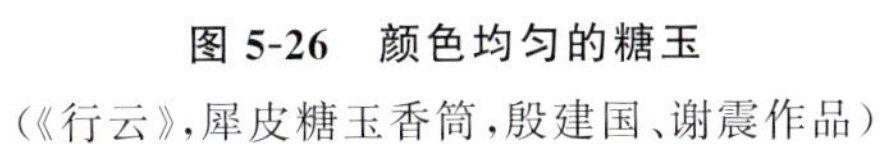

图 5-26　颜色均匀的糖玉

（《行云》，犀皮糖玉香筒，殷建国、谢震作品）

图 5-27　颜色均匀变化的糖玉

③ 多色糖料，如糖白玉、糖青玉等，对于色差的要求较高，同时也需要颜色之间的分界线清晰。这种糖玉通过色调变化的鲜明对比，创造出令人瞩目的视觉效果。例如，浓郁的糖色部分与纯净的白玉部分形成强烈的反差，突出了糖玉的多彩性。同时，清晰的色彩分界线使得不同部分之间的过渡更加明确，为后续的俏色雕刻和艺术表现提供了更有力的支持。

5.墨玉

墨玉富含石墨矿物，这种特殊的成分赋予了墨玉独特的色彩。根据石墨矿物颗粒的大小、石墨含量以及分布的密度，墨玉可以呈现出从灰色到灰黑再到黑色的不同层次变化，而这些变化均被归类为墨玉的颜色范畴。

对墨玉的评价可以概括为以下三点。

① 墨色分布：聚墨优于全墨（图 5-28、图 5-29），全墨优于点墨。因为聚墨有利于俏色雕刻，而点墨则类似于黑点状的杂质，难以充分用于俏色表现，因此在市场上接受度稍显逊色。

② 墨色浓度：黑色优于灰黑色，灰黑色优于灰色。一般情况下，新疆产的墨玉料墨色较浓，更受欢迎；青海墨玉的墨色稍显灰调，略逊一筹。

③ 青花玉要求颜色间的差异较大，同时颜色的分界要清晰明确。理想情况下，青花玉应该黑色部分如墨汁般浓郁，白色部分则如宣纸一般纯净。这样的颜色分界

犹如一滴浓墨滴在宣纸上，呈现出精妙绝伦的俏色效果（图 5-30）。然而，如果一块青花玉的颜色分布相对复杂，既有聚墨又有点墨的痕迹，这就为设计师和玉雕师出了一道难题。这个难题能否得到解决，将直接影响到作品的质量与价值。只有通过巧妙的设计妥善处理这种复杂的颜色分布，才能创作出卓越的作品（图 5-31）。

图 5-28　全墨（邱启敬作品）

图 5-29　聚墨（杨曦作品）

图 5-30　墨色浓、颜色分界清晰的青花玉（邱启敬作品）

图 5-31　墨色不浓、颜色分界不清晰的青花玉（杨曦作品）

6.青玉

青玉是和田玉中最常见且产量最大的颜色品种之一，起初并不属于高档的和田玉料。然而，随着社会的进步和审美观念的变化，人们对青玉的欣赏也发生了转变。过去，人们普遍认为青白玉优于青玉，这种观点在 2008 年北京奥运会奖牌上也得到了体现，银牌采用青白玉制作，铜牌则采用青玉制作。然而，如今这种观点已经被扭转，青玉开始成为和田玉市场上的一匹黑马。

① 高品质的青玉以颜色浓、匀为优。颜色深且各个部分的色调均匀一致，这是高品质青玉的典型特征。

② 蓝调青玉更受欢迎。在常规的颜色评价标准中，偏色通常被视为低档玉料的特征。然而，在青玉中，偏向蓝色的玉料更受市场追捧。譬如，在深色青玉中，蓝调青玉最受欢迎；在中等色调的青玉中，略带蓝色调的“沙枣青”最为著名；而在浅色青玉中，略显蓝色的“粉青”具有较高的市场价值。

③ 如果中等—浅颜色的青玉具有一定的透明度，它会呈现出较为通透的淡青色，给人一种年轻时尚的感觉。其中，接近湖水绿和晴水色调的浅色青玉尤其受到年轻的玉石消费群体的欢迎。

7.翠青玉

翠青玉作为近年来引人注目的独特玉料，打破了传统绿色玉石的颜色评价标准。翠青玉的美感不仅在于其色调的清新，还在于其独特的艺术意境。它给人以自然、静谧、和谐的感觉，营造出宛如置身于山间清溪绿草的意境(图 5-32)。这种翠青色的玉石能够激发人们内心深处的美好情感，带来一种返璞归真的美学体验。它的出现为和田玉注入了新的视觉魅力，引发了人们对浅色系和田玉的热烈追捧。

图 5-32　翠青玉作品《一品清廉》(藏玉 app 提供)

① 好的翠青玉要求呈现出清新、生机勃勃的嫩绿色调，给人一种春天新芽般的感觉。

② 翠青玉的翠青部分常呈色团状，与白色底色形成鲜明对比。整体而言，翠青料本身展现着不均匀的多色特性。在考虑翠青色团部分时，我们期望它尽可能颜色均匀，最理想的情况是翠青色团与白玉底色之间具有显著的反差，并且分界清晰。这种特质可以被视为优质翠青玉的标志。

8.烟青玉

烟青玉是和田玉中的一个特色品种，目前仅在青海格尔木矿区发现。虽然烟青玉的名称暗示着它是一种青色玉石，但实际上它主要呈现紫色。然而，目前还没有发现纯紫色的烟青玉，大多数是带有紫色调的玉石。对于烟青玉的颜色评价，通常与色调的深浅以及浓度有关。市场上更重视茄紫色的烟青玉，而不是灰紫色的烟青玉。此外，颜色浓郁的烟青玉比颜色浅淡的烟青玉更具价值。

值得一提的是，俄罗斯也产出一种具有浓艳紫色调的和田玉，但因稀少而成为玉石标本爱好者的收藏之物，难以得到。这种稀有的俄罗斯和田玉给人们带来了另一种美的享受，以其浓郁的茄紫色而闻名。

9.藕粉玉

藕粉玉也是市场上备受追捧的新兴和田玉品种。它主要产于我国青海格尔木和俄罗斯，因其颜色与江南著名的甜点藕粉相似而得名。不同的藕粉玉可能呈现出偏粉红或偏黄褐的色调，正如调制的藕粉色调一样具有多样性。藕粉玉的颜色评价与色调的浓淡关系不大，因为藕粉色以浅淡为特点。然而，过于苍白、几乎无色的藕粉玉并不受市场青睐。通常情况下，偏红的藕粉玉比偏褐的更受人们喜爱，而颜色均匀的藕粉玉也更受市场欢迎。

（三）子料风化皮的颜色评价

皮色是指和田玉子料形成后，由于浸泡在溪流中或埋在沙土中，水或沙土中所含的铁、锰质矿物氧化、浸染、附着或渗入子料表面，形成的一种外表皮风化颜色。按照行业习惯，根据皮的颜色不同，将其分为黑皮、白皮、红皮、枣红皮、橘皮、虎皮、秋梨皮、洒金皮等（图 5-33—图 5-36）。风化色的颜色和富集程度不同，可将其分为多个等级。

极优子料皮色：皮色呈黄色、红色、橘红色等，皮色浓聚，与底色反差大，界限清晰。常为聚红皮、橘红皮、枣红皮等。

优质子料皮色：皮色呈黄色、红色、橘红色等星点状分布，或颜色稍浅的橘红皮、聚红皮、黑油皮、秋梨皮等，与底色界限较清晰。

普通子料皮色：皮色散乱分布，与底色界限不清晰，或皮色颜色呈黑、褐等色调，颜色较浅。

和田玉子料的皮色不仅是和田玉的特点，也是一种艺术表现，凸显了和田玉的文化内涵和审美价值。

图 5-33　红皮（《惊红》，樊军民作品）

图 5-34　洒金皮（《相忘于江湖》，樊军民作品）

图 5-35　秋梨皮（藏玉 app 提供）

图 5-36　黑皮（藏玉 app 提供）

二、光泽

羊脂玉是和田玉收藏界广为人知的名词，然而，许多人对和田玉的白度过于关注，甚至因为一块玉料不够白而否定其为羊脂玉，这是对羊脂玉和羊脂白玉的误解。实际上，“羊脂”并非指颜色，而是光泽。也就是说，只要和田玉具有像羊脂一样油润的光泽，就可以称之为羊脂玉。如果是黄色的，可以称之为羊脂黄玉；如果是红糖色的，可以称之为羊脂糖玉；如果是黑青色的，可以称之为“黑羊脂”。当然，最受青睐的仍然是具有油脂光泽的白玉，也就是我们所说的羊脂白玉。因此，在鉴赏和田玉时，不仅要关注颜色，还要注重光泽，这样才能准确判断其价值。

和田玉的光泽是其透闪石纯度、结构细腻程度以及打磨工艺的综合体现。油脂光泽的出现需要上述三个要素的完美结合。然而，光泽往往被许多初学者忽视，但它却是决定一块高品质和田玉商业价值的关键因素。

对于和田玉的光泽评价而言，需要关注以下几个方面。

(1) 总体而言，油脂光泽优于其他光泽。和田玉以其独特的油脂光泽，在数千年的历史长河中一直备受人们的喜爱(图 5-37)。正是这种油脂光泽赋予了和田玉独特的魅力，使其在玉石界独占鳌头。

(2) 对于和田玉的不同颜色品种，因其透明度存在差异，故而在光泽评价上也有所不同。白玉、青玉、黄玉、糖玉以及墨玉等微透明的和田玉，以油脂光泽为佳。而对于碧玉以及透明度较高、颜色中等的青白玉(如“晴水”“湖水绿”)等品种来说，更受欢迎的是玻璃光泽，这种光泽能够增强和田玉的宝石光感(图 5-38)，使其更加引人注目。

(3) 具有蜡状光泽和瓷状光泽的和田玉，原本被认为品质相对普通，但在玉雕师的巧妙创作下却可能焕发出新的生机。蜡状光泽和田玉可用于雕刻蜡烛等作品，瓷状光泽的则可用于制作仿瓷器器皿。这种创新的设计不仅增加了和田玉作品的独特魅力，更使其在价值上得以提升，为和田玉注入了更多的文化内涵和艺术价值。

图 5-37　油脂光泽(《一人一春秋》，樊军民作品)

图 5-38　玻璃光泽(《玉兰花》，马瑞作品)

三、透明度

和田玉与翡翠等玉石在透明度上有所不同。对于翡翠，人们常用“水头”描述其透明度，透明度高被称为“水头好”或“水头长”，透明度差则被称为“水头差”“干”或“闷”。这是因为翡翠以水灵为其特色，透明度的高低对其价值有显著影响。而和田玉一般呈微透明状态，少数甚至几乎不透明，也有些和田玉透明度接近冰种翡翠。相对于翡翠来说，和田玉的透明度对其价格影响较小。

然而，透明度仍然会对和田玉的价值产生一定的影响。对和田玉的透明度进行评价时，需要先区分常规品种和非常规品种，以更准确地评估其品质和价值。

1.常规品种

对于大多数和田玉来说，过于不透明或过于透明都不是理想的选择。相反，适当的透明度能够营造出凝脂般的触感，更加美妙（图 5-39）。过于不透明的玉石缺乏脂份感，让人感觉沉闷；而过高的透明度则使其显得轻飘，缺乏厚重感（图 5-40）。因此，在选择常规和田玉时，适当的透明度是最理想的选择。

2.非常规品种

碧玉：碧玉颜色鲜艳，是年轻市场青睐的和田玉品种。当碧玉具有较好的透明度时，会展现出类似于绿色冰种翡翠的效果，被称为“冰绿”。它的产地包括俄罗斯和巴基斯坦。碧玉的色彩绚烂，提高透明度可凸显其美丽，使其获得更高的商业价值。

图 5-39　透明度理想的和田玉

（《莲相》，杨曦作品）

图 5-40　透明度偏高的和田玉

（藏玉 app 提供）

月光白玉：类似于白色月光石，具有光晕流转的效果，非常美丽。这种月光效应只出现在透明度较高的青海白玉中（图 5-41），常以珠链的形式销售。高品质的月光白玉产量较低。

图 5-41　具有月光效应的白玉

黑青玉或黑碧玉：黑青玉或黑碧玉在中国的代表产地有新疆塔什库尔干、青海格尔木、广西大化，在新疆和田子料中也偶尔可见；在国外的代表产地有澳大利亚和俄罗斯。这种玉石的颜色非常浓郁，几乎不透光，只有在切成薄片时才有微弱的透光性。然而，这种玉石的质地细腻，油性良好，因此其价值不受透明度的影响。塔青、黑青子料等已经成为高档和田玉，一料难求。

墨玉：墨玉中含有大量的石墨，而石墨是一种灰黑色的不透明矿物。因此，墨玉的墨色越浓，表示石墨含量越高，其透明度也就越低。在评价墨玉时，我们更注重颜色的深浅和光泽的质感，而非透明度。

第四节　质地与净度的影响

一、质地

在评判玉石质地的优劣时，我们首先需要明晰质地的概念。有人认为它与肉眼可见的玉石结构，即玉石中矿物颗粒的大小、结合状态和紧密程度等有关；而另一些人将其视为结构、透明度、光泽、绺裂、内含物以及瑕疵等多种因素的综合表现。

尽管质地的定义存在争议，但从形容质地优劣的词语出发，我们可以更准确地理解其内涵。通常，我们习惯用“细腻”来形容优质玉石的质地。这里的“细腻”实际上指的是玉石的内在结构。从科学的角度来看，细腻包含了两个关键的结构指标。首先，“细”指的是和田玉中透闪石矿物颗粒的大小或纤维粗细程度；其次，“腻”考量的是透闪石矿物颗粒之间的相互结合状态及其紧密程度。

然而，“细腻”这一描述主观性较强。多粗算粗，多细算细？其内涵和标准因人而异。这种差异与个体过去接触的玉料有着密切的关系。如果评价者常年混迹于低端和田玉市场，较少接触细腻的玉料，就容易将粗糙的玉料误认为是细腻的；相反，如果常年在高端和田玉市场中摸爬滚打，那么在其看来只有达到一定的细度才能算作细腻。换言之，一个人只有真正接触过那些极为细腻的和田羊脂玉，才能深刻理解“细腻”二字的含义。或许，通过电子显微镜观察不同质地的和田玉微观结构，并进行比较，能够更直观地阐释和田玉质地粗与细、紧与疏、匀与杂的概念，有助于我们理解质地优劣评判的依据。

1.细：透闪石矿物纤维的粗细程度

和田玉是主要由透闪石-阳起石矿物组成的集合体，而透闪石和阳起石通常为柱状或纤维状，因此，所谓的“细”实际上指的是构成和田玉矿物纤维的粗细，即透闪石-阳起石纤维的宽度。一般而言，纤维越细，和田玉的结构就越细。在电子显微镜下，我们通常可以发现和田玉的纤维宽度在 50 μm 以下，而高品质的和田玉其透闪石纤维宽度为 0.5～5 μm，远远低于人眼 100 μm 的分辨率（图 5-42、图 5-43）。

图 5-42　结构较粗的和田玉（放大 10 000 倍）

图 5-43　结构较细的和田玉（放大 20 000 倍）

然而正如古语所云，“过犹不及”。有些和田玉（如米达料和罗甸料）的纤维过细，其中透闪石纤维宽度甚至不足 0.1 μm，这种过度的细腻可能导致结构不完整，进而使和田玉的光泽发生改变，表现为糯膏状或瓷状光泽。因此，适度的结构细度成为高品质和田玉的标志。过于粗糙或过于细腻的结构都会影响和田玉的光泽，只有在细腻与粗糙之间实现平衡，油脂光泽才会出现。

2.腻：透闪石纤维镶嵌紧密程度

在词典中，“腻”有一种释义是“光滑和细致”。这表明手感的顺滑和矿物纤细、足够致密是密切相关的。对于和田玉而言，透闪石纤维通常呈现出两种典型结构，一种是交错编织结构，另一种是平行堆叠结构(具有此种结构的和田玉也称为和田玉猫眼)。不论是哪种结构，纤维之间的孔隙度都应该非常小。换句话说，如果孔隙度较大，手感就难以保持顺滑，从而失去了细腻的手感(图 5-44)；同时，光泽也会显得不够灵动，甚至显得呆板。

然而，当结构变得紧密时，孔隙度减小，光线就能够更好地在矿物纤维之间传播，遭受较少的损失(图 5-45)。通过散射、漫射、干涉和衍射等多种作用，展现出类似油脂的光泽效果。

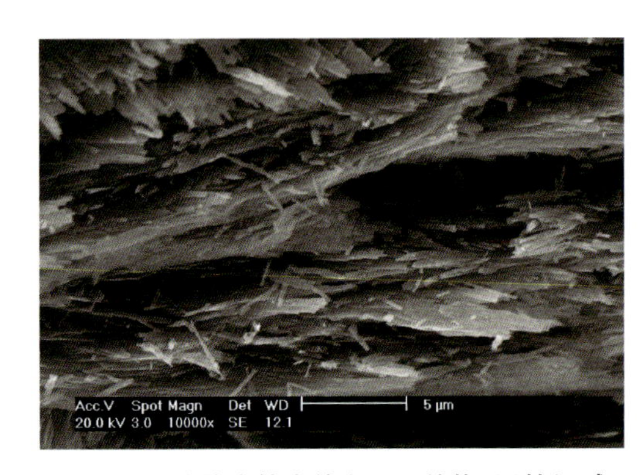

图 5-44　孔隙度较大的和田玉结构，不够细腻
(放大 10 000 倍)

图 5-45　孔隙度较小的和田玉结构，质地细腻
(放大 20 000 倍)

3.匀：结构的一致性

“匀”指结构的均匀性，即在外观和内部纤维的粗细程度、孔隙度方面都展现出卓越的一致性(图 5-46)。然而，这种均匀性并非易得(图 5-47)。由于地质环境的多变性，常可看到同一块玉料一端质地细腻，一端结构粗糙，即所谓的“阴阳面”。甚至一些玉料表面看似完整，切开后内部脏、杂、绺、棉、裂一应俱全。

也正是因为纯净、均匀的和田玉在自然界中稀缺，它才成为藏家们的心头好。这一特质赋予了和田玉高昂的价值，也为雕刻家提供了无与伦比的创作发挥空间，让他们在创作过程中得以自由驰骋，毫无束缚。

图 5-46　结构均匀的和田玉(放大 4000 倍)

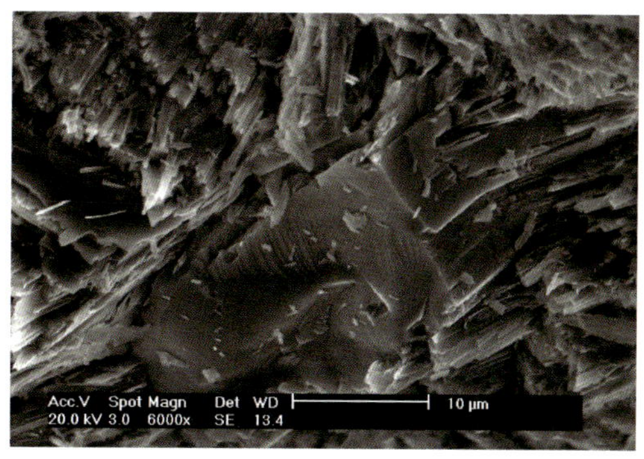

图 5-47　结构不均匀的和田玉(放大 6000 倍)

二、净度

1.杂质矿物

1)常见的杂质

在和田玉的品质评价中,杂质无疑是其中的一抹变化。这些微小的点状物、絮状物或斑驳色彩,微妙地影响着和田玉的美感。然而,部分杂质的出现,对和田玉的品质影响至关重要。

评判杂质影响的一个重要维度是其尺寸和颜色(图 5-48)。无论是微小的点状杂质,还是较大的絮状物,又或是斑驳的石花,它们的出现都会影响和田玉的价值。虽然微小的杂质在一定程度上会对和田玉的价值产生影响,但与较大的杂质相比,它们的影响似乎要小得多。例如,相比于拥有石花的和田玉,带有微小点状杂质的和田玉更能保持其价值的稳定。相对于深色的杂质,浅色的杂质对和田玉的美感影响也相对较小。

此外,杂质的位置、数量以及形状规则与否也会影响和田玉的价值(图 5-49)。出现在玉石中央的杂质无疑更加显眼,对价值的影响也更加明显。相比之下,隐藏在玉石底部或边缘的微小杂质对价值的影响相对较弱。

2)具有价值增益的杂质

然而,有些杂质的出现,却有助于雕琢和田玉的美感。

首先,一些杂质的分布带来了一种独特的美感。与普通玉石中零星的不规则杂质不同,部分和田玉中的白色点状杂质疏密得当的分布营造出了绝妙的景致。它们或如雪片般纷飞,或似梅花般点缀,就仿佛自然造就的一幅风景。

图 5-48　杂质的颜色深，弥漫于整块玉料，对玉料品质的影响极大

图 5-49　杂质的尺寸大，数量多，对玉料品质影响较大

其次，一些杂质的颜色和光泽也带来了非凡的美感。最为典型的例子是在部分青玉与黑青玉中出现的黄铁矿和磁黄铁矿。按照常理，这些深色不透明的杂质矿物往往会降低和田玉的价格，事实也确实如此。然而，当这些矿物呈现出独特的纹理或规则的外形，并形成特殊的图案时，它们却为众多玉雕师带来了创作的灵感（图 5-50），为和田玉注入了新的生命力。

再者，一些杂质的形态也赋予了和田玉更加引人入胜的美感。部分和田玉中常常出现水草状花纹，通常情况下这些花纹可能被认为是降低和田玉价值的因素。然而，当这些水草纹的分布呈现一定的规律和美感时，却增添了和田玉的韵味，使其价值大幅提升。

因此，在和田玉的世界里，微小的杂质蕴含着无限的变化，如同星空中的微光交错。它们或微小，或隐蔽，又或斑斓多彩，都是这一瑰丽宝藏中无法忽视的一部分，赋予了和田玉更深远的艺术意蕴与瑰丽魅力。

2.纹理

纹理与杂质的区别在于，杂质主要由非透闪石矿物组成，而纹理部分的组成矿物依然是透闪石。自然纹理是由多期次成矿作用而导致的。

图 5-50　杂质形状和分布具有特色，经俏色利用后反而实现了玉料的增值

（《山川之间》系列，杨曦作品）

1）水线

和田玉中的水线通常呈线状展布，宽度只有几毫米，因与两侧的和田玉相比较为水透而得名。它常在抛光的雕件上显著可见。水线主要出现在青海料中，呈互相平行的直线分布(图 5-51)，有时也会在新疆子料中呈曲线分布，在韩国料中则偶尔可见。

图 5-51　青海料中的水线

研究发现，水线是在和田玉成矿过程中，因后期透闪石矿脉充填先前形成的和田玉微裂隙而成。其中的透闪石纤维常呈定向排列，并与两侧的和田玉主体部分呈突变接触。这种定向排列的透闪石纤维赋予了水线较高的透明度，使其呈现出较好的透明效果。

然而，水线的存在使雕刻和打磨过程变得更加复杂。由于透闪石纤维的定向排列，水线的刀感和两侧的和田玉常常不一致，增加了雕刻和打磨的难度。此外，由于水线难以用于俏色创作，因此在大多数情况下，水线被视为影响和田玉价值的不利因素。

2）花纹

和田玉之所以拥有独特的花纹，主要是由微量致色元素分布不均匀和透闪石结构不均匀所引起的。这些纹理对和田玉的价值影响主要取决于其美观程度。

然而，由于每个人对花纹的喜好各不相同，对美感的评判是主观的，因此，这些具有独特花纹的和田玉（图 5-52），其价值取决于观者的审美标准。若能够引发共鸣，那么它们将成为一种无价之宝；若不能迎合审美口味，那么它们将黯然失色。

图 5-52　颜色不均匀及后期剪切裂隙形成的纹理

3.绺裂

在和田玉中，裂隙构造常被称为绺裂（图 5-53）。绺裂可分为绺和裂两种类型。绺指的是规模较小、未明显裂开成一定宽度的裂缝；而裂则是指相对规模较大、明显裂开成一定宽度的裂缝。鉴别时，我们可以用手指甲在绺裂处轻轻剐蹭，若有明显停顿感则多为裂，若停顿感不明显或无停顿感则为绺。

图 5-53　碧玉山料中的裂隙

绺裂又分为死绺裂和活绺裂。死绺裂表现为明显的绺裂，包括碰头绺、抱洼绺、胎绺和碎绺。活绺裂则是细小的绺裂，如指甲纹(图 5-54)、火伤性、细牛毛性、星散鳞片性。明显的绺裂与瑕疵相似，对和田玉的品质影响巨大，因此应尽量剔除。一般来说，死绺比较容易去除，而活绺则较难消除。

图 5-54　玉料表面的指甲纹

显然，相对于绺，裂会对和田玉的价值产生更为严重的影响。然而，无论是绺还是裂，均已形成裂隙，因此这两者可以被视为影响和田玉价值的最主要因素。原料本身常常存在或深或浅的裂隙，特别是子料，常被形容为“十子九裂”(图 5-55)。因此，对于原材料而言，绺裂的存在对其影响相对较小，而成品受绺裂的影响更大。成品中

存在裂隙往往意味着价值会大跌。因为琢玉的初衷即在于从玉石中剔除杂质和绺裂。因此,在成品中,裂隙的存在与否体现了一位工艺师对玉料处理水平的高低,对成品定价也会产生显著影响。

图 5-55 白玉子料表面的裂隙

总之,和田玉中绺裂存在与否直接关系到玉料的价值和品质。玉雕创作者应尽量消除绺裂带来的不利影响,以最大限度地展现玉料的美感。

第六章

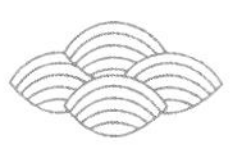

和田玉雕刻艺术鉴赏

第一节 玉与玉器

玉，乃天地造化之奇物。玉石与山川河流的流转相互交融，孕育出千姿百态的色彩与纹理。它如同一本自然的诗篇，用静默的语言述说着生命的轨迹，传达着宇宙的奥秘。

玉器，则是人类智慧的结晶，是人们对自然敬仰与天道理解的艺术体现。工匠们以娴熟的技艺，将粗犷的原石雕琢成精美的玉器，让玉石焕发出崭新的生命。每一件玉器，都承载着创作者的心血与灵感，透露出人类对美的追求与感悟。

一、玉

作为一种珍贵的材料，"玉"的含义和起源可以从古代甲骨文和钟鼎文中追溯。最早出现的"玉"字是象形的，描绘了三块美玉被一根丝绳穿过的图像。这里的"三"并不一定指确切的数字，还可表示"多"的含义，就像"三人行，必有我师焉"所说的那样。

在古代文字中，"玉"字起初并没有点，字形与"王"字相似，都包含三横一竖的结构，两者仅在三横之间的距离上略有差异。董仲舒曾说："古之造文者，三画而连其中，谓之王。三者，天、地、人也。而参通之者，王也"。后来，由于美玉往往带有瑕疵，于是在"王"字旁加了一个点，形成了现在的"玉"字。这个点不仅表示瑕疵，还将其与"王"字区分开来。但本质上，"玉"与"王"在古代汉字中实为同一个字。这也是为何在汉字中，以"王"字作为偏旁的字，其释义大多与美玉有关。汉字中创造了近500个与"玉"相关的字词，涵盖了美玉、玉的音韵、玉制器物、玉的用途等多个方面。此外，汉字中的珍宝等概念也与玉紧密相关。后来，"宝"字由"玉"和"家"合成，凸显了玉作为不可替代之物的独特价值。

因此，中国传统文化中的玉不仅仅是指美丽的原材料，更蕴含着丰富的传统文化内涵。它的价值不仅在于物质的珍贵，也在于与天、地、人的三位一体以及王者象征的内在联系。通过汉字的演变过程以及与珍宝等概念的关联，玉彰显出其作为文化符号的不可替代性。

二、玉器

在探讨玉器之前，有必要首先深入理解“器”字的内涵。《说文解字》明确指出，“器”代表皿具，其字形形似器物的口，犹如看家犬守护着家园一般。而《现代汉语词典》进一步将“器”解释为器具、器官、度量、才能、器重等多重含义。因此，广义上的“器”不仅指实用的物品，还涵盖了抽象的概念。

在玉石文化中，“玉”与“器”的意义同样的丰富多样，甚至出现了二者并称的情况。其中，“玉”不仅代表玉石材料本身，还包含了玉器的内涵。这种复合的定义在古籍中颇为常见，使得“玉”一词既指玉石，又涵盖了由玉石制成的器物。

古代先贤对玉与玉器的阐释更凸显了其复杂性。比如《礼记·聘义》中记载了孔子的言论：“夫昔者，君子比德于玉焉。温润而泽，仁也；缜密以栗，知也；廉而不刿，义也；垂之如队，礼也；叩之其声清越以长，其终诎然，乐也；瑕不掩瑜，瑜不掩瑕，忠也；孚尹旁达，信也；气如白虹，天也；精神见于山川，地也；圭璋特达，德也；天下莫不贵者，道也。《诗》云：‘言念君子，温其如玉。’故君子贵之也。”在这段话中，孔子从儒家思想视角，以拟人手法对玉与玉器进行细致诠释。

《周礼·春官·大宗伯》则提到了玉的社会功能：“以玉作六瑞，以等邦国……以玉作六器，以礼天地四方……”这一表述强调了玉器在象征意义上的重要性，将玉器与社会礼仪、天地祭祀紧密联系在一起。

在中国现代玉石学的研究中，我们可以清晰地区分玉与玉器这两个概念，尽管它们有联系，却存在着不同层次的内涵。玉作为一种自然矿物集合体，形成于漫长的地质过程中，而玉器则是通过对玉料的加工制作，成为一种融合了艺术与工艺的独特作品。这两者之间存在着明确的区别。

更深入地理解这一现象，我们不得不上升到中国文化的层面。诸如“温润而泽”“缜密以栗”“鳃理自外”等表述，实质上是在描述和诠释玉石的自然属性。这些词汇所传达的信息，是对玉固有特质的生动表达。而诸如“仁”“知”“义”“礼”等概念，则是通过拟人将人文价值观赋予玉，使玉这一美丽的自然产物具有了深远的人文意义和神秘的功能。因此，可以说玉与玉器在概念上存在着内在的一致性。

综上所述，玉器在中国文化中不仅是实用工艺品，更是一个富有象征意义的载体。它在物质层面上彰显了玉石的珍贵与精致，同时在精神层面上传递了道德、仁爱以及智慧等价值观念。这种复杂的融合使得玉器成为中国文化中引人深思的元素，既富有意义又充满艺术的韵味。以此而言，在中国现代玉石学研究中，玉与玉器之间的关系是一个很复杂的问题。为了更好地理解这个问题，我们需要同时深入思考其中的科学逻辑和文化内涵，而这个研究的结果也给人们带来了一种深远的哲学感悟，让人对其产生了强烈的共鸣。

第二节 美与审美

在玉器的审美领域中，美学修养是必不可少的。它帮助我们更好地理解和感知玉器艺术的美。玉器审美是一种玉器艺术与欣赏者内心的交流，是玉器艺术通过引发我们内心共鸣来触发美感的过程。只有当我们有所体验时，才能真正欣赏玉器的美。因此，玉器的美学鉴赏是通过玉器艺术与我们之间的相互作用而实现的。

评价玉器的审美价值并不是简单地将其判定为美与不美。同一件玉器在不同人眼中的美感可能完全不同，有人会感受到美，而另一些人则不会。这凸显了美学修养在玉器审美中的关键作用。美学修养不仅能够加深我们对美的理解，还能够让我们更敏锐地捕捉到玉器所传递的情感和意境。因此，在玉器鉴赏中，美学修养起着至关重要的作用。

一、美

1.中国先贤的理解

在探讨“美”字的演变过程中，我们发现了其丰富的内涵。早期，中国文化中的“美”字与“羊”紧密相关，这源于羊在生活中的重要性。从中可以看出，人们对美好生活的向往常常体现在对满足基本需求的追求上。而“羊大为美”更是从字面上折射出这种向往，它象征着羊体丰满、肉质美味的形象。

另一个角度则揭示了“美人为美”的观点。最初，“美”字象征着头戴羊角装饰的人，这与巫术图腾有直接的联系。在崇拜羊图腾的祖先部落中，戴着羊角装饰的人，往往是有地位的个体或巫师，他们跳着充满宗教意味的舞蹈，被认为是至美的存在。在甲骨文中，“美”字并非仅代表“羊大”，更蕴含了身饰羊图腾标志的人的形象。这表明早在古代，中华民族的祖先就开始使用装饰物来追求美的外在表达，其中，头戴羊角装饰成为当时最美的装扮之一。

因此，“羊大为美”以及“美人为美”可能早在中华古代就是对“美”的多重诠释。

这种演变凸显了“美”的含义随着时代的推移而多元化，既有实际生活需求的体现，也有文化、宗教符号的象征。

2.西方哲学家的理解

关于何为美以及美的实质何在，这是跨越时代的不朽议题。在美学领域，探寻美的内核是一项艰巨的任务，难以轻言定论。自古至今，众多美学家都沉浸其中，提出各种见解，然而争议依旧未尽。柏拉图在《大希庇阿斯篇》中，以苏格拉底的名义与希庇阿斯进行激烈对话，试图揭示美的多重层面，但一切努力都无法确立。最终，柏拉图不得不懊悔地得出结论：“美是难的。”这个结论真实地反映了问题的复杂性。

美的内核初看模糊，纷繁细节和抽象本质交织在一起，难以捉摸。要剖析美的本质，涉足它的要素，必须踏上崎岖之路，拨开表象的迷雾。柏拉图的辩驳彰显了美作为晦涩之理，不受简单概括的约束。就像一位探险家，在未知的大陆上航行，虽然可能瞥见一点点线索，但难以找到完整的图景。

纵观历史，美学巨匠们孜孜以求，每次解答都带来新的问题。就像夜空中的星斗，星星之间形成了一些图案，但其中蕴藏更多未知。如果试图用一句话概括美，那么美就是众多意象的交融，思想的碰撞，情感的凝聚。美可以峻峭如山川，柔美如春风，深沉如大海，它是源源不断的灵感之泉。

因此，对美的定义似乎是一场遥不可及的追寻。然而正是这种追寻赋予了美学永恒的生命力。当然，对美的探究不仅仅限于定义，它更是一场关于人性、文化和思维的启示之旅。无论何时何地，美都是一个引人深思的话题，吸引着无数思考者的目光，驱使他们在寻找中领悟，在思辨中升华。

二、审美

1.审美的意义

审美在人类对世界的理解中具有特殊意义。它指人类与世界（社会和自然）之间建立的一种非功利性、形象化和情感化的关系状态。审美涉及我们在理性和情感、主观和客观层面上对世界各种存在的认知、理解、感知和评价。这种认知过程即审美，其中包含了“审”和“美”两个要素。在这个词语中，“审”作为一个动词，凸显了主体的介入和参与；同时，必然存在可以被主体“审”的“美”，即审美的客体或对象。

人类之所以追求美，源于世界本身的多样性。世界如同一幅巨大的画卷，我们必须作出选择，从中发现并汲取那些美的元素。正如名言所述：“黑夜给了我黑色的眼睛，我却用它寻找光明。”人类智慧的独特性在客观上决定了我们对美的追求。动物虽然也具有审美意识，但它们缺乏人类主动与客观融合的能力，仅依靠本能适应环境。而人类则能借助智慧发现世界的美轮美奂，不仅满足了自身的物质需求，更充实了精神领域，达到愉悦心灵的境地。

随着世代交替，人类对环境的洞察与评价日益深化，构建了更为精确的审美观，力图净化人性中的丑恶，弘扬真善美之理念。在如今的社会，通过对美的品味，尤其是对人性情感如友情、亲情、爱情的审视，我们塑造了更高尚的情感观。这种审美体验不仅能带来感官上的愉悦，更重要的是，可以在情感上引发升华。它赋予人类情感以深度和价值，令人回味无穷。

2.审美的认知

审美展现了事物的对立和统一。从哲学的角度来看，以审美主体与审美客体之间的关系为例，它们呈现出对立统一的特质。审美的对立性在于个体的独特审美观，每个审美主体都持有差异明显的看法，其中蕴含着显著的主观性。此外，审美的客体同样多种多样，不存在完全相同的两个个体。然而，审美的统一性在于个体的审美观点扩展到整个社会范围内，形成了普遍的共识。在这个层面上，人们共同认同一些基本规范和标准。尽管每个审美客体存在个体差异，但它们共同作为审美的对象存在。这些对象与个体和整体之间形成了紧密联系，因此也表现出一种内在的统一性。

审美是一个丰富多彩的认知过程，蕴含着丰富的思想和情感。通过审美，人类能够超越简单的功利性需求，建立起与世界的深刻联系。这种连接在理性和感性的交织中显得愈发有趣，引导着人们对世界各个层面的独特体验和理解。

审美是一项蕴含于文化中的精神活动，也是人类精神文化行为的重要方面。它体现了人类超越生理感官层面，追求更高级、更复杂的心理情感和精神理念。人类的审美体验由最初朴素而简单的生理愉悦逐渐发展而来，逐步演化出更丰富的精神内涵。

当人类审美经验进入以艺术创作为核心的自觉阶段后，审美意识呈现日益复杂的趋势。这种复杂性不仅仅局限于审美领域，还与科学、哲学、伦理、宗教、政治和经济等密切交织在一起。因此，一个人欣赏艺术作品时所需的要素远不只是单纯的感官反应。

欣赏艺术作品需要建立在一定的文化底蕴、知识积累以及人生体验的基础之上。只有这样，个体在面对内涵丰富、技艺复杂的艺术作品时，才能更容易地进入审美的境界，更自然地获得美的感知。因此，我们必须不断加强个人的文化修养，积累丰富的知识，深化人生体验，提升自身的审美能力，并了解审美背后的原理。这些因素共同构成了我们轻松融入审美世界、体验美的关键要素。

第三节 传承与创新

一、玉雕创作的手法与类型

1.玉雕艺术的形式美与内涵表达

在《礼记·学记》中，有着这样一句名言："玉不琢，不成器。"这句话凸显了玉器的艺术之美，以及其中蕴含的文化内涵。玉雕是一门创作艺术，琳琅满目的作品是由能工巧匠们以精湛的技艺雕琢而成的。玉雕作品以其形式之美而独树一帜，其艺术形象的构成遵循一定的规律。这一艺术形式与国粹京剧的艺术特点相似，都重视形式之美，相较于内容，更强调形式的表达。可以将玉雕艺术比作一种抒情的轻音乐，既能激发情感，又显得温和恬静。

玉雕艺术的创作在表现上当然需要反映生活，传达一定的思想内涵。然而，在程度、形式和表现手法上，它与绘画等其他艺术形式有所不同。玉雕艺术常常运用高度的概括、夸张、寓意和象征的手法来表达。举例来说，在玉雕作品中，四季的花卉可以同时呈现，天南海北的景象也可以齐聚。这种手法旨在通过艺术的表现手段，将丰富的意象和情感融合于作品之中。

总的来说，玉雕艺术作为一种独特的创作形式，以其独特的形式美和内涵探索，吸引着人们的目光。正如琢玉者需对玉石进行精雕细琢，玉雕艺术通过巧妙的构思与创作，展示了一种精湛的技艺和艺术追求。通过这种形式的审美体验，观赏者不仅感受到感官的愉悦，更在情感层面上得到了深刻的升华，从而赋予了艺术作品更深远的情感价值。

2.玉雕的主要造型与类别

玉雕艺术作为一门造型艺术，着重强调形式之美的内在规律，并崇尚通过多样的雕刻技法以呈现这一美感。在和田玉雕刻技艺中，尤为突出的有圆雕与浮雕。

圆雕，又称立体雕，是一种将玉石原料在三维空间进行雕琢的雕刻类型。艺术家运用圆雕技法在雕刻作品上进行创作，从而使观赏者可以从不同的视角欣赏作品的各个侧面。这样的技法要求雕刻者从前、后、左、右、上、下等多个方位展开雕琢。其手法与形式多种多样，或写实或装饰，或具象或抽象，或为室内的小巧摆饰，或为室外的壮阔城雕等。而其雕刻内容亦同样多姿多彩，或为人物，或为动物，甚或静物。所选材料更是丰富多元，玉石、彩石，甚至木材、金属等，均可为圆雕所用。

浮雕则是在平面之上雕琢出凹凸错落的立体形象，借助透视、错觉与实景制造出虚实交错的空间效果，以表现复杂多变的场景。在许多玉雕作品中，圆雕与浮雕往往交相辉映，彼此映衬，交叉运用。而在玉雕艺术作品所表现的题材方面，通常分为山水、器皿、人物、花鸟等多个类别，其在工艺上的鉴赏和评价标准各有差异。然而，这些作品的题材涵盖广泛，并伴随时代推移，呈现出不断变幻的发展态势。

根据玉雕作品的形式、鉴赏特点以及重点，我们可以将其分为具象玉雕、装饰玉雕和抽象玉雕等多个大类。当然，对于这种分类方式的理解不能过于拘泥，这种划分并非绝对且明确的。举例来说，具象玉雕和抽象玉雕在某种程度上都具有装饰的功能；另外，装饰玉雕往往采用了不同的具象元素组合和抽象纹饰来突显特定主题并加强装饰效果。抽象玉雕可能是对某种客观具象事物的抽象呈现，其表现形式常具备一定的装饰效果。这种装饰效果不仅体现在作品的外在形态上，更表现在对事物本质的深刻诠释上。因此，玉雕艺术的分类虽有一定的界限，但在实际创作与鉴赏中，其边界往往会因为创作者的独特视角和审美取向而变得模糊起来。

因此，有必要借鉴艺术学研究的成果与理论，对各类各样的玉雕作品中的审美元素进行剖析和概括，方能真正领悟玉雕艺术作品鉴赏与评价的要领。

二、玉雕创作的智慧与表达

1.卓越技艺

《诗经 · 卫风 · 淇奥》中说："如切如磋，如琢如磨。"切、磋、琢、磨这四个步骤，即构成了玉雕的传统工艺流程。玉雕属于一种"减法"雕刻，不同于雕塑等其他雕刻形式，因此对整体形态的掌握显得尤为重要。玉雕过程的第一步是粗雕，以将玉料初步分解为所需形状。接着，应逐一运用线刻、浮雕、镂空、钻孔、活环、隐起、抛光等技法，进行细致入微的雕刻。制作过程的最终一环则是打磨，借助于木片、葫芦皮、牛皮等柔软材料，蘸取珍珠砂浆，经过屡次精心的抛光，赋予玉器如凝脂般的光彩。这一工艺流程将玉雕不同于雕塑的独特和精湛之处展现得淋漓尽致。

2.借色俏色

在中国的玉雕技艺中，还涌现出一项独具特色的技法，即"俏色"。某些玉料常呈现出斑驳的杂色，若被舍弃则颇为可惜，聪慧的匠人们便以杂色部分的形态和色彩为基础展开设计。中国古代先贤历经千百年的不懈探索与创新，将玉石雕刻技艺发挥得淋漓尽致。至今，这些技法的巧妙融合更是凸显了玉石的卓越之美。

3.再生之美

在古代,玉料因其稀有与尊贵而备受推崇,因此在创作过程中,匠人们极力避免浪费玉料。这种匠心独运的精神促使他们充分考虑每一块玉石,不轻易放弃任何一块玉料,而是借助想象力和创意,赋予"废料"以生命,化废为宝。一个鲜明的例子便是清代的白玉桐荫仕女图山子(图 6-1)。

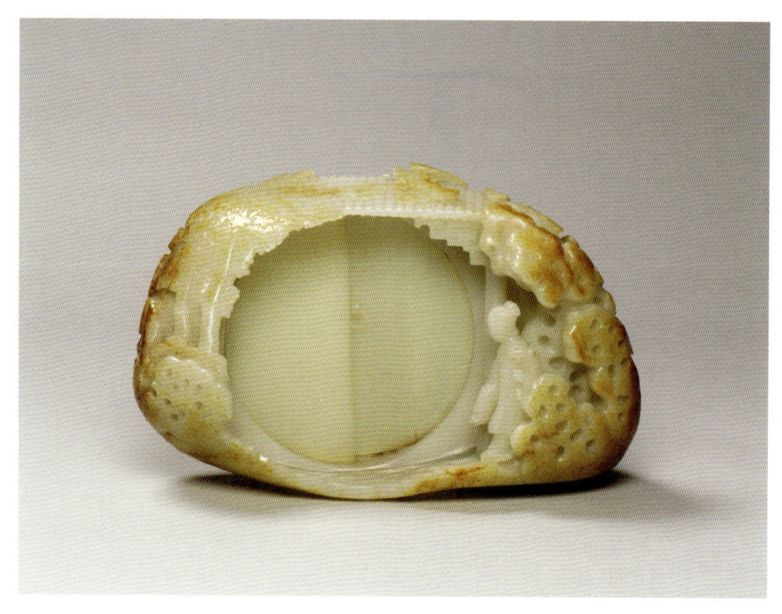

图 6-1　乾隆款带皮白玉桐荫仕女图山子

(和田玉子料,清代,故宫博物院藏)

最初,这块玉料被视为制作碗的废弃材料。然而,工匠却在这块被遗弃的玉石上发现了不凡的潜力。他们将被雕刻掉的部分巧妙地设计成半掩的月亮门形状,两名仕女恰好依托其旁,一位手持如意,另一位则双手捧物。这种精湛的艺术创作将人物形象与原本被废弃的部分完美地融合,别具一格。通过从平面雕刻纹线的方式转变为立体的三维透视表现,更深的层次感得以实现。这一作品不仅在形式上独具匠心,透视效果也引人入胜,从而赢得了乾隆皇帝的高度评价。

这个例子生动地展示了玉料再生之美,即便是被认为是废料的玉石,在工匠们的巧思和创意之下,也能焕发出耀眼的光芒。这种对材料的深入思考与对创作的无限激情,不仅体现了古代工匠们的精湛技艺,更折射出他们对艺术的虔诚追求。这种精神在今天依然值得我们学习与传承,激励着我们在创作中追求卓越,不断探索与创新。

4.阴阳中和

中国古代注重阴阳调和与气质的融合。观察玉器本身,可以看到坚韧的石质赋予其阳刚之美,但同时,玉石的色泽却温润且通透,展现出阴柔之意。因此,玉雕匠人的任务就是将这些特质完美融合。

玉雕匠人力求在保留玉石固有特性的基础上，巧妙地凸显玉器的质感与色彩，塑造出平和静雅的中和之美。这一过程不仅需要精湛的技艺，更需要技术与审美的交融，以达到意境的深远与情感的升华。在这样的探索中，玉雕匠人们不仅仅是在雕刻玉石，更是在创造一种独特的艺术氛围，让人们感受到玉器内蕴的文化与情感。

可以说，在玉雕的世界里，每一件作品都是玉雕匠人用心创造的独特艺术品。除了以娴熟的技艺，将玉石雕刻成栩栩如生的形象外，他们还需要注重细节的处理，运用线条和纹饰的变化，赋予玉器动感和生命力。他们以技艺和创造力，将玉石的本质与审美价值完美结合，创造出独具韵味的艺术品。他们的努力不仅是为了雕刻出美丽的造型，更是为了传承和弘扬中国古代文化的精髓，让人们通过欣赏玉器来品味中国古人的智慧。

5.传承创新

时光荏苒，岁月如梭，中国玉雕在历史长河中静静沉淀，凝聚着中华民族卓越的文化底蕴。当代艺术创作，唯有不断汲取传统滋养，方能在全球文化舞台上焕发生机，持续繁荣。蕴含传统基因的艺术佳作，才能赢得广泛认同与共鸣。从新石器时代的朴实简约，延续至明清时期的精湛瑰丽，再到2008年北京奥运会上那些典雅华贵的玉石奖牌，我们深知玉雕不仅是中华礼乐文化的典范，更承载着民间文化的珍贵情感。

如今，玉文化吸引了日益增多的瞩目，艺术家们将其诠释为中国梦的美好载体，融入“人文关怀”的价值理念。源远流长的中华玉文化博大精深，不仅传承着古人的审美情趣，更富有深刻的文化内涵。

展望未来，玉雕艺术家应立足传统文化，融汇国内外雕刻艺术的精髓与时代审美的特质，塑造既蕴涵深厚审美品格，又能够广泛传颂的玉雕杰作。这种创作势必以独特的艺术视角，将玉雕这门艺术跨越时空，带入更为辽阔的创作境界。在这样的持续探索中，玉器将以其独特的光芒，继续璀璨辉煌地照亮人们的心灵。

第四节 当代玉雕艺术创作鉴赏

一、当代玉雕的起源与发展

1.合作生产为创作奠定基础

中国当代玉雕的启蒙，可以追溯到20世纪中叶。然而，晚清至民国时期，玉雕这一传统工艺却面临着诸多挑战与限制。玉雕产业的发展受到了多重因素的冲击，其中包括社会动荡、经济困顿以及市场需求的萎缩。高雅精致的手工艺品的繁荣往往离不开富商和官宦阶层的购买力，以及社会环境的稳定与和谐。在战乱年代，社会动荡导致了经济的衰退和民众生活的困顿，这无疑给中国玉雕产业带来了沉重打击。

1949 年中华人民共和国的成立标志着中国进入了新的社会主义时代。在这个时期，中国经历了社会、政治、经济和文化等方面的巨大变革，这些变革对传统工艺和艺术形式产生了深远的影响。特别是在这个时期，中国致力于推动工艺美术的发展，并将其视为国家文化建设的重要组成部分之一。这为玉雕这一传统工艺提供了保护和发展的机会，同时也为玉雕艺术家创造了更为广阔的创作空间和平台。在社会主义时代的推动下，中国对于玉雕艺术的重视程度有了明显提升。政府通过出台相关政策和法规，为玉雕行业的发展提供了有力的支持。同时，社会主义价值观念的引领和文化自信的提升，也使得玉雕作为一种具有深厚历史文化底蕴的艺术形式得到了更多的重视和关注。

在当时，为了促进民间工艺的发展，国家还采取了一系列措施，旨在扩大生产规模和提高产品质量。其中一项重要举措是通过公私合营的方式，召集和团结散布于民间的艺人，针对不同的行业成立了手工业生产合作社，以复兴传统的手工艺。玉雕师傅们在这一背景下成立了玉石雕刻生产合作社，这不仅对玉雕产业的发展起到了挽救的作用，而且承上启下，为当代玉雕的再次复兴奠定了基础。

通过公私合营，国家成功地将散落在民间的玉雕师傅们会聚到一起，形成了一个个有组织、有纪律的生产合作社。这种合作社的成立不仅使玉雕工艺得到了保护和传承，还为玉雕师傅们提供了更加稳定和有利的工作环境。在这些合作社中，玉雕师傅们可以共同分享技艺和经验，彼此交流和学习，从而不断提高自身的技术水平和创作能力。此外，合作社还能够集中资源和力量，提供更好的生产条件和销售渠道，从而推动玉雕产业的发展。

玉石雕刻生产合作社的成立不仅对玉雕产业具有重要的意义，更是传统手工艺复兴的一个重要里程碑。它打破了以前家族制的玉雕手艺传承模式，也为其他手工艺的复兴提供了借鉴和启示，展示了合作和团结的方式，可以促进传统手工艺的传承和发展。这种合作社的模式为其他行业的工艺师傅们提供了一个有力的组织形式，使他们能够共同面对挑战和困难，并通过合作实现更大的发展。

然而，随着时代的变迁，玉石雕刻行业开始面临一些新的困境。传统的手工制作方式逐渐无法满足工作需求，因此设备革新和技术创新成为迫切需要解决的问题。此外，对年轻一代玉雕匠人的培养和老一辈传统工艺的传承也亟待解决；不同雕刻门类对加工车间的细分需求，以及不同门派之间的工艺学习与互鉴等问题更是不断浮现。现有的玉石雕刻生产合作社在人才、资金、设备、场地以及运营机制等方面都已经无法满足上述需求。

因此，在原有的玉石雕刻生产合作社的基础上，新型的玉雕产业组织模式初见雏形。1956年2月，扬州玉器厂正式成立；1958年10月7日，苏州玉石雕刻生产合作社正式更名为苏州玉雕厂；10月16日，北京市玉器厂正式揭牌；12月18日，上海蓬莱玉石雕刻合作社正式改名为上海玉石雕刻厂。在这一时期，创作题材仍然较为传统，多以佛教、才子佳人以及吉祥如意等主题为主。这种情况一直持续到20世纪70年代末期。

2.工具革新为创作提供支撑

改革开放以后，中国玉器的外贸市场迅速发展。一方面，华侨对玉器的青睐使得仿古题材成为热门选择；同时，一些新的当代创作题材也不断涌现。另一方面，外贸需求的增加对生产效率提出了新的要求。中国玉雕迎来了一次新的变革时代，高速玉雕机和金刚钻等先进工具的广泛应用成为其基石。这些机器完全替代了手工劳作，使得从前一人需要耗费数十年时间才能完成的大器，现在只需短短几年就可成型；过去一位匠人制作一件作品，而现在则由一个车间的众多匠人共同合作。

随着社会的发展和工具的变革，玉石雕刻行业的艺术观念也在逐渐演变。新的技术手段的引入和创作思维的更新，赋予了玉雕作品更加多样化和个性化的特点。同时，玉石雕刻艺术与当代文化日益融合，展现出更多的时代元素和社会意义。这种转变为玉石雕刻带来了更广阔的发展空间，也为其注入了新的生命力。

然而，国有企业或集体企业中的玉雕厂仍沿用着传统的工作模式和内容要求。计划经济与社会整体效益的需求相矛盾，也与玉雕匠人日益解放的思想和审美观不一致。在计划经济的条件下，尽管中国玉雕在对外销售方面取得了显著成就，但“大锅饭”的体制束缚抑制了技术创新人员的积极性。

随着改革开放的浪潮席卷而来，企业开始市场化转型，玉雕厂的运营模式也遇到了瓶颈。玉雕匠人不断离开，个人玉雕工作室开始兴起。一批富有创新精神的当代玉雕匠人摆脱了体制束缚，经历了一次次蜕变。他们在个人工作室中追求更自由的创作空间、更深入的艺术探索。这些工作室成为了一个个小型的创意工厂，汇聚了众多玉雕匠人的智慧和才华。在这里，他们可以更加自由地表达自己的艺术理念，创作出独特而有个性的玉雕作品。

3.时代呼唤创作的蜕变

中国玉雕创作在20世纪90年代后经历了一场质变，这源于艺术家们对自由和多样性表达方式的追求，同时传统工艺美术也开始重新受到审视和评价。在这个时期，玉雕艺术家开始重新探索和发展传统工艺，注重作品的创新和技艺的发展，更关注作品的文化内涵和审美情趣的提升。他们运用创新思维和技法，将传统的玉雕技艺与当代艺术相融合，创作出个性突出且富有时代感的作品。

同时，一些玉雕艺术家还将作品展示在现代艺术展览上，并且受邀参加各类国内外的艺术交流活动，这为中国传统的玉雕艺术赢得了更多关注和认可。这一变化不仅在艺术领域产生了积极的影响，也为传统工艺的传承与创新提供了新的可能性。这一时期的玉雕艺术作品在形式上更加多样化，技艺上更加精湛，同时也更加注重作品的内涵和审美意义。这种蜕变展示了中国玉雕产业在现代化和全球化的背景下，对传统文化的传承与创新的积极探索，体现了艺术家们对于传统工艺的珍视和创造力的发挥。

如今，中国当代玉雕艺术已经摆脱低谷，进入一个崭新的上升阶段。观赏中国当代和田玉雕刻作品，我们可以感受到强烈而鲜明的时代氛围，艺术家们通过题材选择、构思设计、意境表达以及形制工艺展现了非凡的才华和深厚的文化底蕴。中国当代玉雕艺术已成为引领中国当代艺术创作的旗帜，也是高端文化市场中的艺术标杆。通过下面章节中介绍的作品，我们可以深入感受其中的艺术魅力和文化内涵。

可以说，中国当代玉雕的发展趋势已在国际艺坛和学术界引起广泛探讨，成为中国传统文化国际输出的重要内容，也为中国当代艺术的研究提供了重要参考。

二、当代和田玉雕刻作品赏析

（一）关于玉料

和田玉雕刻是一门独特的造型艺术，与其他造型艺术有所不同。这种艺术形式的创作常常受到和田玉材质珍贵性的限制。这既是一种限制，也是一种挑战。和田玉的形成经历了漫长而艰辛的过程，承受了大自然的塑造力量。因此，和田玉常常呈现出奇形怪状的外形，同时也具有各种瑕疵和缺陷。然而，我们必须认识到，在和田玉中存在不完美是一种常态。如何将这些瑕疵和缺陷转化为完美的艺术品，也成为玉雕师面临的任务。

在古代，人们对于和田玉中的瑕疵运用极为罕见。在制作玉器时，完美无瑕的玉料被视为理想选择，因为帝王家认为玉器上的任何不完美都是一种罪过。因此，大多数情况下，对于有瑕疵或缺陷的玉料，通常先去除杂质，然后进行创作。

然而，随着和田玉的普及，需求量的增加导致玉料供应紧张。因此，对于这些带有各种瑕疵的玉料进行创作开始成为一种常见现象，甚至有了“无绺不刻花”的说法，意即人们只有遇到存在问题的玉料才会进行设计创作。在自然界几乎不存在完美玉料的情况下，玉雕师对于各种瑕疵和缺陷的处理水平就成为衡量其基本功的重要标准。

和田玉雕刻的艺术魅力正是在于人们处理这类材料时表现出来的独特性。玉雕师通过深入理解大自然的印记，并将其融入创作之中，传递出大自然的神奇与魅力。这种艺术形式不仅展示了大自然的智慧和力量，也反映了人类对美的追求和对自然的敬畏之情。

1.天生我材——杂质的巧用

在和田玉中，杂质指的是原料中所有影响其美观的矿物质。这些杂质主要包括方解石、石英、透辉石、铬铁矿和黄铁矿等。它们的存在使得玉料看起来似乎有缺憾之处，无法完美无瑕。

然而，在和田玉雕刻中，许多玉雕师善于运用杂质的颜色、形状和分布特征，进行精心的设计和创作，赋予和田玉雕刻作品独特的美感和韵味。他们巧妙地将杂质融入作品中，使其成为艺术的一部分。例如，通过将玉料上布满的白絮幻化成白雪压境的形象，艺术家生动地描绘了归家途中的艰辛（图 6-2）；通过凿空玉料，将其设计成太湖石的造型（图 6-3）；或者将铬铁矿黑斑雕琢成竹节（图 6-4），将蛇纹石花斑演化为旗袍的花纹（图 6-5），将黄铁矿、磁黄铁矿设计为陶器或青铜器表面的锈斑（图 6-6、图 6-7）等，艺术家们因材施艺，将这些杂质巧妙地融入作品中，为其增添了独特的艺术价值。

图 6-2 《**风雪夜归人**》（和田玉子料，杨曦作品）

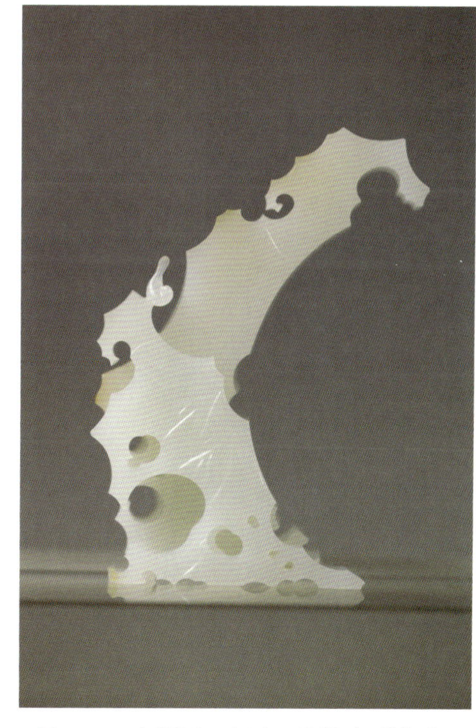

图 6-3 《**太湖石**》（和田玉子料，杨曦作品）

图 6-4 **《格物听涛》**(俄罗斯碧玉，樊军民作品)

图 6-5 **《旗开得胜》**(岫岩甲翠，唐帅作品)

图 6-6 **三足鬶**
(广西黑青玉，马洪伟作品)

图 6-7 **方鼎**(广西黑青玉，马洪伟作品)

因此，和田玉中的杂质不再被视为缺陷，而是被赋予了宝贵的创作元素的角色。通过巧妙运用这些杂质，和田玉雕作品呈现出一种独特的艺术魅力，引人入胜。这种将杂质转化为艺术的能力，正是使得和田玉在艺术上独树一帜的关键之处。

2.岁月留痕——礓的运用

和田玉中的礓大多数是围岩的残留，是亿万年前形成时就附着在玉料上的历史印记。它们的成分与和田玉不同，结构粗糙且没有光泽。因此，长期以来，将礓剥离后进行创作一直是惯例，因为它们的存在对美观造成了困扰。

然而，如果将礓部分去除，剩下的玉体要么会千疮百孔，要么所剩无几。礓可谓是“食之无味，弃之可惜”。然而，玉雕师们总能发现不一样的角度，通过巧妙的创作手法，将礓与和田玉的其他部分融合在一起，创造出独特的艺术作品。

艺术家们巧妙地利用礓的特点，将其融入作品中，赋予作品更多的意义和价值。例如，他们将黑皮料内附着的白礓创作成历经岁月的斑驳城墙（图 6-8），使得作品呈现出时光的流转和岁月的沉淀。同时，将老玉的黄色围岩幻化成干涸河床上的底泥（图 6-9），令人感受到大自然的变迁和无尽的岁月长河。又如，将碧玉上的白礓转化为飞舞的蝙蝠形象（图 6-10），传递出幸福和祝福的寓意。此外，他们还将带礓、皮、绺裂的部分雕成历经风吹日晒、虫吃鼠咬的船顶乌篷（图 6-11），赋予作品岁月的痕迹。

图 6-8 **《仲夏时分》**（黑皮料，翟倚卫作品）

图 6-9 **《生》**（岫岩老玉，唐帅作品）

图 6-10 **提梁壶**（碧玉，杨光作品）

图 6-11　《乌篷船》(左为带礓、皮、绺裂的和田玉子料,右为成品,吴德昇作品)

这种创作方式既保留了和田玉的原始特质,又赋予了作品新的意义和价值。当代玉雕艺术家们的不懈努力和创新精神,使得礓不再被视为一无是处的存在,而成为一种承载着历史或文化的艺术表达。

3.点睛之笔——皮的运用

风化皮是和田玉子料的关键特征和价值证据,在和田玉子料的鉴定中扮演着重要的角色,不能简单去除。而皮的厚度、色泽和密度又各不相同,呈现出千变万化的形态,难以捉摸,因而对其进行创作时又充满挑战。

然而,艺术家们总能以独特的创意,巧妙地运用风化皮的特点,使其成为化腐朽为神奇的点睛之笔。他们善于利用皮色由外向内逐渐变浅的特性,让薄薄的风化皮或者呈现出层次分明的奔马群(图 6-12),或者是佛祖手中的红枫叶(图 6-13)。有时,他们甚至将皮直接用作画板,勾勒出宇宙万物的原初混沌气息(图 6-14、图 6-15)。此外,他们还能巧妙地利用松松垮垮的皮,将其设计成令人垂涎欲滴的面包(图 6-16),或是腰间的竹篮(图 6-17)。通过将这一创作难点转化为作品的焦点,他们展现出令人惊叹的艺术魅力。这些创意的运用不仅使作品更加生动有趣,还展示了玉雕艺术家们对于原料中自然印记的细致观察和深入理解。这种创造力和对自然印记的深入理解,使得和田玉艺术更加精彩纷呈,为观赏者带来无尽的惊喜和欣赏的空间。

4.天道融合——裂的处理

裂纹或许是大自然在创造过程中偶然留下的瑕疵和遗憾,也是留给人们思考与创作的难题。玉雕艺术家追求与天道的共融,将裂纹视为大自然的失误,努力寻求解决之道。古代玉匠们早已发现了这个难题,数千年来他们常常选择沿裂纹进行切割,保留下无裂的部分进行创作,并将其视为最自然的方式。因此,在古代和田玉的创作完成后,往往只有 30%左右的原料能够被保留下来。

图 6-12 《天马图》
（和田玉子料，卢开飞作品）

图 6-13 《悟道》
（和田玉子料，邱启敬作品）

图 6-14 《太一》系列之一
（和田玉子料，崔磊作品）

图 6-15 《太一》系列之二
（和田玉子料，崔磊作品）

然而，随着工具的革新和创意的涌现，我们得以对裂纹进行多种艺术处理。《羽鹤仙踪》这件作品展示了嫦娥从月宫中飘然而至的景象（图 6-18）。原石有数条大裂纹，尤其在嫦娥与月宫之间几乎贯穿。汪德海大师利用精湛的技艺，将嫦娥整体悬空雕刻，只有飘带处与月宫相连，这在以往的技术条件和工艺水准下是难以实现的。现代匠人的卓越工艺让我们不禁惊叹。在他的巧手下，70％的原料得以保留。同时，在作品下方，他巧妙地借用这些天然裂隙，创造出层峦叠嶂的山石。看到这件作品，我们不禁感叹：似乎这些裂纹就是为了这样的创作而特意形成。现代工艺的发展和创意为这个千古难题找到了新的答案。

图 6-16 《欧包》(河磨玉,唐帅作品)

图 6-17 《揽财》(析木玉,唐帅作品)

在一件成功的作品中,裂纹的存在不再被视为缺陷,而被赋予了艺术的意义。玉雕师们通过巧妙的处理,赋予作品独特的美感和韵味,将作品与大自然融为一体。与此同时,现代工艺的发展也让我们有能力保留更多的原料,创造出更多富有艺术价值的作品。

图 6-18 《羽鹤仙踪》(和田玉子料,汪德海作品)

5.依形化势——对形的运用

和田玉玉料的形状是大自然雕琢的结果，千奇百怪、各不相同。因此，在玉雕创作中，通常需要对玉料进行整形。整形的方式大致可以分为两种：一种是将形状修整为饱满圆润的样子；另一种则是充分利用玉料的特性，根据其形状特点进行创作。前者相对较为简单，而后者则需要具备高超的玉料判断和设计创作能力。

在一些作品中，玉料千奇百怪的外形被巧妙地融入作品之中，这让我们仿佛看到了创作者在苦苦思索的身影，感受到了他们的心路历程。比如，在作品《科圣墨子》中，玉料的残缺形状形象地展现了墨子的思考过程（图 6-19），使作品更具有表达的深度和内涵。而在《秋语江南》系列作品中，创作者则巧妙地利用制作完手镯后残留的边角料，形象地勾勒出了江南园林经典的圆月门（图 6-20）。这种运用玉料特点的创作方式，使作品更加生动有趣，展现了创作者的智慧和创造力。一些作品还将玉料的形状特点转化为作品设计的出发点，展现出创作者的独特视角和创意。比如，在作品《金口玉言》中，一块形状怪异又不平整似跷跷板状的子料，经过玉雕师的寥寥一刀，就成为一件包含人间百味的作品（图 6-21）。

这些创作方式都无不让人惊叹，不仅凸显了玉料的美感，也让观赏者在欣赏作品的同时，感受到了创作者的智慧和情感，给人以无限的遐想。

图 6-19 《科圣墨子》
（河磨玉，唐帅作品）

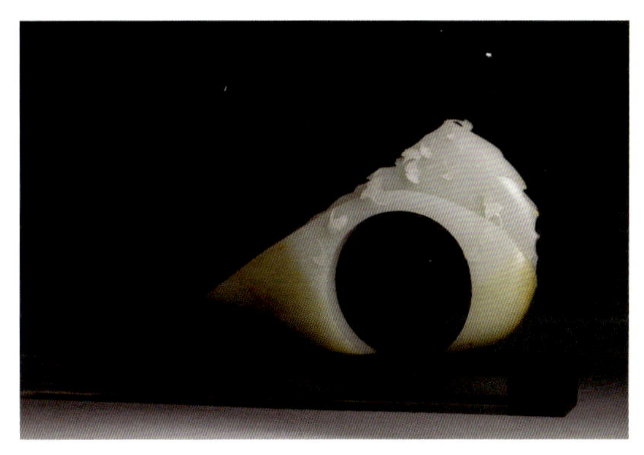

图 6-20 《秋语江南》系列之一
（和田玉子料，杨曦作品）

（二）关于技法与创意

一件成功的作品，或许在技术上达到了登峰造极的境地，或许在艺术上有着非凡的表现力。然而，一件能够留世的作品，必然对技术水平和艺术性都有着极高的追求。这种追求本身就充满了困难，因为难度常常伴随着稀缺性，正因如此，百年后留世的作品注定是匠心独运的杰作。这些作品不仅展现了创作者对艺术的追求和理解，更是后世探寻这个时代的独特风格和精湛技艺的重要窗口。

图 6-21 **《金口玉言》**（和田玉子料，崔磊作品）

1.以古为师，传承创新

中国当代玉雕产业的起源可以追溯到对古代工艺品的仿制。在 20 世纪七八十年代，东南亚华侨对中国传统文化的热衷以及外贸市场的需求，成为这一起源的决定性因素。这种起源的背景在一定程度上影响了当时玉雕艺术的发展方向和风格。

然而，随着时代的发展和社会的进步，中国的当代玉雕逐渐发展出了自己独特的风貌和创作方式，超越了简单的仿古模式，展现出了丰富多样的艺术表现力。与此相比，作品《长信宫灯》作为一种与青铜器相联系的艺术形式，也经历了类似的发展过程。

青铜器作为中国传统文化的重要载体，记录了上古时期中国历史与艺术发展的巅峰。然而，受限于金属耐久性的问题，青铜器的原作逐渐被铜锈掩盖，艺术细节也逐渐模糊。马洪伟大师看到了这一现象，产生了使用和田玉中的青玉制作仿古青铜玉器的想法，希望通过这种方式将中国优秀的艺术代表更持久地传承下去。然而，青铜作为一种冷金属与温润的和田玉在材质上存在着质感的冲突，简单地复刻青铜器造型和线条必然导致材质语言与艺术语言的矛盾。

为了完成这一挑战，马洪伟不断调整人物比例、纹饰和线条，努力根据青玉的材质特点打造出具有现代和田玉风格的长信宫灯（图 6-22）。这样的探索和创新，使得作品在保留古老艺术形式的同时，展现出了现代玉雕的独特魅力。

图 6-22　长信宫灯

（左：青铜，汉代，河北博物院藏；右，青玉，现代，马洪伟作品）

在中国当代玉雕艺术的发展过程中，对古代艺术形式的仿制起到了重要的推动作用。例如，在清代的《青玉十二辰》兽首人身坐像上（图 6-23），玉匠们通过塑造人物形象，赋予他们不同的动作和表情（图 6-24），创造出了生动有趣的作品。然而，受限于当时的生产技术和雕刻工具，这些作品无法完全表达创作者的思想和创造力。

图 6-23　《青玉十二辰》

（清代，故宫博物院藏）

图 6-24　《青玉十二辰·鼠》

（清代，故宫博物院藏）

随着现代技术的进步和艺术家们的创新探索，中国当代玉雕艺术弥补了这一缺憾。张焕庆大师和吴德昇大师的作品《十二生肖》是很好的例子（图 6-25—图 6-28）。他们延续了百年前的创作精髓，同时将现代审美元素融入其中。作品中充满了欢快情绪的表达，情感几乎可以跃然纸上。

这样的改进不仅提升了艺术作品的视觉效果，也增加了观众对作品的共鸣与喜爱。通过赋予作品更多的情感和表现力，艺术家们打破了古代玉雕的限制，创造出更具有现代感和观赏性的作品。

图 6-25 《**十二生肖**》(碧玉 7 号矿料，张焕庆作品)

图 6-26 《**十二生肖**》
(和田玉子料，吴德昇作品)

图 6-27 《**十二生肖·龙**》
(和田玉子料，吴德昇作品)

图 6-28 《**十二生肖·鼠**》
(和田玉子料，吴德昇作品)

2.打破重组，古今融合

当我们徜徉在博物馆，面对着成千上万件古代玉器，感受着绵延数千年的中华玉文化时，我们不禁思考，中华先贤们到底在向我们传达怎样的审美趣味？或者说，他们希望通过中国玉器表达出来的美学理想，到底是什么？这个问题既是个艺术问题，又是个哲学问题。

在中国传统琢玉中心苏州，这些问题更困扰着许多玉雕师。21 世纪初，杨曦大师提取了不同时代的古纹饰，并以现代美学理念将其重新打破和组合，创作了《古韵》系列作品（图 6-29），为当时苏州地区的玉雕创作开启了新思路。

图 6-29 《古韵》（和田玉子料，杨曦作品）

这种思维突破意味着玉雕师不仅重新理解了传统玉器的语言，还将其融入时代的再创作中。当我们凝视《印象园林》（图 6-30），就如同凝视着曾经的《白玉桐阴仕女图》（图 6-1），创作者以古为师，将传统的技法和内涵与当代的线条和审美进行了极致的融合。这样的创作不仅在视觉上给人以震撼，更体现了艺术传承与创新的精神。

通过这些例子，我们大致可以看出中国当代玉雕艺术的发展路径。起初受外界需求的影响，玉雕制作以仿古为主，但随着时间推移，艺术家们开始探索独特的表现方式，超越了简单的模仿，而将个人风格和创意融入作品中。这种创新和探索不仅促进了艺术形式的多样化发展，也为传统文化的传承注入了新的活力。

随着艺术家们不断将对于时代的思考融入作品中，这些作品延续了中国的美学理念，不仅是艺术家们对传统文化的传承，也是社会发展和时代进步的体现。通过不断调整和改进，当代玉雕艺术逐渐走出了仿古的束缚，展现出了独特的艺术魅力和时代风貌。

图 6-30　印象园林（青玉，杨曦作品）

3.道法自然，和谐平衡

中国的哲学强调的是道法自然，同时认为，和谐的存在并不意味着完全的一致，而是在不同的事物之间保持平衡和共融。这种思想影响着中国人的生活方式和价值观念，也体现在中国的玉雕创作中。

早在一千年前，《白玉童子》（图 6-31）展示了中国古代艺术家用静态的玉石去刻画动态人物造型的尝试。这种尝试体现了中国艺术家对于道法自然的理解。而现代作品《举案齐眉》（图 6-32）则延续和拓展了这一理念：挖去左下角衣袖下的一片玉料，结合中国特有的线条，将人物动作刻画得栩栩如生。

不论是在人物形象的刻画上，还是在动物花鸟等题材的创作中，类似的案例在艺术创作中并不罕见。清宫作品《青玉镂雕双鱼花囊》（图 6-33）利用静态的形象刻画，突出鱼的形态优雅美。而唐帅先生则选择将鱼在游动时瞬间灵动的气息凝固在作品中（图 6-34）。

《山川之间》（图 6-35）系列作品记录了我们在生活中随处可见的峰峦叠嶂。杨曦大师的这些作品通过简练的线条和形状，将山川的壮丽之美以一种抽象的方式呈现出来，营造出深远的意境，富有诗意。从中我们看到的是简练的玉雕符号，感受到的是这种美蕴含着超凡脱俗的精神境界。在这一系列作品中，我们不仅没有感受到材质本身对艺术创作的限制，反而会感叹这种表现方式似乎本就是玉雕艺术的天然归宿，它完美地体现了和田玉的魅力。

这些作品刻画的都是日常之物，从形到神，无一不是道法自然；艺术家们通过不同的表现方式和雕刻技法，将亘古永恒的静态玉石，与世间万物展现的动态美进行了和谐统一。这种创作方式不仅仅表达了事物本身，更体现了对时间的思考和对永恒的追求——以瞬间的美抓住亘古的永恒。

图 6-31 《白玉童子》(宋代,故宫博物院藏)

图 6-32 《举案齐眉》(和田玉子料,于泾作品)

图 6-33 青玉镂雕双鱼花囊(清代,故宫博物院藏)

图 6-34 《舞》(河磨料,唐帅作品)

图 6-35 《山川之间》(和田玉子料,杨曦作品)

4.多元探索,和而不同

对古今的罗汉作品进行比较(图 6-36、图 6-37),我们可以看到吴德昇大师和崔磊大师的创作风格有着独特的视觉呈现方式。吴德昇通过饱满的肌肉线条和清晰描绘的铮铮铁骨,刻画出了罗汉为帮助众生解除烦恼而自身受苦的形象(图 6-37)。这种强烈的视觉对比冲击,使得罗汉的形象跃然而出。

图 6-36 《青玉罗汉》(清代,故宫博物院藏)

图 6-37 《罗汉》(和田玉子料,吴德昇作品)

而崔磊大师的罗汉作品同样采用了视觉对冲的手法(图 6-38)。硬朗的肌肉线条与和田玉的柔美材质形成鲜明对比,创造出一种天然的爆发力。

樊军民先生的作品刻画了一个独特的人物形象(图 6-39),他既拥有罗汉的形象,又具备普通人的特点。这个形象仿佛穿越千年时空而来,目光投向星辰,回忆着过往。他的姿态突破了汉魏时期"席地而坐"的传统礼俗,采用了隋唐时期"垂足而坐"的姿势,不仅展示了中国文化的包容性,也展示了当时多元化的礼俗探索。这种包容性和创新的理念突破,与人们对当代玉雕的期待非常相似:都是在传统中探寻新意,就像蝴蝶破茧而出一样,突破重围,焕发新生!

图 6-38 《**平步青云**》(和田玉子料,崔磊作品)

图 6-39 《**垂足高坐**》(和田玉子料,樊军民作品)

杨曦大师的作品《千手观音》对观音的传统塑造方式进行了突破(图 6-40)。他将精巧灵动的手印与庄严的观音造像相结合,创造出一种虚实互动的效果,让作品更具有灵动之美,也让我们更能够沉浸其中,与千手观音的慈悲相融合。这不仅是一件技艺精湛的艺术作品,更是一件让人心灵共鸣的作品。

于泾先生的作品《托福》(图 6-41)具有独特的视觉效果和情感表达方式。他巧妙地运用线条的变化和组合,创造出一种流动感,仿佛时间在这一刻静默凝固,让观者能够深刻感受到男女相拥的温暖与亲密。于泾还通过对女性肚中宝宝的描绘,将观者的思绪引向未来。这种作品不仅具有艺术美感,还蕴含着爱的力量,将人们带入一种情感的共鸣与思考之中。

图 6-40 《千手观音》(和田玉子料,杨曦作品)

图 6-41 《托福》(和田玉子料,于泾作品)

显然,这些作品展现了中国玉雕艺术的独特魅力,它们既传承了传统审美观念,又融入了当代艺术表达方式。这些作品已不仅仅是玉雕,它们已成为记录文化传承和发展的载体。艺术家们通过创作出既有古代神秘感又有现代审美的形象,使观者在欣赏艺术之余,也深入思考和理解中国文化。这种艺术作品既具有美感,又具有思想性,给人们带来了更深层次的艺术体验和启发。

5.精工细作,卓尔不凡

如果将石头视为对象,创意便是其灵魂,而雕琢则成为展现创意和升华艺术的重要过程。和田玉以高硬度而著称,这既是雕刻的优势,也是挑战所在。高硬度使得和田玉在雕琢过程中更加耐久,不易受损,但同时也对雕刻工具提出了更高的要求。这种高硬度也导致了制作过程的时间和难度呈几何级数增加。

随着时代的不断进步,琢玉工具也经历了革命性的发展。金刚砂工具的引入使得对和田玉的琢磨变得更加可行和容易,电力驱动的出现进一步提升了加工效率,而磨棒的运用则使得和田玉独特的油润光泽得以完美呈现。然而,更令人惊喜的是,一代又一代的琢玉工匠针对不同题材、器型和纹饰,纷纷创造出了独具特色的雕刻工具。这些独门利器为和田玉承载更加丰富的中国当代玉雕艺术和深刻的文化思想提供了保证。这一系列的变革不仅在技术层面上推动了琢玉工艺的进步,同时也为艺术创作和文化传承注入了新的活力。

清乾隆时期回部遣使进献了一件痕都斯坦玉器(图 6-42,原器名为青玉质,但图示接近白玉质),即使乾隆皇帝这位对精美玉器习以为常的统治者,也对这只薄胎玉碗感到震撼。乾隆甚至在宫内特地设立了痕玉作坊,用于制作薄胎玉器。然而,当我们将目光转向由俞挺大师制作的薄胎盖碗时(图 6-43),我们仿佛看到刻刀在厚度不足 1 mm 的胎壁上舞动,这种情境让人惊叹不已。相对于开口器,对于《簌簌风华》这类口小肚大的闭口器(图 6-44),掏膛不仅需要高超的技艺,更需要手法、心法、眼力和勇气的完美统一。显而易见,这些作品是现代工艺的突破和创新,也是当代极致工艺的典范。

同时,艺术家们不仅致力于发展失传的薄胎技艺,还注重提升其文化内涵和审美情趣。他们不再局限于古代器皿的形制,而是通过对造物之美的领悟,以抽象的线条艺术重新构建薄胎玉器的轮廓和造型。他们不仅借鉴了现代瓷器造型艺术,更将情感和造型相交融,创作出一批具有浓郁现代审美趣味的作品。比如俞挺大师的《天禄尊》(图 6-45),茹月峰大师的《和谐》(图 6-46)、《门》(图 6-47)等,这些作品向我们展示了艺术与技术完美结合的魅力。

图 6-42 《**痕都斯坦青玉葵花式碗**》(清代,故宫博物院藏)

图 6-43 **薄胎盖碗套件**(青玉,俞挺作品)

图 6-44 《簌簌风华》(青玉,茹月峰作品)

图 6-45 《天禄尊》(青玉,俞挺作品)

纹饰在薄胎上起到了画龙点睛的作用,为其增添了无限的灵气。茹月峰将国画的神韵与薄胎器皿的工艺相结合,创造出了一种独特的艺术风格,即"水墨薄胎"(图6-48、图6-49)。墨分五色,浓、淡、干、湿、焦,青玉的厚薄程度不同,会呈现出不同的效果,厚则如浓墨泼洒,薄则如淡墨罩染。浓淡的过渡必须自然、相宜,展现出墨色在玉器表面晕散开来的美感。

图 6-46 《和谐》(青玉,茹月峰作品)

图 6-47 《门》(青玉,茹月峰作品)

图 6-48 《荷》(青玉,茹月峰作品)

图 6-49 《虾趣》(青玉,茹月峰作品)

在和田玉的创作中,其紧密的纤维交织结构赋予了它良好的韧性,这是和田玉在承载精工细作方面具备独特优势的原因。黄福寿先生的作品《趣》(图 6-50)通过对螳螂的写实创作,展示了和田玉硬度和韧性的完美结合。作品中每一个细节都被刻画到了极致,令人仿佛能够看到草叶在风中舞动,螳螂挥舞躯干向对方展示自己的威武之态。这种表现方式不仅显示了和田玉雕刻创作的精湛技巧,更将和田玉的硬度和韧性融入作品的表达中。观赏者可以从中感受到和田玉作品所传达的力量与生命力。

6.浮光驻影,静影沉璧

和田玉与普通岩石及翡翠相比,独特之处在于质感细腻而凝润。和田玉不像普通岩石那样粗糙不透,也不像翡翠那样追求水透感。相比之下,和田玉经过雕琢之后

图 6-50 《趣》(加拿大碧玉，黄福寿作品)

能展现出微透明的照映效果，这是它不同于日常大理石雕塑或金属雕塑的造型艺术语言表达方式。在和田玉雕刻艺术中，光线、阴影和空间的应用至关重要。

杨曦的《古韵新鉴》(图 6-51)、《羲之爱鹅》(图 6-52)等一系列作品通过巧妙地转移光线的角度，呈现出截然不同的意境和效果，展现了和田玉雕刻独特的魅力。精心雕琢的和田玉创造出一种独特的美学意境，通过光线的转移和阴影的变化，赋予作品丰富多样的美学语言，带给观者深远的美感和独特的审美享受。

(三) 关于艺术融合

玉雕是一门古老而精湛的艺术，玉匠们一直以来都在不断探索与创新。而如今，随着现代艺术的发展和交流的加强，玉雕也开始与其他艺术形式进行跨界融合，呈现出令人惊叹的艺术创作水平。

跨界艺术融合不仅仅是将玉雕与其他艺术形式结合在一起，更是一种传统与现代、东方与西方的碰撞与融汇。在这个过程中，玉雕的独特质感和传统工艺与其他艺术表现形式的多样性相互交织，产生出新的艺术语言和视觉效果。

在当代玉雕创作中，艺术家们常常将其与书法、绘画、剪纸等形式结合。他们巧

图 6-51 《古韵新鉴》(和田玉子料,杨曦作品)

图 6-52 《羲之爱鹅》(和田玉子料,杨曦作品)

妙运用和田玉料的质地、纹理和光泽,在不同的艺术媒介中创造出独特的表达方式。这种结合不仅让玉雕作品获得了更加丰富的艺术性,也使之成为艺术家表达主题的重要媒介。通过将各种艺术形式融合在一起,艺术家能够传递出特定的意境和情感。

1.玉雕与书法

和田玉雕刻艺术与书法的结合,是指通过雕刻的方式将书法的文字形态融入玉石作品中。通常玉雕师们运用雕刻刀具,在玉石上以刀代笔,书写汉字或其他文字或符号。如果说纸上的书法是平面的艺术表达,那么雕刻书法则是一种立体的艺术表达。它以玉石为底,将雕刻的刀法和书法的笔墨技法相结合,创造出一种新颖的艺术表达方式。

《论语玉册》(图 6-53)是庞然大师创作的一件作品,它将玉石雕刻与书法艺术巧妙地结合在一起。庞然大师通过使用刀、砣等工具,运用宽窄深浅的笔触、变化的字形和流畅的线条,将自己的艺术理念和审美追求融入雕刻中。

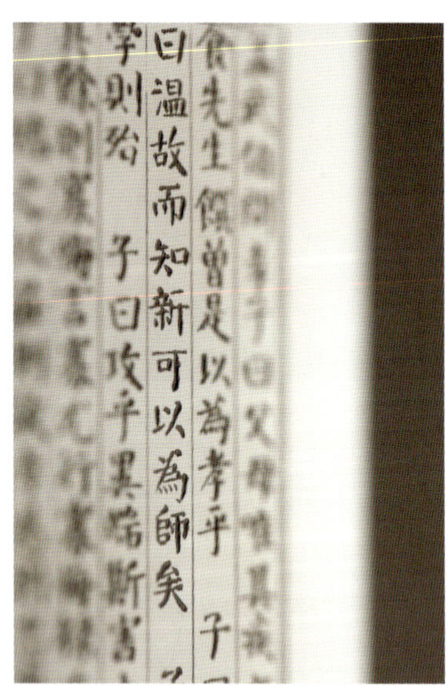

图 6-53 《**论语玉册**》(和田玉子料,庞然作品)

另外,曹扬先生的《诸仙祝寿》(图 6-54)玉牌也是一件很有特色的作品。这件作品采用了两种不同的字体,其特色不仅在于技法的运用,更体现了对文化的传承和创新。

通过这些作品,我们可以看到这种结合使得玉雕书法成为一种独特的艺术形式。

它把玉石作为媒介，将书法艺术与立体的雕刻艺术完美地结合在一起。通过这种结合，和田玉雕刻与书法艺术相互借鉴、相互启迪。因此，这种艺术形式不仅仅是文字的再现，更是艺术家们对文字形态的再创造和再诠释。

图 6-54 《诸仙祝寿》(和田玉子料，曹扬作品)

2.玉雕与素描

素描是绘画的基础，也被认为是玉雕等各种造型艺术的基础。作为一种绘画技法，它通过简洁的线条和明暗的对比表现出物体的形态和结构。在《速写江南》(图 6-55)系列作品中，杨曦先生借用素描的表现方式，将线条和光影的变化巧妙地运用到玉石的雕刻之中。不得不说这是一种独特而有趣的艺术尝试。

在每一件作品的创作之初，艺术家们都会通过素描勾勒出作品的基本轮廓和结构。这种手法可以帮助我们准确地了解作者的创作意图和情感。

而在玉雕中，借用素描的表现方式，作者能够通过阴影和明暗的对比来表现出作品的立体感和光影效果，使得这件玉雕作品在视觉上更加逼真和丰富。这种技巧的运用增加了观赏者的艺术享受和沉浸感。因此，在这件作品中，素描不再仅仅是一种绘画技巧，而成为艺术家表达创作想法和情感的重要方式。

3.玉雕与绘画

在传统的玉雕中，主要采用雕刻的手法。然而，随着艺术家们对创作方式的不断探索，一些玉雕师开始借鉴绘画的表现方式，将绘画的线条、构图等元素融入玉雕作品中，以赋予作品更为丰富和多样的视觉效果。

在翟倚卫先生的作品《早春》(图 6-56)中，我们可以明显感受到他采用了绘画的表现方式。他巧妙地运用油画元素和子料的皮色，在一薄层玉牌的表面创造出丰富

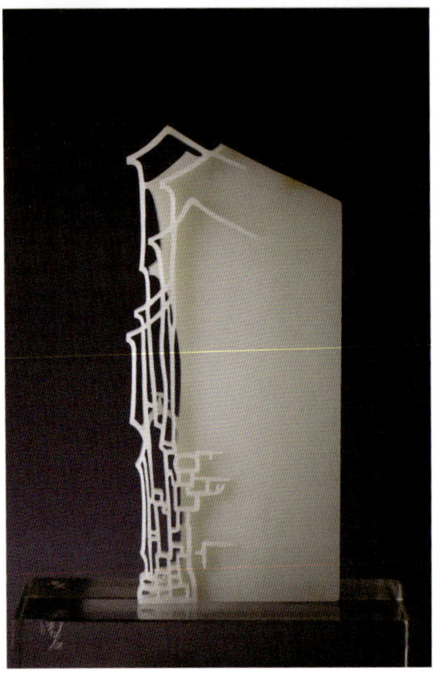

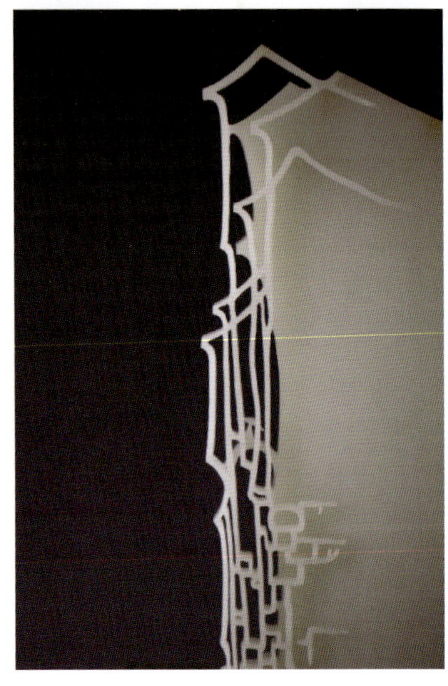

图 6-55 《速写江南》系列(和田玉子料,杨曦作品)

的色彩层次和明暗对比。这样的处理方式赋予了作品更具动感和节奏感的形态。而在《山水对牌》(图 6-57)中,他更是采用绘画的线条和构图,通过浮雕制造光线明暗的效果,使作品更加富有层次感和视觉冲击力。

这种借鉴绘画的艺术表达方式使得传统的玉牌作品相较以往更具有美术性,同时也更富有动态和生命力。

庞然先生在其书画牌作品《秋亭嘉树图》(图 6-58)中,采用了阴刻的表达方式,这与浮雕形成了一种对比。传统上,玉雕的阴刻主要注重于线条和纹饰的表达。然而,随着对创作方式的不断探索,庞然开始借鉴国画的表现方式,将国画的笔墨、用墨技

图 6-56 《**早春**》(和田玉子料,翟倚卫作品)

图 6-57 《**山水对牌**》(和田玉子料,翟倚卫作品)

法和意境等元素融入玉雕阴刻作品中。这种借用国画表现方式的创新为玉雕阴刻作品创造了独特的审美风格。

作者通过深浅不同的刻痕来表达国画的笔触和丰富的墨色层次，在玉石上创造出细致而富有层次感的线条，使作品更具艺术张力和空灵之美。

图 6-58 《秋亭嘉树图》（庞然作品）

综观之，借用国画或是油画形式，浮雕或是阴刻技法，这些玉雕作品展现了传统与现代的完美融合。它们不仅传承了传统文化的精髓，更展示了现代艺术的独特魅力。在玉雕作品中，这种融合创造出了一种独特的意境和氛围，使作品更加富有诗意和韵味。

4.玉雕与剪纸

中国剪纸是源于汉代的传统手工艺，通过利用剪刀或刀具在纸上剪刻出各种形状和图案。剪纸艺术以其精致的线条勾勒和构图方式展示了中国文化的独特魅力。近年来，玉雕艺术家们开始探索将中国民间美术的剪纸艺术融入玉雕作品中。

杨曦先生在设计《莲相》系列玉雕作品（图 6-59）时，巧妙地将剪纸的线条构图方式融入玉雕作品中，实现了两种传统艺术形式之间的有机结合。这种创作方式突出了剪纸艺术中强调线条与传统玉雕中强调面的特点，使得玉雕作品更加生动和富有层次感。通过运用剪纸艺术的线条勾勒和构图技巧，玉雕作品呈现出细腻而精致的纹饰，增加了作品的艺术价值和观赏性。

这种融合创作方式不仅展示了中国传统艺术的魅力，也丰富了玉雕作品的艺术表现力。观赏者在欣赏这些作品时，可以感受到剪纸艺术和玉雕艺术的结合所带来的独特韵味，同时也能领略到传统与现代的完美融合，领略到其中所蕴含的深远意义。

5.玉雕与黄金花丝工艺

黄金花丝工艺是一种古老而独特的工艺，它以将黄金制成细丝为基础，通过精细

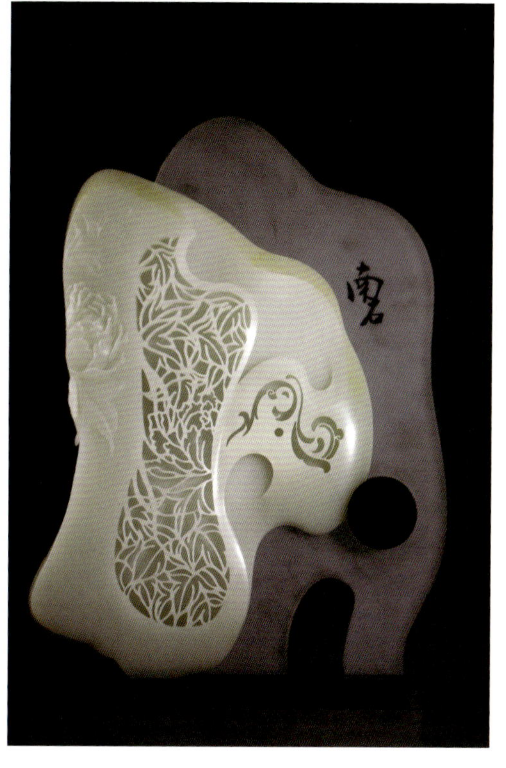

图 6-59 《莲相》系列(和田玉子料,杨曦作品)

的编织和镶嵌技巧,将黄金丝线巧妙地镶嵌在器物表面,形成各种美丽的花纹和图案。黄金花丝工艺在中国传统文化中具有重要地位,被广泛应用于宫廷工艺品和贵族珍品的制作中。黄金象征着财富和尊贵,而玉则代表着美德和吉祥,二者的结合体现了中国传统文化中的和谐与平衡价值观。

在本心女士的作品《玉遇·一席》(图 6-60)与《深海·河图》(图 6-61)中,她巧妙地将黄金花丝工艺与玉雕作品结合,形成了独特的美感。引入黄金花丝不仅赋予了作品立体感和层次感,而且花丝的线条与玉雕的面相结合,展现了材质碰撞下的审美融合。这种组合突出了黄金花丝工艺和玉雕作品各自的独特魅力,同时也传递了创新和探索精神。通过这种组合,艺术家创造了新的美学体验,让观者既能欣赏传统艺术的魅力,又能感受到现代审美的时尚和个性。

6.玉雕与大漆工艺

无论是在上古人文之初,还是在汉文明鼎盛时期,漆器一直以来都被视为王族贵胄的象征。

玉质温润如脂,漆色如丹珀,二者完美地展示了君子无瑕的品质与谦逊内敛的风格。作为中国古代艺术中重要的材料媒介,美玉和贵漆承载着中华文化审美的典型

图 6-60 《**玉遇·一席**》(白玉、K金,本心作品)

图 6-61 《**深海·河图**》(青玉、黄金,本心作品)

特征,流传至今。然而,迄今为止,我们从未见到真正意义上的玉漆跨界艺术作品在中国悠久辉煌的古器物文明历史中的实物呈现。这主要是因为这两种材料的性质差异极大,玉质细腻光滑,难以附着漆膜。为了实现玉漆跨界创作,不仅需要克服材料结合的牢固性问题,还需要解决材料软硬不同导致的后续收缩难题。

为了解决这一问题,殷建国先生和谢震先生合作,共同设计了一系列以香道和茶器为主题的玉漆艺术器皿(图 6-62、图 6-63)。两位工艺名家经过五年的探索和通力合作,终于实现了这两种材料的完美结合。观赏这些作品,不仅能欣赏到传统玉器雕刻的精湛技艺,还能感受到漆艺家兼容创新的巧思,它们充分展示了作者内心追求的诗意精神境界。

图 6-62 《漆犀唐纹玉匣》
（青玉、大漆，殷建国、谢震作品）

图 6-63 《漆犀羽觞》
（墨玉、大漆，殷建国、谢震作品）

7.玉首饰

东方文化中的玉器和西方文化中的珠宝是两种不同的艺术形式。虽然在中国历史上零星出现过珠宝的应用，但其本质依然属于西方文化的语言。将玉器和珠宝首饰结合起来涉及到语言和语境的协调，以及视觉上主次关系的界定等问题，可能引发一些矛盾和困扰。

然而，在陈世英先生的作品《肤如凝脂》中（图 6-64），这些问题和矛盾似乎得到了解决。该作品将东方的和田玉和西方的钻石协调统一起来，展现了大自然创造的美。和田玉温润，钻石璀璨，陈世英先生的设计将两者协调统一，传达了"天人合一"的理念，也许这正是数万年前第一件玉石器诞生的初衷。

通过这种艺术尝试，陈世英先生在作品中试图表达许多复杂的哲学问题。当作品直达艺术和哲学的本质时，东方和西方文化的区别便消失了。陈世英先生一系列玉首饰的创作，启发了无数中国乃至全世界的当代新生代玉雕师和首饰设计师。他们也在不断尝试和融合中，为现代和田玉创作注入新的创意（图 6-65—图 6-67）。这也是中国向世界输出属于中国的文化符号的一种方式。

图 6-64　《肤如凝脂》（白玉、钻石，陈世英作品）

图 6-65　《梦》（白玉、钻石、钛金，马瑞作品）

图 6-66　《空谷幽兰》（白玉、铜，苏洁锋作品）

图 6-67 《**玉兰花开**》(白玉、碧玉、钻石、K 金,马瑞作品)

不同艺术的融合不仅体现在艺术形式上的创新,还在于主题和内涵上的拓展。艺术家们通过玉雕作品,探索和反思人类的情感、自然界的奥秘、社会的现实等主题,使作品具有更为深刻和多维的意义。

同时,不同艺术门类的融合也为玉雕带来了新的生命力。这种跨界融合打破了传统的束缚,使得玉雕作品能够与当代艺术对话,为观众带来更丰富多样的艺术体验。通过将玉雕与当代艺术相结合,作品不再局限于传统的审美标准,而能够以更加多元和开放的方式展现自身的魅力和价值。这种跨界融合的尝试和创新,让我们看到了玉雕的无限潜力和发展空间。

(四) 关于鉴赏

和田玉的品鉴可以被视为人与物之间的一种关系。当面对一件和田玉作品时,我们可以通过观(观赏)、听(感知声音)、品(品味)、触(抚摸)等来与之互动。因此,和田玉的鉴赏是人们全方位地与其融为一体,以及与之建立联系的过程。

这种鉴赏过程涉及人对和田玉的感知。通过观赏，我们可以欣赏和田玉作品所展现出的美感，从中领略到它们独特的色泽和形态。通过倾听，我们可以感受到和田玉所传递的声音，从中领悟到它们与自然之间的紧密联系。通过品味，我们可以深入体味其中蕴含的美学价值，从中感受到它们精湛的工艺和独特的文化内涵。通过触摸，我们可以感受到和田玉与自己的身体相融合的温暖。这样的全方位互动使得我们能够更加深入地理解和田玉，并与之产生一种独特的情感联系。

1.可观

和田玉雕是一门视觉造型艺术，它是通过对玉石进行雕刻和加工，创造出各种形状和意象，使得和田玉器成为一种具有观赏价值的艺术品。从原石到成品，和田玉的光泽、色彩和纹理都可供我们观赏。

站在一件和田玉器前，我们可以欣赏其优美的线条和协调的比例，思考艺术家的表达意图(图 6-68)。和田玉器的外形和形状，都展现出艺术家的独特眼光和创造力。同时，我们也可以通过细致观察和田玉器上的纹饰和雕刻细节，了解其中蕴含的文化背景和艺术技法。这些纹饰和雕刻，不仅仅是简单的装饰，更是艺术家对于自然、人文和历史的思考和表达。

在观赏和田玉的过程中，我们不仅仅是在欣赏一件艺术品，更是在与之进行心灵上的对话。当我们静心观赏和田玉器时，可以感受到其中所蕴含的独特魅力和深刻内涵。这种观赏体验超越了简单的审美享受，是一种对于美的追求和探索的旅程。

2.可听

在远古时代，先民们发现了和田玉的特殊之处，将其运用于生产工具之中。尽管从现今的观点来看，这种使用方式或许有些奢侈，但无疑充分展示了和田玉耐摔、耐砸的特性。和田玉的质地极其致密，肉眼几乎无法观察到其微小的结构。因此，当我们用力敲击它时，它会发出悦耳的声音，甚至《说文解字》中专门描述道："其声舒扬，专以远闻。"这一特性使和田玉被赋予了君子的德行，倡导着"君子无故，玉不去身"。这种思想鼓励着君子佩戴和田玉，通过互相敲击的声音来提醒他们保持如玉般的高尚品质，坚守正道而不屈服。

在王一卜先生的作品《千佛清(磬)音》(图 6-69)中，玉片被悬挂起来，随风摆动时相互碰撞，形成悦耳的风铃声。这与古人的倡导有着异曲同工之妙。一些有经验的和田玉藏家，能够通过玉器之间的相互碰撞，区分真正的和田玉与仿制品，甚至以此判断和田玉的质量优劣。显然，和田玉在撞击下能够发出的声音是其结构松散或致密的综合反应。

类似的设计，使得和田玉不仅能够给人带来视觉上的享受，更能在听觉上带来愉悦，将人们引领到另一种美的意境之中。

图 6-68　观赏作品《竹堂侵夜开》（和田玉子料，刘忠荣作品）

图 6-69 《**千佛清(磬)音**》(青玉,王一卜作品)

3.可品

和田玉因其出色的硬度和韧性而备受推崇。相较于瓷器、紫砂等其他材质,由和田玉制作的器物更加耐用,不容易破碎。因此,自古以来,和田玉就是制作茶酒器的理想材料。同时,有茶艺师和品酒师发现,与玻璃和陶瓷制品相比,和田玉能够给茶和酒带来独特的口感,所谓"兰陵美酒郁金香,玉碗盛来琥珀光"表述的,可能就是这一份古人使用不同材质茶酒器得来的感官经验。此外,和田玉导热性较低,玉杯能够长时间保持茶汤的温度,使得茶的香气更加浓郁。和田玉制的茶器也因为这些独特的性质,成为茶道爱好者所追逐的目标(图 6-70—图 6-72)。

虽然关于和田玉如何改善茶、酒的口感,具体机理还需要进一步研究,但使用和田玉制成的各类器物,不仅外观美观,更能赋予这些日常用品独特的魅力,让它们与众不同。

4.可触

和田玉以温润细腻的质地而闻名,其触感宛如婴儿的肌肤,因此被广泛视为非常适合手持盘玩的玉石品种之一。然而,在和田玉的盘雕设计中,有一个重要的前提条件,那就是必须保持作品的饱满圆润,以确保手感的舒适性。在这个基础上,如何兼顾玉器的美观性就成为决定作品艺术价值的关键。

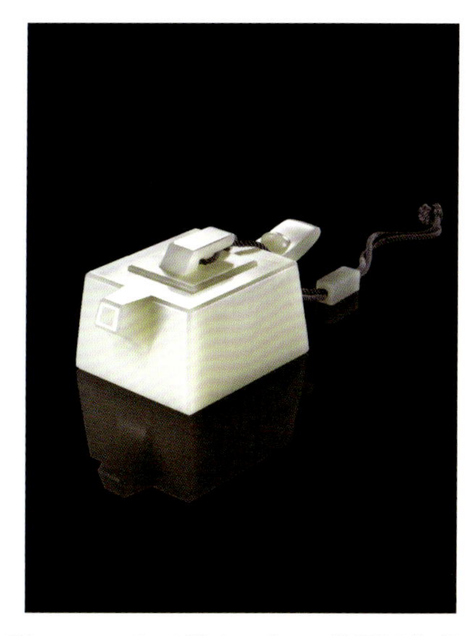

图 6-70 《**白玉耕壶**》(白玉,樊军民作品)

图 6-71 《**松鼠小碗**》(白玉,樊军民作品)

图 6-72 《**角**》(青玉,马洪伟作品)

崔磊先生的作品《蹴鞠》(图 6-73)采用了三个童子首尾相接的形式,巧妙地将所有的雕刻细节藏于内部,保持了玉料外观的完整性,即便雕刻精细,也丝毫不影响手感。这种设计兼顾了手感的舒适性和作品的观赏性。当玉料表面出现包浆时,作品的韵味将更加凸显。

而杨光先生则设计了一系列名为《香炉》(图 6-74)的手持器皿作品,其大小适合手握,并且内部可以容纳香料。当人们握住香炉时,手的温度会传导到内部,使得香料的香气通过炉盖上的镂空花纹散发出来。这样的设计不仅兼顾了视觉上的美感,还融入了触觉和嗅觉等多个感官的体验,使人们在欣赏作品的同时能够享受到多重的愉悦。

图 6-73 《**蹴鞠**》(白玉,崔磊作品)

图 6-74 《**香炉**》(碧玉,杨光作品)

5.可闻

相比于木头等易燃材料和热传导快的金、银、铜等材质,和田玉具有耐高温和热传导慢的特性,这使其成为香道用器的理想选择,与我们的嗅觉产生了紧密的联动。

首先,和田玉的耐高温性使其能够在香道仪式中承受高温炉火而不受损。这种特性使得玉雕师们能够将和田玉雕刻成各种形制的香插等香道用器(图 6-75、图 6-76),如瓶状、花瓣状等,以容纳香料,使其能够完美地融入香道仪式中。同时,和田玉的耐高温性也保证了香料在燃烧过程中的稳定性和持久性,使香气能够长时间散发,香味持久而浓郁。

其次,在香道仪式中,人们常常需要接触香插或其他香道用器,而和田玉的热传导缓慢,能够有效地减缓热量传递,让使用者在仪式中更加舒适。这也为和田玉在香道仪式中的应用提供了便利,使人们能够更加专注地感受香气的美妙,而不被烫伤所干扰。

和田玉在香道用器中的运用,为香道仪式增添了一种神秘而优雅的氛围,使人们在香气的世界中感受到内心的宁静与美好。这种材质的选择不仅满足了功能性需求,更赋予了仪式文化艺术的内涵,让人们在香道仪式中产生独特的美学体验。

图 6-75　香插 1(白玉、碧玉,杨光作品)

图 6-76　香插 2(白玉,崔磊作品)

6.可用

和田玉经过 5000 年的使用积淀,其耐用性得到了充分证明。尽管现如今和田玉已不再用于制作生产工具和兵器,大量的和田玉制品成为观赏艺术品,然而,回顾和田玉从远古至明清时期的发展,我们不可否认其实用性在不断增强。幸运的是,现代的玉雕师们重新发掘了和田玉的这一特点。

除了之前提到的茶酒器和香道用器,和田玉还被广泛应用于文房用具。早在清代,和田玉就被用于制作文房用具,许多玉雕作品都是为满足文人的使用需求而创作的。如今,这一创作范围更加广泛,包括笔、砚、印等,均有用玉制作的范例。现代的文房用品不仅兼顾传统形制,还融入了现代美学设计理念,体现出创新的精神。

殷建国先生制作的这套和田玉文房用具(图 6-77)不仅具有实用的功能,更凝聚着玉雕师们对传统文化的承托和对美的追求。每一件作品都经过玉雕师的精心设计和雕刻,追求至臻至美。无论是玉笔的握感,还是镇纸的质感;无论是腕枕的细腻光滑,还是砚的厚实凝润,每一个细节都由玉雕师精心雕琢,注入了他们的独特匠心。和田玉的温润感使得文房用具使用起来更加舒适,让人们在书写、绘画、钤印等过程中感到愉悦。

采用和田玉制作的文房用具不仅令人陶醉于其实用性，更带来一种精神的享受。正如张焕庆先生制作的梅兰竹菊三联章（图 6-78），其优雅的外观和精细的工艺，彰显了文化底蕴和美学内涵。每一次使用，都是对传统文化的传承和对现代美学的体现。

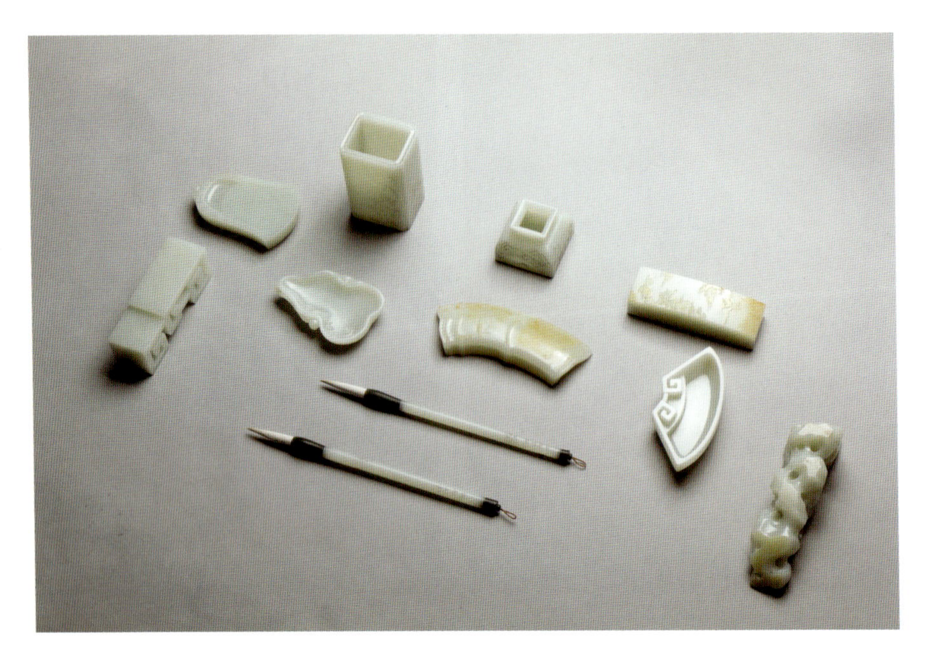

图 6-77　白玉文房十一件套（和田玉子料，殷建国作品）

图 6-78　梅兰竹菊三联章（和田玉子料，张焕庆作品）

和田玉作为一种古老的玉石材料，其独特的手感和韧性不断被挖掘和应用。如今，和田玉实用器的创作范围更加广泛，包括发簪、玉梳等（图 6-79、图 6-80）。这些日常生活用具的制作不仅注重实用性，更融入了和田玉独特的美学价值。使用这些发簪和玉梳时，人们能够感受到和田玉深厚的历史积淀和独特的美感，在繁忙的现代生活中找回内心的宁静与美好。

图 6-79 《从头开始》（白玉、铜，苏洁锋作品）

图 6-80 玉梳（白玉，崔磊作品）

7.可测

近年来，现代科学技术的迅猛发展给各行各业带来了新的生机。其中，芯片技术、大数据和人工智能等科技成果正在广泛应用于传统行业，如中医、服装和家具制造等。在这个背景下，蒋曦兮女士设计的《YUN》系列玉首饰引人瞩目（图 6-81）。这一系列的设计灵感来自中医养生之道，通过内置芯片跟踪睡眠数据，并为佩戴者提供相应的饮食疗法建议，将传统医疗与现代科技相结合。这一创新不仅为中医行业注入了新的生命力，也为玉石首饰注入了新的文化内涵。

《YUN》系列玉首饰以水涟漪的同心圆和云状造型为视觉元素，象征着心境的宁静和纯净；同时，通过与金属和芯片技术相结合，将传统的禅意与现代感有机地融合在一起。这种设计不仅令人赏心悦目，还展示了科技与文化的完美融合。这种可佩戴的芯片置入技术已经在上海、深圳、台湾、香港等地的首饰中得到广泛应用，为和田玉等传统工艺品注入了新的活力。

图 6-81 《YUN》系列玉首饰（白玉、铜、内置芯片，蒋曦兮作品）

8.可悟

和田玉雕刻作为一种艺术形式，通过使用不同颜色和花纹的和田玉来表达创作者对自身、社会和未来等方面的思考。其核心问题在于创作者如何应对人文学科的挑战，如何通过视觉艺术来加以表达。因此，玉雕艺术家需要运用雕刻技艺来诠释、解读或创造内容，而雕刻本身只是一门工艺而已。对于和田玉器，我们可以对其题材、形态和工艺进行解读，然而我们无法为其赋予一个明确的含义，因为每个人面对它都有着各自不同的感悟。

从另一个视角来看，艺术是与科学并驾齐驱的另一种理解世界的途径。因此，只有当一件作品包含着对于人性和存在的思考，才能被视为艺术品。和田玉艺术品应该被赋予更深层次的意义，它不仅仅是一件雕刻出来的玉器，更是艺术家对生命、自然和宇宙进行思索的结果。面对和田玉艺术品，我们需要带着感悟之心，去领略其中所蕴含的哲学思考（图 6-82—图 6-84）。

图 6-82 《绝处逢生》(碧玉,黄福寿作品)

图 6-83 《聚散两依依》(白玉,本心作品)

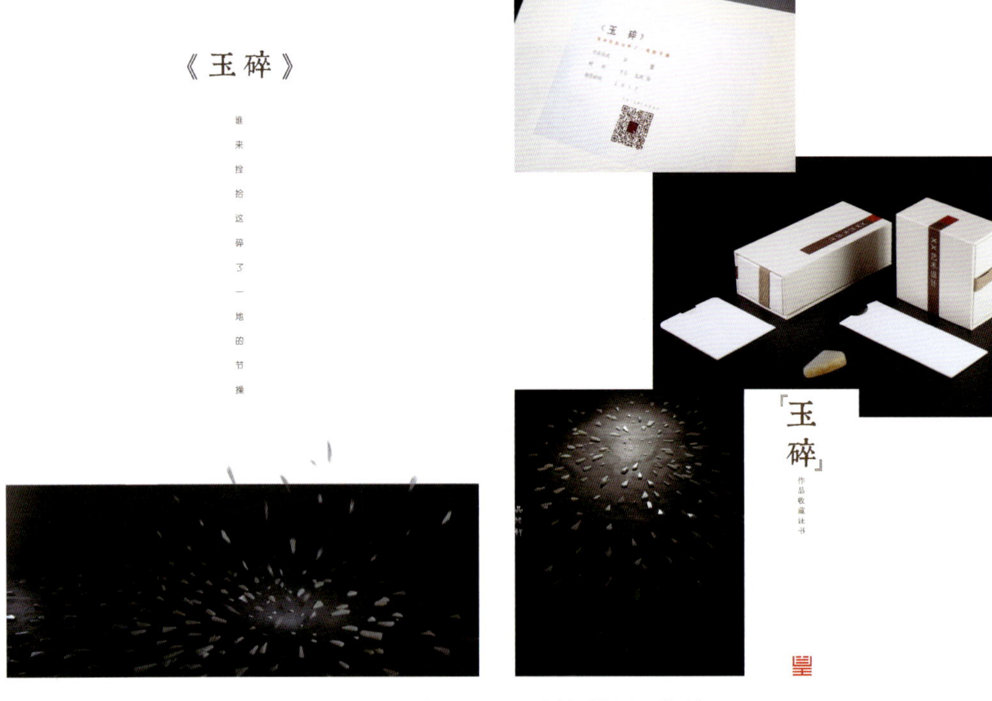

图 6-84 《玉碎》(和田玉子料，樊军民作品)

主要参考文献

白洞洲，张跃峰，丘志力，等，2022.四川汶川“龙溪玉”的宝石学特征及成因初探[J].宝石和宝石学杂志(中英文)，24(3)：1-9.

曹妙聪，朱勤文，2012.且末、若羌两地软玉的宝石学特征研究[J].长春工程学院学报(自然科学版)，13(4)：60-62.

曹妙聪，朱勤文，2013.且末、若羌两地软玉稀土元素及微观结构特征[J].超硬材料工程，25(3)：56-60.

曹冉，2019.白色至青色系列软玉的宝石学特征研究[D].北京：中国地质大学(北京).

柴凤梅，帕拉提·阿布都卡迪尔，2000.和田软玉与青海软玉的宝石学特征对比研究[J].新疆工学院学报，21(1)：77-80.

车延东，2013.罗甸软玉的宝石学矿物学研究[D].北京：中国地质大学(北京).

陈慕雨，兰延，陈志强，等，2017.广西大化“水草花”软玉的宝石学特征[J].宝石和宝石学杂志，19(2)：41-48.

陈全莉，包德清，尹作为，2013.新疆软玉、辽宁岫岩软玉的XRD及红外光谱研究[J].光谱学与光谱分析，33(11)：3142-3146.

陈全莉，徐亚兰，艾苏洁，等，2014.青海青玉的振动光谱特征[J].光谱学与光谱分析，34(8)：2017-2020.

程丽，2012.四种产地软玉的比较研究[D].秦皇岛：燕山大学.

崔文元，杨富绪，2002.和田玉(透闪石玉)的研究[J].岩石矿物学杂志，21(增刊)：26-33.

邓贵标，2013.贵州罗甸玉成矿地质特征与品质评述[J].中国非金属矿工业导刊(3)：55-59＋62.

邓燕华，1992.宝(玉)石矿床[M].北京：北京工业大学出版社.

杜季明，2015.广西大化透闪石玉的宝石矿物学特征研究[D].北京：中国地质大学(北京).

杜杉杉，杨明星，冯晓燕，等，2017.软玉“黄口料”的宝石学特征及颜色成因分析[J].宝石和宝石学杂志，19(增刊)：1-8.

段体玉，王时麒，2002.岫岩软玉(透闪石玉)的稳定同位素研究[J].岩石矿物学杂志，21(增刊)：115-119.

范春丽，程佑法，李建军，等，2010.一种新方法处理软玉的鉴定特征[J].宝石和宝石学杂志，12(2)：26-28＋60.

范越,2021.五产地青玉的矿物学特征对比研究[D].北京:中国地质大学(北京).

冯晓燕,张蓓莉,2004.青海软玉的成分及结构特征[J].宝石和宝石学杂志,6(4):7-9.

伏修锋,干福熹,马波,等,2007.几种不同产地软玉的岩相结构和无破损成分分析[J].岩石学报,23(5):1197-1202.

付芳芳,张贵宾,孟丽娟,等,2014.台湾软玉猫眼的矿物学研究[J].岩石矿物学杂志,33(增刊):1-6.

付玉蕾,2022.新疆“洒金黑青玉”宝石矿物学特征及成因研究[D].石家庄:河北地质大学.

高晶,彭蔚兰,郑荣,2009.软玉的鉴定[J].新疆有色金属,32(3):5-6.

高雪,2021.巴基斯坦碧玉宝石矿物学特征研究[D].石家庄:河北地质大学.

谷岸,罗涵,杨晓丹,2015.近红外光谱结合化学计量学无损鉴定软玉产地的可行性研究[J].文物保护与考古科学,27(3):78-83.

国家珠宝玉石质量监督检验中心北京珠宝研究所,2017.珠宝与科技:中国国际珠宝首饰学术交流会论文集(2017)[M].北京:地质出版社.

郭杰,杨明星,2007.酸浸泡处理软玉仿鸡骨白沁色的实验探索[J].宝石和宝石学杂志,9(3):7-10+54.

郭立鹤,韩景仪,2002.和田玉、玛纳斯碧玉和岫岩老玉中 M1、M3 阳离子占位的红外光谱分析[J].岩石矿物学杂志,21(增刊):68-71.

韩冬,刘喜锋,刘琰,等,2018.新疆和田地区大理岩型和田玉的形成及致色因素探讨[J].岩石矿物学杂志,37(6):1011-1026.

韩磊,洪汉烈,2009.中国三地软玉的矿物组成和成矿地质背景研究[J].宝石和宝石学杂志,11(3):6-10.

何明跃,朱友楠,李宏博,2002.江苏省溧阳梅岭玉(软玉)的宝石学研究[J].岩石矿物学杂志,21(增刊):99-104.

何琰,苏越,杨明星,2022.新疆于田和田玉的谱学特征及产地特征研究[J].光谱学与光谱分析,42(12):3851-3857.

河南省地质学会,2012.河南地球科学通报:2012 年卷.郑州:河南人民出版社.

侯弘,王轶,刘亚非,2010.韩国软玉的宝石学特征研究[J].西北地质,43(3):147-153.

胡葳,狄敬如,杨晔,2011.青海软玉“水线”的特征分析[J].宝石和宝石学杂志,13(4):14-18+25.

贾茹,2020.非洲索马里兰闪石质玉矿的矿物学特征研究[D].北京:中国地质大学(北京).

贾玉衡,刘喜锋,刘琰,等,2018.新疆且末碧玉矿的成因研究[J].岩石矿物学杂志,37(5):824-838.

江翠,赖俊涛,尹作为,等,2017.广西河池软玉的谱学和产地特征研究[J].光谱学与光谱分析,37(12):3819-3827.

姜颖,2020.新疆若羌和田玉矿物岩石学特征及成因机理研究[D].北京:中国地质大学(北京).

金晓婷,丘志力,戴苏兰,等,2019.四川雅安软玉中透闪石的结构水晶粒尺度不均一性及其指示意义[J].宝石和宝石学杂志,21(3):1-8.

蓝叶,2023.广西大化透闪石玉的地球化学特征及成因初探[D].桂林:桂林理工大学.

蓝叶,于海燕,阮青锋,等,2022.透闪石玉成矿研究现状与展望[J].桂林理工大学学报,42(1):55-62.

李丹,2021.和田玉黑皮子料的宝石矿物学研究[D].北京:中国地质大学(北京).

李红军,蔡逸涛,2008.江苏溧阳软玉特征研究[J].宝石和宝石学杂志,10(3):16-19+48+53.

李济,马晓东,2009.和田玉的鉴定与评估[J].山东国土资源,25(5):30-34.

李洁,2008.和田玉显微镜下鉴定[J].新疆有色金属(增刊2):52-53.

李晶,2017.中国典型产地软玉的宝石学矿物学特征及对良渚古玉器产地的指示[D].武汉:中国地质大学.

李晶,高洁,童欣然,等,2010.江苏溧阳软玉与良渚文化庄桥坟遗址出土软玉的特征对比研究[J].宝石和宝石学杂志,12(3):19-25+33.

李举子,吴瑞华,凌潇潇,等,2009.和田软玉的化学成分和显微结构研究[J].宝石和宝石学杂志,11(4):9-14+59.

李凯旋,姜婷丽,邢乐才,等,2014.贵州罗甸玉的矿物学及矿床学初步研究[J].矿物学报,34(2):223-233.

李凌,廖宗廷,钟倩,等,2019.贵州罗甸和广西大化软玉的化学成分与光谱特征[J].宝石和宝石学杂志(中英文),21(5):18-24.

李平,廖宗廷,周征宇,2022.良渚玉器中的地质语言[J].同济大学学报(自然科学版,50(8):1081-1087.

李平,陆丁荣,2008.软玉子料与染色山料的鉴别[J].超硬材料工程,20(4):58-62.

李平,钱俊峰,2011.子料黄褐皮的成因研究[J].科技通报,27(1):120-122.

李平,沈崇辉,2009.软玉子料黑皮和褐皮的致色物测试[J].岩矿测试,28(2):194-196.

李平,宋波,2009.软玉子料鉴定探讨[J].中国宝玉石(5):102-103.

李冉,廖宗廷,李玉加,等,2004.青海软玉中硅灰石的确定及其意义[J].宝石和宝石学杂志,6(1):17-19.

李新岭,2012.古玩收藏鉴赏全集:和田玉[M].长沙:湖南美术出版社.

李雪梅,2020.俄罗斯奥斯泊矿碧玉的矿物组成和成因研究[D].北京:中国地质大学(北京).

李玉加,廖宗廷,史霞明,2002.青海软玉与新疆软玉的对比研究[J].上海地质

(3):58-61.

李育洁,2015.软玉次生矿物的种类及特征研究[D].石家庄:石家庄经济学院.

李云峰,高敏,王悠然,2014.青海软玉的宝玉石学特征及成因分析[J].现代矿业(3):54-58.

梁铁,2018.不同产地软玉的宝石学及矿物学特征研究进展[J].西部探矿工程,30(5):141-143.

廖冠琳,周征宇,廖宗廷,2012.台湾碧玉的X射线粉末衍射和红外吸收光谱特征[J].宝石和宝石学杂志,14(4):23-29.

廖任庆,朱勤文,2005.中国各产地软玉的化学成分分析[J].宝石和宝石学杂志,7(1):25-30.

廖宗廷,2014.话说和田玉[M].武汉:中国地质大学出版社.

廖宗廷,廖冠琳,2019.玉说中华上古史[M].武汉:中国地质大学出版社.

廖宗廷,廖冠琳,周征宇,2023.中国玉美学[M].上海:上海科技教育出版社.

廖宗廷,钟倩,支颖雪,等,2018.贵州和田玉的产地标型特征和鉴别初探[J].宝石和宝石学杂志,20(增刊):54-64.

廖宗廷,周征宇,2003.软玉的研究现状、存在的问题及发展方向[J].宝石和宝石学杂志,5(2):22-24.

廖宗廷,周征宇,廖冠琳,等,2022.玉·器[M].武汉:中国地质大学出版社.

廖宗廷,周祖翼,周征宇,等,2015.中国玉石学概论[M].2版.武汉:中国地质大学出版社.

刘晨谱,2018.新疆玛纳斯切阔台碧玉的宝石矿物学特征研究[D].北京:中国地质大学(北京).

刘东岳,2013.台湾花莲碧玉宝石矿物学特征研究[D].北京:中国地质大学(北京).

刘飞,余晓艳,2009.中国软玉矿床类型及其矿物学特征[J].矿产与地质,23(4):375-380.

刘虹靓,杨明星,杨天翔,等,2013.青海翠青玉的宝石学特征及颜色研究[J].宝石和宝石学杂志,15(1):7-14.

刘晶,崔文元,2002.中国三个产地的软玉(透闪石玉)研究[J].宝石和宝石学杂志,4(2):25-29.

刘喜锋,2015.俄罗斯达克西姆地区白玉的宝石矿物学研究[D].北京:中国地质大学(北京).

刘喜锋,贾玉衡,刘琰,2019.新疆若羌—且末戈壁料软玉的地球化学特征及成因类型研究[J].岩矿测试,38(3):316-325.

刘喜锋,张红清,刘琰,等,2018.世界范围内代表性碧玉的矿物特征和成因研究[J].岩矿测试,37(5):479-489.

刘奕岑,周征宇,杨萧亦,等,2021.透闪石质玉中黄玉与糖玉致色成因差异研究

[J].岩石矿物学杂志,40(6):1189-1196.

卢保奇,2005.四川石棉软玉猫眼和蛇纹石猫眼的宝石矿物学及其谱学研究[D].上海:上海大学.

卢保奇,亓利剑,夏义本,2005.四川软玉猫眼赋存的围岩显微结构研究[J].上海地质(2):58-62.

卢保奇,亓利剑,夏义本,2008.四川软玉猫眼的谱学综合鉴定[J].上海地质(3):57-60.

卢保奇,亓利剑,夏义本,等,2004.四川软玉猫眼的红外光谱和X射线粉晶衍射特征[J].珠宝科技,16(3):21-23+36.

卢保奇,亓利剑,夏义本,等,2004.四川软玉(透闪石玉)猫眼的矿物学研究[J].岩石矿物学杂志,23(3):268-272.

卢保奇,亓利剑,夏义本,等,2007.四川软玉猫眼的显微结构及扫描电镜研究[J].上海地质(2):64-67.

卢保奇,夏义本,亓利剑,2005.软玉猫眼的红外吸收光谱及热相变机制研究[J].硅酸盐学报,33(2):186-190.

卢保奇,夏义本,亓利剑,等,2005.四川软玉(透闪石玉)猫眼热相变的Raman光谱研究[J].光谱学与光谱分析,25(11):1824-1826.

鲁力,边智虹,王芳,等,2014.不同产地软玉品种的矿物组成、显微结构及表观特征的对比研究[J].宝石和宝石学杂志,16(2):56-64.

鲁力,魏均启,王芳,等,2015.和田玉物质成分及结构类型对比研究[J].资源环境与工程,29(1):85-90.

逯东霞,雷引玲,李青翠,等,2010.俄罗斯子玉与新疆子玉的特征探讨[J].中国宝玉石(1):122-123.

罗泽敏,沈锡田,杨明星,2017.青海三岔河灰紫色软玉颜色定量表达与紫色成因研究[J].光谱学与光谱分析,37(3):822-828.

麻榆阳,毛荐,刘学良,等,2013.贵州软玉的岩石矿物学特征[J].华东理工大学学报(自然科学版),39(4):446-449.

马得仁,2013.青海省格尔木市纳赤台三岔口玉石矿地质特征及成矿规律研究[D].北京:中国地质大学(北京).

马婷婷,廖宗廷,周征宇,2007.岫岩软玉矿床成因研究现状分析[J].上海地质(4):64-66.

马云璐,2016.青海纳赤台软玉矿的矿物学特征及成玉过程研究[D].北京:中国地质大学(北京).

马智勇,2013.岫岩软玉的矿床地质特征及成矿模式[J].黑龙江科技信息(36):86.

莫祖荣,毛媛炯,2016.一种黑色玉石的宝石学研究[J].科技展望,26(21):258-259.

那宝成，冷莹莹，李祥虎，2008.软玉致色元素的研究[J].超硬材料工程，20(3)：55-58.

农佩臻，周征宇，赖萌，等，2019.甘肃马衔山软玉的宝石矿物学特征[J].矿物学报，39(3)：327-333.

潘宁，2022.主要产地和田玉白玉的标型特征研究[D].石家庄：河北地质大学.

潘宁，张璐，武云龙，等，2023.色度学表征配合拉曼光谱技术对和田玉颜色的分类研究[J].河北地质大学学报，46(1)：16-23.

裴祥喜，2012.韩国春川软玉矿床研究：成矿作用及成因分析[D].北京：中国地质大学(北京).

朴庭贤，尹京武，闫星光，等，2014.贵州罗甸玉矿物学及成分特征[J].岩石矿物学杂志，33(增刊)：7-18.

钱向丽，周开灿，亓利剑，2005.四川软玉猫眼的宝石学特征[J].矿产综合利用(3)：18-22.

钱向丽，周开灿，亓利剑，2005.四川软玉猫眼颜色品种划分及呈色机理初步研究[J].中国矿业，14(1)：73-75.

钱振峰，2016.软玉家族里的“黑马”：析木玉[J].上海工艺美术(3)：46-47.

秦瑶，2013.青海墨色软玉的宝石学特征及矿物组成研究[D].北京：中国地质大学(北京).

裘磊，2016.和田玉子料的宝石学特征研究[D].北京：中国地质大学(北京).

屈虹廷，2020.俄罗斯奥斯泊矿碧玉猫眼的矿物学及成因研究[D].北京：中国地质大学(北京).

任成明，张良钜，张杰，2012.台湾软玉的矿物成分、显微结构特征及形成世代[J].桂林理工大学学报，32(1)：36-42.

任文秀，朱永新，胡妍，等，2020.甘肃北山任家山软玉的发现及意义[J].甘肃地质，29(3-4)：73-77.

申柯娅，王昶，2000.软玉的质量评价[J].中国宝玉石(1)：69.

沈春霞，陈索翌，李国贵，等，2014.台湾花莲碧玉宝石学性质研究[J].岩石矿物学杂志，33(S2)：35-40.

沈照理，王焰新，2002.水-岩相互作用研究的回顾与展望[J].地球科学，27(2)：127-133.

施光海，张小冲，徐琳，等，2019.“软玉”一词由来、争议及去”软“建议[J].地学前缘，26(3)：163-170.

石东东，王树志，2017.新疆金星墨玉(软玉)的矿物学特征[J].中国矿业，26(S1)：273-274+278.

史淼，2012.新疆和田碧玉的矿物学特征及成因初探[D].北京：中国地质大学(北京).

宋德朋，2022.不同产地软玉的矿床类型、矿物特征及鉴定思路[J].河南科技，41

(1):66-69.

宋华玲,谭红琳,祖恩东,2020.不同颜色青海软玉的谱学特征分析[J].硅酸盐通报,39(1):242-246.

苏越,杨明星,王园园,等,2019.中国南疆和田玉戈壁料的宝石学特征[J].宝石和宝石学杂志,21(4):1-10.

苏州市玉石雕刻行业协会,2021.苏州玉雕[M].北京:文物出版社.

眭娇,刘学良,郭守国,2014.韩国软玉和青海软玉的谱学研究[J].激光与光电子学进展,51(7):175-181.

孙秀凤,刘铭艳,张梦雪,等,2020.新疆和田地区"满天星"软玉的宝石学及矿物学特征研究[J].新疆有色金属,43(6):24-26.

索林娜,陶中一,袁增翔,2019.中国各地软玉的矿物组成及化学成分特征[J].矿产与地质,33(3):484-488.

汤超,廖宗廷,钟倩,等,2017.新疆软玉仔料中黑色树枝状物质的拉曼光谱和显微结构特征[J].光谱学与光谱分析,37(2):456-460.

汤超,周征宇,廖宗廷,等,2015.软玉市场上一种有机伪皮仿仔料的鉴别[J].宝石和宝石学杂志,17(6):1-7.

汤红云,钱伟吉,陆晓颖,等,2012.青海软玉产出的地质特征及物质成分特征[J].宝石和宝石学杂志,14(1):24-31.

唐延龄,陈葆章,蒋壬华,1994.中国和阗玉[M].乌鲁木齐:新疆人民出版社.

唐延龄,刘德权,周汝洪,2002.和田玉的名称、文化、玉质和矿床类型之探讨[J].岩石矿物学杂志,21(增刊):13-21.

万德芳,王海平,邹天人,2002.和田玉、玛纳斯碧玉及岫岩老玉(透闪石玉)的硅、氧同位素组成[J].岩石矿物学杂志,21(增刊):110-114.

王宾,邵臻宇,廖宗廷,等,2012.广西大化软玉的宝石矿物学特征[J].宝石和宝石学杂志,14(3):6-11.

王春云,1993.龙溪软玉矿床地质及物化特征[J].矿产与地质,7(3):201-205.

王芬,2016.黑色软玉的矿物学特征及石墨对其品质影响的初步研究[D].乌鲁木齐:新疆大学.

王含予,唐建磊,杜杉杉,2019.软玉透明度与其结构关系的研究[J].轻工科技,35(11):109-111+171.

王佳昕,2018.俄罗斯和玛纳斯碧玉对比研究[D].北京:中国地质大学(北京).

王进军,赵枫,2002.新疆和田玉的特征研究[J].珠宝科技,14(2):5-8.

王蕾蕾,邵小鹏,魏学平,等,2021.甘肃"马衔山玉"的宝石学特征研究[J].甘肃地质,30(1):84-89.

王立本,刘亚玲,2002.和田玉、玛纳斯碧玉和岫岩老玉(透闪石玉)的X射线粉晶衍射特征[J].岩石矿物学杂志,21(增刊):62-67.

王荣,2017.中国古代透闪石-阳起石玉器白化机制研究述要[J].文物保护与考古科学,29(4):88-100.

王时麒,段体玉,郑姿姿,2002.岫岩软玉(透闪石玉)的矿物岩石学特征及成矿模式[J].岩石矿物学杂志,21(增刊):79-90.

王蔚宁,廖宗廷,周征宇,等,2022.四川龙溪软玉的宝石矿物学特征[J].宝石和宝石学杂志(中英文),24(1):20-27.

王轶,2009.韩国闪石玉的矿物学、宝石学特征研究[D].西安:长安大学.

文比桑,买托乎提·阿不都瓦衣提,鲁锋,2014.新疆和田喀拉喀什河青玉的组成及成因[J].岩石矿物学杂志,33(增刊):19-27.

翁臻培,张庆麟,许耀明,等,2001.软玉猫眼的新发现[J].珠宝科技(4):36-39.

吴瑞华,李雯雯,白峰,1999.新疆和田玉岩石学特征及其扫描电镜研究[J].岩石学报,15(4):638-644.

吴瑞华,张晓晖,李雯雯,2002.新疆和田玉和俄罗斯贝加尔湖地区软玉的岩石学特征研究[J].岩石矿物学杂志,21(增刊):50-56.

谢意红,张珠福,2004.加州软玉和缅甸软玉特征及矿物成分的研究[J].岩矿测试,23(1):33-36.

熊燕,陈美华,郭宇,2012.韩国白色软玉的结构特征[J].超硬材料工程,24(4):55-60.

熊燕,翁楚炘,徐志,2014.白色软玉及其相似玉石的红外吸收光谱差异性比较[J].红外技术,36(3):238-243.

徐荟迪,林露璐,李征,等,2019.基于拉曼光谱和模式识别算法的软玉产地鉴别[J].光学学报,39(3):388-394.

许佳君,廖宗廷,周征宇,2008.和田、格尔木与溧阳三地软玉微观结构的对比研究[J].上海地质(1):66-68.

徐琳抒,王蔚宁,周征宇,2022.三星堆及金沙玉器的产地溯源[J].同济大学学报(自然科学版),50(8):1101-1109.

许耀先,卢保奇,亓利剑,2015.四川石棉矿区软玉的岩石矿物学及扫描电镜研究[J].上海国土资源,36(3):87-89.

徐泽彬,曹姝旻,王铎,等,2009."韩国料"软玉的宝石学研究[J].宝石和宝石学杂志,11(4):24-27+60.

杨红,2020.三种典型软玉的比较研究:以贵州罗甸玉、青海玉和韩国软玉为例[D].北京:中国地质大学(北京).

杨林,2013.贵州罗甸玉矿物岩石学特征及成因机理研究[D].成都:成都理工大学.

杨凌岳,王雨嫣,王朝文,等,2020."撒金花黑青玉"的宝石学特征与成因矿物学研究[J].宝石和宝石学杂志(中英文),22(4):1-12.

杨天翔,杨明星,刘虹靓,等,2013.东昆仑三岔河软玉矿床成因的新认识[J].桂林理工大学学报,33(2):239-245.

杨先仁，赵文亮，王君杰，等，2012.东昆仑地区软玉矿成矿地质特征及成矿预测[J].青海国土经略(3)：39-42.

杨晓丹，2013.新疆和田软玉成矿带的成矿作用探讨[D].北京：中国地质大学(北京).

杨晓丹，施光海，刘琰，2012.新疆和田黑色透闪石质软玉振动光谱特征及颜色成因[J].光谱学与光谱分析，32(3)：681-685.

于海燕，2016.青海软玉致色机制及成矿机制研究[D].南京：南京大学.

于海燕，阮青锋，廖宝丽，等，2018.青海不同矿区软玉地球化学特征及Ar-Ar定年研究[J].岩石矿物学杂志，37(4)：655-668.

于海燕，阮青锋，沙鑫，等，2019.应用元素分析-电子顺磁共振能谱研究不同颜色青海软玉致色元素[J].岩矿测试，38(3)：288-296.

于海燕，阮青锋，孙媛，等，2018.不同颜色青海软玉微观形貌和矿物组成特征[J].岩矿测试，37(6)：626-636.

于明，2017.新疆和田玉开采史[M].北京：科学出版社.

袁媛，廖宗廷，周征宇，2005.青海软玉水线的物相分析和微观形貌研究[J].上海地质(4)：68-70.

岳紫龙，朱晓红，周小卜，等，2021.河南栾川软玉(白玉)矿床特征及成因的初步研究[J].西部探矿工程，33(11)：153-155+160.

张立琴，2013.贵州罗甸透闪石玉的成分、结构及谱学特征研究[D].北京：中国地质大学(北京).

张梦雪，李风，孙秀凤，2020.藕粉色和田玉宝石学特征及谱学研究[J].科技视界(35)：115-117.

张娜，2007.软玉自然沁色和人工作沁的对比研究[D].北京：中国地质大学(北京).

张攀，刘喜锋，李竞妍，等，2011.新疆、青海、俄罗斯糖白玉的宝石学特征对比分析[J].宝石和宝石学杂志，13(4)：31-38.

张攀，赵倩怡，2012.新疆、俄罗斯白玉仔料的宝石学特征对比分析[J].超硬材料工程，24(5)：48-53.

张睿，2018.和田白玉的岩石学特征及质量评价[D].成都：成都理工大学.

张小冲，2016.于田赛底库拉木软玉的矿物学特征研究[D].北京：中国地质大学(北京).

张晓晖，冯玉欢，张勇，等，2022.新疆且末-若羌地区黄绿色和田玉分析测试及特性表征[J].岩矿测试，41(4)：586-597.

张晓晖，吴瑞华，2001.俄罗斯贝加尔湖地区软玉的物理性质[J].中国宝玉石(1)：52-53.

张晓晖，吴瑞华，王乐燕，2001.俄罗斯贝加尔湖地区软玉的岩石学特征研究[J].宝石和宝石学杂志，3(1)：12-17+53.

张亚东，2015.贵州罗甸软玉矿地质地球化学特征及成矿规律研究[D].贵阳：贵州大学.

张勇,2011.新疆和田玉的宝石学特征研究[D].北京:中国地质大学(北京).

张勇,冯晓燕,陆太进,等,2017.透闪石质玉的定名问题讨论[J].宝石和宝石学杂志,19(增刊):39-41.

张永旺,刘琰,刘涛涛,等,2012.新疆和田透闪石软玉的振动光谱[J].光谱学与光谱分析,32(2):398-401.

张钰岩,丘志力,杨江南,等,2018.甘肃马衔山软玉成矿及玉料产地来源地质地球化学特征分析[J].中山大学学报(自然科学版),57(2):1-11.

赵虹霞,干福熹,2009.不同产地软玉的拉曼光谱分析及在古玉器无损研究中的应用[J].光散射学报,21(4):345-354.

赵剑坤,2020.加拿大 Kutcho 碧玉的宝石矿物学及成因研究[D].北京:中国地质大学(北京).

赵凯,2010.韩国产软玉宝石学矿物学特征研究[D].北京:中国地质大学(北京).

赵晓欢,2014.澳大利亚南澳洲碧玉的宝石矿物学研究[D].北京:中国地质大学(北京).

赵洋洋,2015.新西兰碧玉的宝石矿物学特征研究[D].北京:中国地质大学(北京).

郑默然,张贵宾,高展,等,2016.软玉籽料中"礓"的岩石矿物学研究[J].岩石矿物学杂志,35(S1):31-37.

支颖雪,廖冠琳,陈琼,等,2011.贵州罗甸软玉的宝石矿物学特征[J].宝石和宝石学杂志,13(4):7-13.

支颖雪,廖宗廷,周征宇,等,2013.软玉中结构水类型和近红外光谱解析[J].光谱学与光谱分析,33(6):1481-1486.

钟华邦,1995.江苏溧阳南部梅岭玉的发现[J].江苏地质,19(3):176-178.

钟倩,廖宗廷,周征宇,等,2022.黔南-桂西软玉中锰质"草花"的矿物学特征、成因机理及成矿启示[J].同济大学学报(自然科学版),50(8):1115-1126.

钟友萍,丘志力,李榴芬,等,2013.利用稀土元素组成模式及其参数进行国内软玉产地来源辨识的探索[J].中国稀土学报,31(6):738-748.

周振华,冯佳睿,2010.新疆软玉、岫岩软玉的岩石矿物学对比研究[J].岩石矿物学杂志,29(3):331-340.

周征宇,陈盈,廖宗廷,等,2009.溧阳软玉的岩石矿物学研究[J].岩石矿物学杂志,28(5):490-494.

周征宇,李冉,陈桃,等,2003.矿物标型特征及其在宝石鉴定中的应用:以刚玉类宝石为例[J].上海地质(3):51-54.

周征宇,廖宗廷,2016.玉之东西:当代玉典[M].武汉:中国地质大学出版社.

周征宇,廖宗廷,陈盈,等,2008.青海软玉的岩石矿物学特征[J].岩矿测试,27(1):17-20.

周征宇，廖宗廷，廖冠琳，2010.中国两个主要产地软玉的矿物学特征对比[J].矿物学报，30(增刊)：35-36.

周征宇，廖宗廷，马婷婷，2005.三岔口火成岩特征及其与软玉成矿的关系[J].同济大学学报(自然科学版)，33(11)：1532-1536.

周征宇，廖宗廷，马婷婷，等，2005.回顾与展望：软玉的研究[J].上海地质(3)：63-66.

周征宇，廖宗廷，马婷婷，等，2005.青海三岔口软玉成矿类型及成矿机制探讨[J].同济大学学报(自然科学版)，33(9)：1191-1194+1200.

周征宇，廖宗廷，马婷婷，等，2006.东昆仑三岔口软玉成矿机制及成矿物源分析[J].地质找矿论丛，21(3)：195-198+202.

周征宇，廖宗廷，袁媛，等，2005.青海软玉中“水线”的特征及其成因探讨[J].宝石和宝石学杂志，7(3)：10-12.

朱勤文，张敬国，2002.安徽凌家滩出土古玉器软玉的化学成分特征[J].宝石和宝石学杂志，41(2)：18-21.

朱雅萍，2010.浅谈岫岩软玉及其他的软玉概况[J].科技风(14)：133-134.

朱咏，2016.软玉的化学成分对质量的影响初探[J].山东工业技术(23)：20-22.

BUTLER B C M，1963.An occurrence of nephrite jade in West Pakistan[J]. Mineralogical Magazine，33：385-393.

CHEN C C，1982.Clinozoisitic rocks in the nephrite area of Fengtien to Silin，Hualien[J].Proceedings of the Geological Society of China，25：53-66.

CHESTERMAN C W，1952. Nephrite and associated rocks at Leech Lake Mountain，Mendocino County，California [J]. Geological Society of America Bulletin，63(12)：1323.

COOPER A F，1995.Nephrite and metagabbro in the Haast Schist at Muddy Creek，Northwest Otago，New Zealand[J].New Zealand Journal of Geology and Geophysics，38(3)：325-332.

CRIPPEN R A J，1951.Nephrite jade and associated rocks of the Cape San Martin region，Monterey County，California[J].Special Report - California Division of Mines and Geology，10-A：1-14.

DZEVANOVSKY Y，1946. A new finding of nephrite in East Siberia [J]. Doklady Akademii Nauk SSSR，53(3)：239-241.

EVANS J R，1966.Nephrite jade in Mariposa County[J].Mineral Information Service，19：135-147.

GRUDININ M I，SEKERIN A P，SEKERINA N V，1979.Nature of nephrites of various color[J].Soviet Geology and Geophysics，20(2)：122-124.

HARLOW G E，SONRENSON S S，2001.Jade：Occurrence and metasomatic origin[J].The Australian Gemologist，21：7-11.

HEMRICH G I, 1983. Chatoyant jade: A new find[J]. Jewelry Making Gems & Minerals, 543: 8, 14.

HUANG C K, 1966. Nephrite and blue chalcedony from Taiwan[J]. Proceedings of the Geological Society of China, 9: 11-19.

KIM S J, LEE D J, CHANG S, 1986. A mineralogical and gemological characterization of the Korean jade from Chuncheon, Korea[J]. Journal of the Geological Society of Korea, 22(3): 278-288.

KOLESNIK Y N, 1970. Nephrites of Siberia[J]. International Geology Review, 12: 10.

SUTURIN A N, 1986. Physicochemical model of nephritization[J]. Transactions (Doklady) of the U.S.S.R. Academy of Sciences: Earth Science Sections, 291(6): 199-201.

VISSER J M, 1947. Nephrite and chrysoprase of Silesia[J]. Gemmologist, 16: 229-230.

YUI T F, YEH H W, LEE C W, 1988. Stable isotope studies of nephrite deposits from Fengtien, Taiwan[J]. Geochimica et Cosmochimica Acta, 52(3): 593-602.